BAMMER

EPHESOS
Stadt an Fluß und Meer

ANTON BAMMER

EPHESOS
Stadt an Fluß und Meer

AKADEMISCHE DRUCK- u. VERLAGSANSTALT
GRAZ – AUSTRIA

Reproduktion, Gestaltung und Druck in der eigenen Anstalt

Printed in Austria
ISBN 3-201-01389-7
671.87

Inhaltsverzeichnis

Vorwort

Als ich im April 1961 zum ersten Male an einer Grabung in Ephesos teilnahm, beeindruckten mich in erster Linie die Natur und die Landschaft des Ortes. Die vielen exotischen Blumen und die Üppigkeit des Grüns ließen die antiken Ruinen verblassen. Erst im trockenen Herbst desselben Jahres traten der Marmor und das Gestein der Berge deutlich hervor. Dieses Buch handelt daher auch von dem Mit- und Gegeneinander von Mensch und Natur in Ephesos. Die Dialektik von Natur und Kultur in diesem Gebiet kann auch den Erfinder der Dialektik, Heraklit von Ephesos, nicht unberührt gelassen haben.

Dieses Buch handelt von Dingen, welche in den üblichen Büchern über Ephesos nicht zu finden sind. Es ist aber weder ein Ruinenführer noch eine Denkmälerkunde. Es handelt aber von menschlichen Veränderungen, also kulturellen Prozessen, genauso spielt die Vorstellung von Systemen eine Rolle. Es besteht kein Zweifel, daß einige Kapitel von der New Archaeology beeinflußt sind, andere aber vom Strukturalismus, Poststrukturalismus und der Postmoderne.

Die kritischen Töne mancher Kapitel sollen jene zur Besinnung rufen, die unter dem Vorwand, die Vergangenheit erhalten zu wollen, die ephesische Gegenwart zerstören. Die schmerzliche Einsicht, daß Geld und Macht nicht bei denen liegen, welche das Wissen und das gesellschaftliche Bewußtsein haben, hat in vielem dieses Buch geleitet.

Viele Besucher suchen in Ephesos einen Traum von der Vergangenheit. Aber auch die Vergangenheit kann so wie der Traum nur verarbeitet werden, wenn man sie nicht nur sieht, sondern mehr über sie weiß. So ist es meine Hoffnung, daß das vermehrte Wissen von der Vergangenheit weitere Sünden der Gegenwart verhindert.

Zu danken habe ich dem Österreichischen Archäologischen Institut, vor allem seinem ehemaligen Leiter Fritz Eichler, der mich in Ephesos einführte, dann dem Museum von Selçuk, hier besonders dem derzeitigen Direktor S. Erdemgil, den türkischen Kollegen M. Erol, M. Büyükkolancı, C. Içten, A. Evren, E. Üçbaylar, D. Tüzün, Y. Canbaş, welche mir zahlreiche Unterlagen, vor allem geodätische Kartenwerke, zur Verfügung stellten.

Daß ein druckreifes Manuskript zustande kam, verdanke ich in erster Linie U. Müller-Kaspar. Sie hat zahlreiche Verbesserungsvorschläge und Ideen beigebracht und das ganze Manuskript neu mit der Maschine geschrieben. Die Tuschzeichnungen der Pläne stammen von E. Karhan, Photos von M. Dawid, F. Prasczaits, M. Büyükkolancı, M. Erol und U. Muss. Die Vorlagen für die Karten stammen vom Türkischen Geodätischen Dienst und vom Türkischen Geologischen Dienst und wurden vom Planamt der Stadt Selçuk, von der Bezirkshauptmannschaft und vom Museum Selçuk zur Verfügung gestellt. Für Pläne, Photos und Dias habe ich auch das Archiv des Österreichischen Archäologischen Institutes benutzt. Dafür möchte ich den Leitern des Institutes, H. Vetters und G. Langmann, danken. Die Betreuung durch den Verlag übernahmen die Herren K. Gratzl, E. Linke, H. Taucher und H. Fressel wie immer in freundlicher Zusammenarbeit.

1 Mausoleion von Belevi, 3. Jh. v. Chr. und Tumulus

2 Winterlagune mit Tamarisken im ephesischen Delta
3 Blick von der Nordseite der Mykale (Milli-Park) nach Samos

4 Marnastal, Aquädukt des C. Sextilius Pollio, Aqua Troessitica
5 Keçikalesi, mittelalterliches Kastell, Hof

6 Şirince

Auch die Natur strebt wohl nach dem Entgegengesetzten und bringt hieraus und nicht aus dem Gleichen den Einklang hervor
Heraklit von Ephesos

Ein Land der Verheißung

Als Artemidor von Ephesos sein Buch zur Traumdeutung verfaßte, wollte er damit dem Leser eine einfache Anleitung für das Alltagsleben geben. Kultische Mysterien und ähnlich Wunderbares[1] interessierten ihn nicht; er spricht den Träumer an, der im Leben Rat braucht, den Mann mit Familie, Kindern, Sklaven, einem Beruf. Seine Interpretation der Träume ist gesellschaftlich orientiert, sie sagen etwas aus über zukünftigen Reichtum und Erfolg oder Krankheiten und Unglücke.

Eine Reise in die Vergangenheit enthält immer etwas von einem Traum. So wie im Traum Fragmente der Tageserlebnisse nachvollzogen werden und gelebte Wirklichkeit verarbeitet wird, so ist unsere Geschichte nur bruchstückhaft, teilweise eine uminterpretierte Wirklichkeit, aber nicht die Vergangenheit selbst.

Dieses Buch will nicht nur Wissen um die ephesische Vergangenheit mit Hilfe von archäologischen, geographischen, naturgeschichtlichen und kunsttheoretischen Erkenntnissen vermitteln. Nein, es wendet sich an denjenigen Leser, der Alternativen zu gängigen, denkmalorientierten Reiseführern sucht, und der dabei aber auch fähig ist, Verbindungen zwischen Traum und Vergangenheit gefühlsmäßig nachzuvollziehen.

Alte und neue Wege nach Ephesos

Der Eintritt in die ephesische Landschaft gestaltete sich für den antiken Ankömmling anders als für den modernen. In der Antike erreichte man Ephesos auf dem Landweg am besten entlang des von Osten kommenden Kaysterflusses (= Kleiner Mäander), auch wenn sich das Flußtal kurz vor Ephesos verengt, da der Höhenrücken, auf dem auch das mittelalterliche Keçikalesi[2] (Abb. 5) liegt, mit dem südlich des Flusses liegenden Kurudağ einen schmalen Hals bildet, in dessen Mitte noch ein kegelförmiger Hügel liegt. Der zweite Zutritt in der Antike erfolgte über den Paß von Çamlık, über den man vom Großen Mäandertal von Magnesia aus von Süden her nach Ephesos gelangte. Diesen beiden antiken Zugängen folgt auch heute noch die Durchzugsstraße Izmir–Aydin (Abb. 4). Der dritte moderne Zugang von Westen, von Pamucak oder Kuşadası aus, war in der Antike kein Landweg, sondern nur mit dem Schiff zugänglich. Die modernen Straßen von Lebedos und Klaros, die als vierter Weg von Norden her nach Ephesos führen, existierten wahrscheinlich in der Antike nicht. Diese Verknüpfung von Meereshafen mit Straßen ins fruchtbare Hinterland war die Grundlage der wirtschaftlichen Bedeutung von Ephesos in der Antike. Im Zuge der Verlandung von Ephesos mußten die Hafensiedlungen nach Pamucak und Pygela nachrücken[3], während in Ayasoluk ein Landstädtchen entstand, das heutige Selçuk (Z 1, Z 9).

Der moderne Tourismus nimmt in einer bemerkenswerten Weise auf die antike Erschließung von Ephesos Bezug, verändert sie aber zugleich in seinem Sinne. In Zusammenhang hiermit haben sich die ephesische Landschaft und die Umgebung von Ephesos im letzten Vierteljahrhundert entscheidend gewandelt. Die Tatsache, daß Ephesos heute die bedeutendste Ruinenstätte der Türkei ist, hat mehrere Gründe. Einer davon ist die Schwerpunktverlagerung im türkischen Tourismuskonzept. Ephesos lag immer günstig zum bedeutenden Hafen Izmir, aber nicht günstiger als das nördlich gelegene Pergamon. Die Touristen, welche per Schiff oder Flugzeug nach Izmir kamen, konnten von dort aus beide Stätten besuchen oder sich für eine davon entscheiden, bis man begann, den Hafen von Kuşadası, ehemals Scalanova[4], auszubauen. Kuşadası (Abb. 13), noch vor 25 Jahren ein verschlafenes Seestädtchen, verwandelte sich langsam in ein bedeutendes Touristenzentrum. Heute landen hier täglich mehrere Kreuzfahrtschiffe, und täglich verkehren Boote von und nach Samos. Diese bringen nicht nur Schweden und Franzosen ins Land, sondern auch Griechen. Die ehemals sehr kurvige Straße nach Kuşadası ist einer breiten „Corniche“ gewichen, die eine wunderbare Aussicht auf den Ort, die Halbinsel Mykale (Kalamaki) (Abb. 3) und die Insel Samos bietet. Kuşadası liegt aber nicht nur günstig für Besuche von Ephesos, sondern auch für Besichtigungen der südlich gelegenen Orte Priene, Milet und Didyma sowie der östlich im Mäandertal gelegenen Stätten Aphrodisias und Pamukkale. Die Straße von Kuşadası nach Söke führt durch eine wunderbare, der Toskana ähnelnde Landschaft mit Zypressen, und südlich von Kuşadasi liegt auch das französische Feriendorf des Club Méditerranée, in dessen Nähe sich antike Mosaike erhalten haben. Während früher der Tourist also eher von Norden, von Izmir aus, nach Ephesos gelangte, vorbei am Keçikale (Abb. 5) und an Belevi (Abb. 1), so kommt heute der Großteil der Besucher von Südwesten, von Kuşadası. Dabei landen die Leute zu Hunderten mit den Schiffen, werden dann in Autobussen nach Ephesos transportiert und absolvieren dort ein dreistündiges Besichtigungsprogramm. Auf diesen Dreistundentouristen hat man sich in Ephesos eingestellt: Er sieht Fassadenrekonstruktionen, die schnell und unproblematisch besichtigt werden können, Potemkinsche Dörfer der Vergangenheit, billige Kolonisation der Geschichte.

Von Izmir nach Ephesos

Von Izmir aus kann man heute bereits entlang der Küste nach Ephesos fahren: Man folgt der Straße in Richtung Çeşme, biegt aber südlich nach Seferihisar ab und erreicht bald danach die Küstenstraße, die von Çeşme kommt. Sie ist zwar noch in Bau, aber in Richtung Süden mit Ausnahme eines kurzen Stückes bereits fertiggestellt. Kurz vor der Kreuzung mit dieser Küstenstraße befinden sich rechter Hand heiße Quellen mit stark sinterhaltigem Wasser. An der Küstenstraße selbst gelangt man hinter dem Ferienort Ürkmez zu der auf einer Halbinsel gelegenen ionischen Siedlung Lebedos. Heute sind dort noch die Seemauern aus Rustika-Mauerwerk zu sehen (Z 1).

Die Siedlung gehörte einst zum ionischen Städtebund. Zu Beginn des 3. Jahrhunderts v. Chr. wurden unter Lysimachos, König von Thrakien und ehemaligem Feldherrn Alexanders d. Gr., viele Einwohner von Lebedos zusammen mit solchen aus Teos nach Ephesos umgesiedelt[5]. Inwieweit diese Synoikismos genannte Maßnahme der Bevölkerungsverschiebung auf freiwilliger Basis erfolgte oder erzwungen war, weiß man nicht recht.

Südlich von Lebedos liegt in einer flachen Küstenebene die Feriensiedlung Gümüldür. Von hier aus kann man durch eine wunderschöne, dicht bewaldete Schlucht, in der ein Bergfluß rauscht, in Richtung

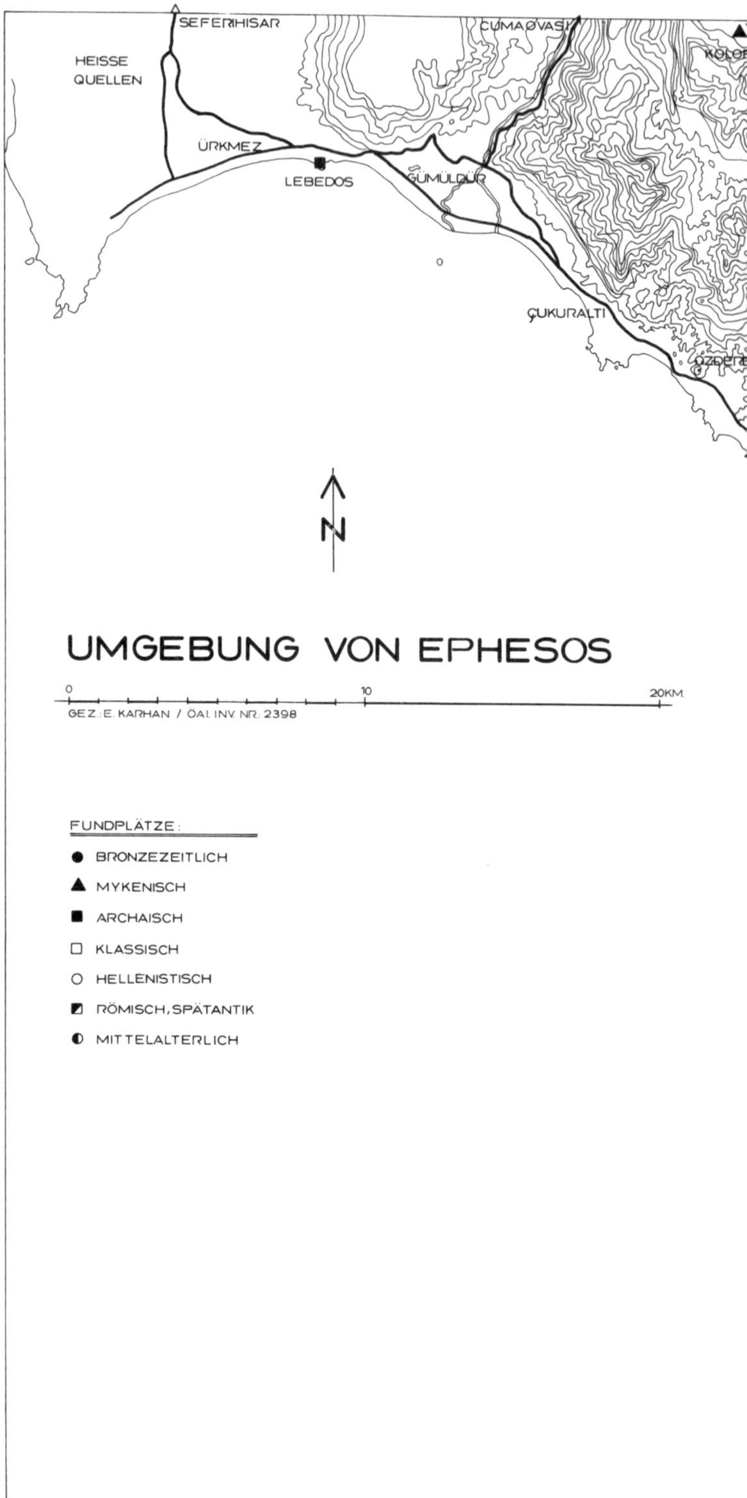

Z 1 Karte der Umgebung von Ephesos mit den archäologischen Fund- und Ruinenplätzen, nach der türkischen Landesaufnahme

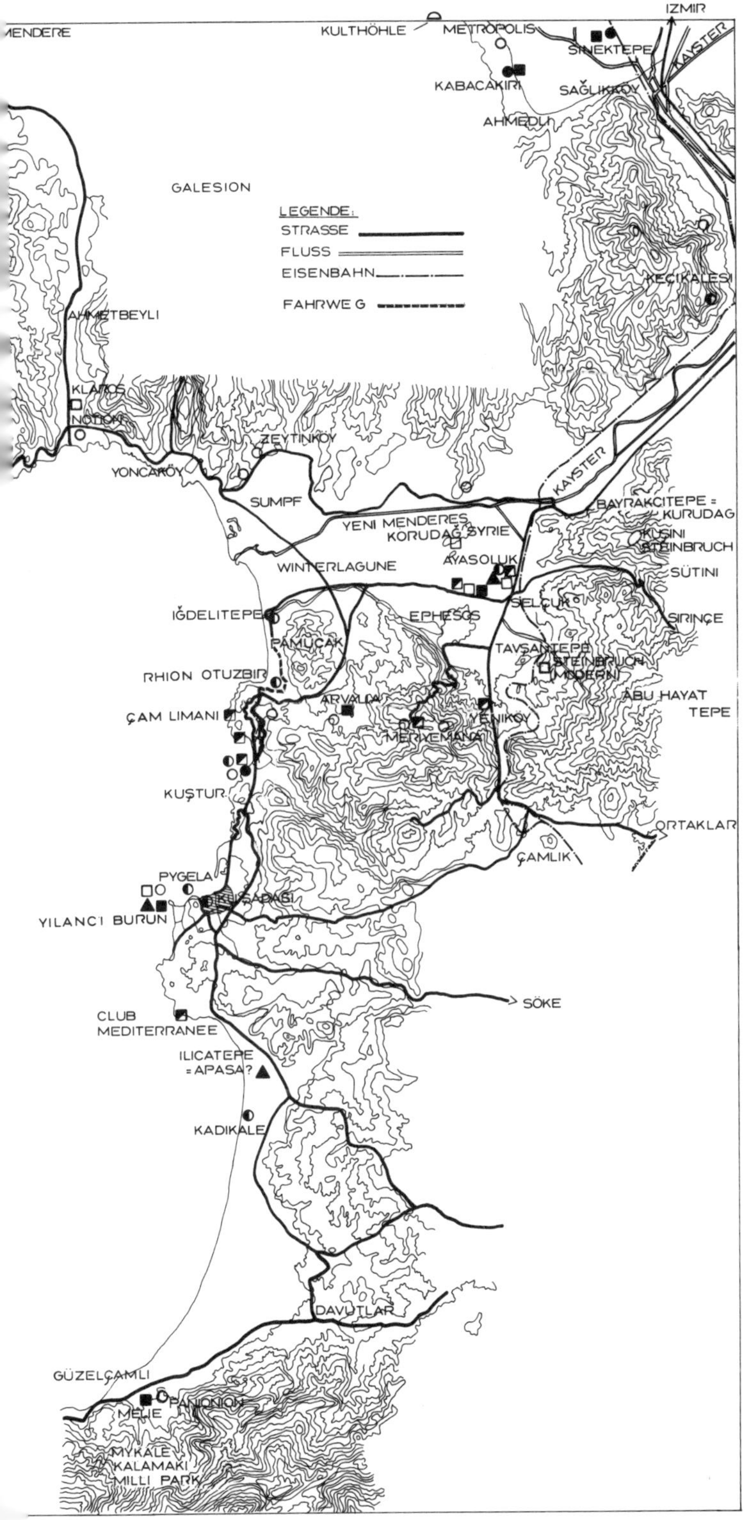
IZMIR
MENDERE
KULTHÖHLE
METROPOLIS
SINEKTEPE
KAYSTER
KABACAKIRI
SAĞLIKKÖY
AHMEDLI
GALESION
LEGENDE:
STRASSE
FLUSS
EISENBAHN
FAHRWEG
KEÇIKALESI
AHMETBEYLI
KLAROS
NOTION
ZEYTINKÖY
YONCAKÖY
KAYSTER
SUMPF
BAYRAKCITEPE = KURUDAG
YENI MENDERES
KORUDAĞ SYRIE
KUŞINI STEINBRUCH
AYASOLUK
SÜTINI
WINTERLAGUNE
SELÇUK
IĞDELITEPE
EPHESOS
ŞIRINÇE
PAMUCAK
TAVŞANTEPE
STEINBRUCH (MODERN)
RHION OTUZBIR
ARVALIA
ABU HAYAT TEPE
ÇAM LIMANI
YENIKÖY
MERYEMANA
KUŞTUR
ORTAKLAR
ÇAMLIK
PYGELA
KUŞADAŞI
YILANCI BURUN
SÖKE
CLUB MEDITERRANEE
ILICATEPE = APASA?
KADIKALE
DAVUTLAR
GÜZELÇAMLI
MELIE
PANIONION
MYKALE KALAMAKI MILLI PARK

Cumaovası fahren und gelangt so wieder nach Izmir. Bleibt man aber auf der Küstenstraße, so kommt man über die Orte Çukuraltı und Özdere nach Klaros und Notion (Z 1).

Klaros war ein Orakelheiligtum, dessen unterirdischer Kultraum erhalten ist. Der dorische Apollontempel in Klaros liegt heute, wie das Artemision von Ephesos auch, im Grundwasser. Riesige Teile von Figuren von Artemis und Apollon sind noch in ihrer Fundlage zu sehen.

Der kahle Hügel von Notion kann auch von Ephesos aus gesehen werden.

Da die Küstenstraße von Notion über Zeytinköy nach Pamucak und Kuşadası noch im Bau ist, muß jetzt eine kleine Umfahrung durchs Landesinnere in Kauf genommen werden. Anfangs folgt man der Straße nach Cumaovası, biegt aber nach Çataltepe rechts ab und fährt über das Dorf Gölova an die Küste zurück, die bei dem neuen Feriendorf Yoncaköy erreicht wird. Von dort führt eine Schotterstraße nach Zeytinköy und weiter entlang des kleinen Mäanderkanales nach Selçuk. Von Zeytinköy aus ist eine lange Straße aus dem Mittelalter (14. Jh.) in Richtung Ayasoluk erhalten[6].

Die nördliche Nachbarstadt von Ephesos, Kolophon, ist sowohl von Gümüldür her als auch von Notion aus erreichbar, indem man von beiden Orten aus ins Landesinnere fährt. Die beiden Straßen stoßen in Bulgurca aufeinander; etwas südlich davon liegt an der Notionstraße das Dorf Değirmenbaşı. Von hier aus ist es möglich, den Hügel von Kolophon zu besteigen.

Kolophon ist eine sehr alte ionische Stadt, es gibt mykenische Funde[7]. Die Stadt hatte zeitweilig unter den Angriffen der Lyder zu leiden, genoß aber im 7. und 6. Jh. großen Wohlstand, obgleich sie keinen direkten Zugang zum Meer hatte. Von den Stammesfesten des ionischen Städtebundes, die anläßlich der sog. Apaturien gefeiert wurden, waren Kolophon und Ephesos einmal ausgeschlossen, da sie miteinander in eine Blutfehde verwickelt waren[8].

Nördlich von Gümüldür in Richtung Teos und Çeşme herrscht eine völlig andere Vegetation als südlich davon: die Hügel werden waldlos und später bei Çeşme und Erythrai kahl. Dies dürfte mit der kalten Meeresströmung zusammenhängen, die zwischen Chios und Çeşme verläuft. Südlich von Gümüldür dagegen ist die Vegetation sehr üppig, und zahlreiche Orangenplantagen zeugen von dem milden, vor Nordwinden geschützten Klima.

Von Kuşadası nach Selçuk

An der alten Straße von Kuşadası nach Selçuk liegt gegenüber dem Feriendorf Kuştur ein hellenistischer Tumulus (Abb. 19), darüber ein chalkolitischer Siedlungsplatz[9]. Am felsigen Ufer hinter dem Hotel Tusan befindet sich ein Mosaik, welches zu einer römischen Villa oder frühchristlichen Kirche gehörte[10].

Folgt man der Straße und geht nach der ersten großen Kurve über einen mit Macchie bewachsenen Hügel in Richtung Meer, so kommt man zum sogenannten Çam Limanı, einem antiken Steinbruch, der direkt am Meeresufer liegt. Die horizontalen Platten, die man dort vorfindet, eignen sich sehr gut als Badeplatz in dieser romantischen Bucht.

Von der neuen Straße aus sichtbar liegt ein Gehöft im Tal. In seiner Nähe steht ein Kuppelbau von der Art, wie er sonst besonders im Gebiet von Bodrum zu finden ist. Diese Kuppelbauten werden wohl ursprünglich Wohnzwecken gedient haben, sind aber heute vorwiegend als Speicher in Verwendung.

Die neue Straße folgt hier einer römischen Wasserleitung – vielleicht die Aqua Iulia[11] –, die früher Wasser aus der Gegend von Pygela nach Ephesos brachte. Fährt man dann über die Kuppe, wo sich die alte und die neue Straße wieder verbinden, hat man einen Blick auf die Bucht von Pamucak und gelangt anschließend in ein Tal, in dessen Hintergrund noch die Ruinen eines Dorfes namens Arvalia[12] zu erkennen sind. Nach Benndorf liegt es an der Stelle des antiken Ortygia, des Geburtsortes von Artemis und Apollon. Strabo berichtet von alten und neueren Tempeln an diesem Platz[13]. Gefunden wurden bislang aber nur geringe Reste einer archaischen Siedlung. Andererseits wurde die Vermutung geäußert, daß eine Prozessionsstraße, die vielleicht an der Knickstelle Marmor- und Kuretenstraße in Ephesos ihren Ausgang nahm, schräg über den Bülbüldağ nach Ortygia/Arvalia führte.

An der Abzweigung nach Pamucak biegt die Straße nach Osten um. Davor überquert sie einen alten Hafenkanal, an dessen südlichem Ufer eine byzantinische Villa liegt[14]. Rechts liegt das sogenannte Paulusgefängnis, ein isolierter Turm, Bestandteil der hellenistischen Stadtmauer[15]. Links im Hintergrund der Heybeli bzw. Iğdeli, zwei Hügel aus gelblichem Kalkmergel, einem leicht spaltbaren Gestein, das besonders in früharchaischer Zeit Verwendung als Baumaterial fand (Abb. 34).

In der Ebene westlich des Vedius-Gymnasiums zelten Halbnomaden mit ihren Schafen und Webstühlen. Halbnomadentum ist in der Gegend um Ephesos eher selten geworden, da die Beweidung in Meryemana wegen der Aufforstung des Waldes verboten und der Panayırdağ zum Schutze der antiken Ruinen weitgehend eingezäunt ist; es gibt noch Halbnomaden bei Zeytinköy, einem Dorf am Meer nordwestlich von Ephesos[16]. Heute wird das Gebiet intensiv landwirtschaftlich genutzt. Waren es früher Feigengärten und anschließend Wassermelonenfelder, so sieht man heute vorwiegend Pfirsich- und Mandarinenplantagen, daneben natürlich Baumwolle. Die große Ebene zum Meer hin ist streckenweise allerdings nicht intensiv nutzbar, weil der Boden im Winter und Frühling überschwemmt wird (Abb. 2) und daher zu salzig oder aber zu sandig zum Betreiben von Landwirtschaft ist. Aber auch hier entstehen immer mehr Felder. Viehzucht wird rings um Selçuk fast nur noch im Stall zur Milchgewinnung betrieben, und importierte Rinderrassen verdrängen langsam die einheimischen Rinder, die mit ihren charakteristischen Halsfalten bereits auf archaischen und klassischen Reliefs abgebildet sind. So bieten die Ebenen heute ein grünes Bild, und nur die Hügel ragen im Sommer und Herbst gelb und kahl aus der grünen Ebene heraus.

Von Selçuk nach Çamlık

Folgt man den Eisenbahnschienen, die von Selçuk aus nach Süden führen, so gelangt man zu einem modernen Steinbruch, aus dem Kalkschotter für Eisenbahntrassen gewonnen wird. Gleich hinter diesem Steinbruch links wurden 1982 Reste klassischer, vielleicht auch archaischer Gräber gefunden sowie klassische Terrakotten[17]. Diese Gräber befinden sich direkt gegenüber des wie eine Akropolis aus der Ebene ragenden Tavşantepe (Hasenhügel) (Z 1).

Weiter südlich teilt sich die Eisenbahntrasse; der eine, östliche Trakt gehört der alten englischen Trasse an und durchschneidet einen Hügel und leitet dann über eine Brücke dem Paß zu. In den dreißiger Jahren wurde eine neue Trasse gelegt, welche in einem großen Bogen nach rechts einen Hügel umfährt und eine flachere Steigung aufweist.

Von der Hauptstraße in Richtung Aydin zweigt etwa einen Kilometer nach Selçuk ein Weg zum oberen Toreingang von Ephesos und weiter nach Meryemana ab. Am linken Hang, der weiter oben in Berge übergeht, die aus Glimmerschiefer bestehen, liegt knapp östlich der Straße nach Aydin ein römisches Grab[18] (Abb. 39).

Weiter in Richtung des Passes trifft man auf einen römischen Aquädukt, der um 4–14 n. Chr. von C. Sextilius Pollio gestiftet wurde[19] (Abb. 4).

Bei Azizie, dem heutigen Çamlık, einer Eisenbahnstation mit einem alten englischen Stationsgebäude, zweigt eine Straße nach Kuşadası ab, die durch eine sehr schöne, romantische, von Zypressen gesäumte Landschaft führt.

Der Koru Tepe (Syrie)

In der Kaysterebene liegt der Hügel Koru Tepe. Wie auch der Ayasolukhügel mit dem heutigen Selçuk war er in der Antike eine Insel und trug den Namen Syrie. Geologisch gesehen besteht der Koru Tepe aus Trias-, Jura- und Kreideschichten und rekristallisierten Kalken und Dolomiten (Z 10). Damit weist er eine ähnliche Struktur auf wie der nördlich auf der anderen Seite des neuen Kayster liegende Cevahir-Berg mit der Güvercin-Höhle und der Andon-Boğazı-Höhle (Z 10).

Die archäologische Erforschung des Koru Tepe ist noch nicht sehr weit gediehen. Man hat bisher Tumuli entdeckt (Abb. 14), und außerdem gibt es dort einige Höhlen (Z 2, 10). Beim Bau des Abwasserkanales für Selçuk, der das Abwasser in den Neuen Mäander leitet, wurden zwischen Koru Tepe und Ayasolukhügel in mehreren Metern Tiefe zahlreiche römische Gräber gefunden.

Auf der südlichsten Spitze des Koru Tepe wurde vom Museum Selçuk 1985 ein archaischer oder frühklassischer Tumulus ausgegraben. Seine Grabkammer ist fünfeckig und besteht aus isodomen glatten Kalksteinblöcken. Der Ansatz für das Laternendach ist noch erhalten. Von Osten her ist ein Dromos mit schrägen Wänden angelegt, der komplett erhalten geblieben ist. Der Tumulus weist außerdem eine kreisrunde Umfassungsmauer für den Erdhügel auf. Er stellt die älteste erhaltene Grabanlage des ephesischen Gebietes dar und ist überhaupt neben dem Artemision das älteste erhaltene Bauwerk (Abb. 14).

Knapp südlich des Tumulus befindet sich eine große natürliche Höhle mit mehreren vertikalen Löchern – ob sie ursprünglich bewohnt war, ist bislang nicht untersucht worden (Z 2, 10). Auch an der West-

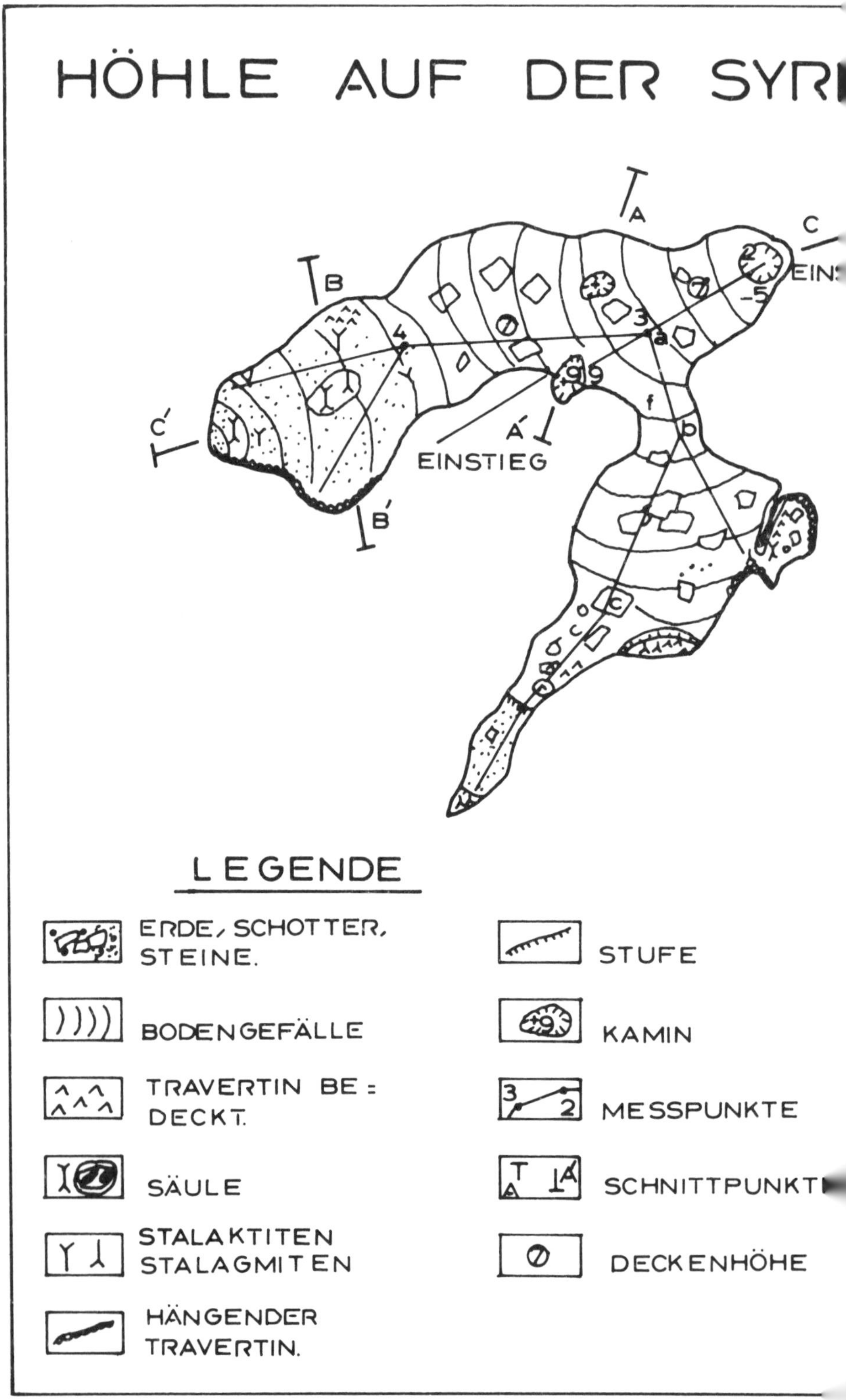

Z 2 Höhle auf dem Korudağ (Syrie), nach der Aufnahme des türkischen geologischen Dienstes

KORUDAĞ

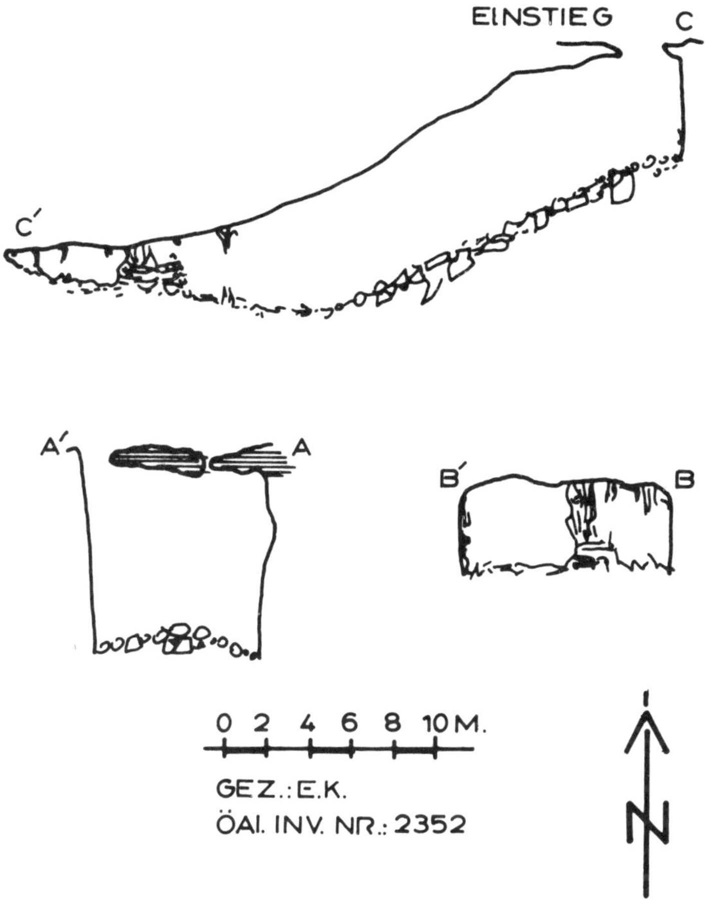

seite des Koru Tepe liegen mehrere Höhlenzugänge, die von einer senkrechten Felswand aus erreichbar sind.

Von Belevi nach Tire und Torbalı

Von der Hauptstraße von Selçuk nach Izmir zweigt rechts die Straße über Belevi nach Tire ab. Folgt man ihr, so gelangt man hinter dem Dorf Belevi zum gleichnamigen Mausoleum[20], über welchem ein großer Tumulus lag, der Yatıkkale[21] (Abb. 1).

Direkt gegenüber, jenseits des Kaystertales, liegen die Marmorsteinbrüche[22].

Im weiteren Verlauf der Straße nach Tire erreicht man das Dorf Halkapınar, wo eine mykenische Oinochoe in einem Pithos gefunden wurde. Weiter ostwärts folgen die Festungen Küçük Kale und dann Büyük Kale. Um diese zu erreichen, biegt man in eine Stichstraße nach rechts ab. Büyük Kale liegt auf einem steilen Felsen. An seiner Westseite sind mächtige mykenische Kyklopenmauern erhalten, an seiner Südostseite schöne hellenistische Rustika-Stützmauern.

In Tire gibt es ein Museum, in dem auch einige korinthische Kapitelle des Mausoleums von Belevi ausgestellt sind.

Von Tire fährt man weiter in Richtung Ödemiş; 6 km westlich von Ödemiş liegt das Dorf Datbey, an der Stelle des antiken Hypaepa[23], welches schon bei Ovid als Heimat der Mutter der Arachne erwähnt ist[24]. In Ödemiş selbst gibt es neuerdings auch ein Museum, in welchem unter anderem ein frühklassisches Grabrelief – die Wiederholung eines aus Ostia bekannten Grabreliefs – sowie ein archaischer Doppellöwe ausgestellt sind[25].

Von Ödemiş aus geht die Fahrt weiter nach Birgi (Pirgion), wo eine frühe Moschee und der Çakır Ağa Konak, ein Herrenhaus aus der zweiten Hälfte des 18. Jahrhunderts, besichtigt werden können[26].

Kehrt man nun zur Hauptstraße nach Izmir zurück und folgt ihr in Richtung Norden, so erblickt man westlich von ihr auf einem steilen Berg das Keçikalesi[27] (Abb. 5), eine Burg aus dem Mittelalter. Um sie zu besteigen, empfiehlt es sich, einen kühlen Zeitpunkt zu wählen; am leichtesten ist der Anstieg von der nördlichen Hangseite aus, da man hier weitgehend einer mittelalterlichen Straße folgen kann. Am Fuße des Berges lagern im Sommer noch Nomaden mit ihren schwarzen

Zelten. Des weiteren befinden sich an der Nordseite des Keçikalesi eine hellenistische Festung sowie, auf dem Wege dorthin zu sehen, eine hellenistische Zisterne.

Der beherrschende Berg im Norden der ephesischen Bucht und westlich der Hauptstraße nach Izmir ist der Galesion, ein Bergmassiv, auf dem sich im Mittelalter ein berühmtes Kloster befand[28].

Zweigt man von dieser Hauptstraße nach rechts in Richtung Bayındır ab, gelangt man bald in das Dorf Tulum, wo auf einem Hügel eine große hellenistische Festung liegt.

Die neue Hauptstraße von Belevi in Richtung Izmir verläuft quer durch die Ebene. An jener Stelle, wo rechts ein Hügel an die Straße herantritt und es zu einer Talverengung kommt, kurz nachdem die Berge weit zurücktraten und gleichsam eine Bucht bildeten, kann man links auf die alte Straße abbiegen. Man durchquert das Dorf Sağlıkköy und sieht bald rechts den Sinektepe, einen archäologischen Wohnhügel, aus der Ebene aufragen. Im Weiterfahren kommt man zum Gräberfeld Kabacakiri sowie zur antiken Stadt Metropolis (Z 3). Dahinter liegt im Tal Uyuzdere eine Kulthöhle.

Bei Torbali erreicht diese alte Straße wieder die neue Hauptstraße. In Höhe der Einmündung kann man linker Hand den prähistorischen Wohnhügel Arapkavehüyük liegen sehen[29].

Von Selçuk nach Şirince

Şirince ist ein ehemals griechisches Dorf in den Bergen östlich von Selçuk[30]. Man erreicht es, indem man von der Hauptstraße nach Izmir bei der alten Hittit Lokanta abzweigt und die Bahn überquert. Der Weg folgt einem Bach, der in der Antike möglicherweise Klaseas hieß[31]. Sein Tal steigt langsam an, von Feigenhainen umgeben, und mündet in einer schmalen Schlucht, an der oberhalb große Ölbaumgärten angelegt sind. Im Tal sieht man die Reste eines antiken Aquäduktes.

Früher führte die Straße über eine Kurve, in der eine Quelle durch einen antiken Sarkophag gefaßt war; heute gibt es eine neue Straße, die an einer wieder instandgesetzten Mühle vorbeiführt.

Nach etwa 10 km erreicht man das hoch oben gelegene Dorf Şirince (Abb. 6). Der Ort hat noch seinen alten Charakter bewahrt. Es gab hier zwei Kirchen, die heute verfallen sind. Eine kurze Novelle des

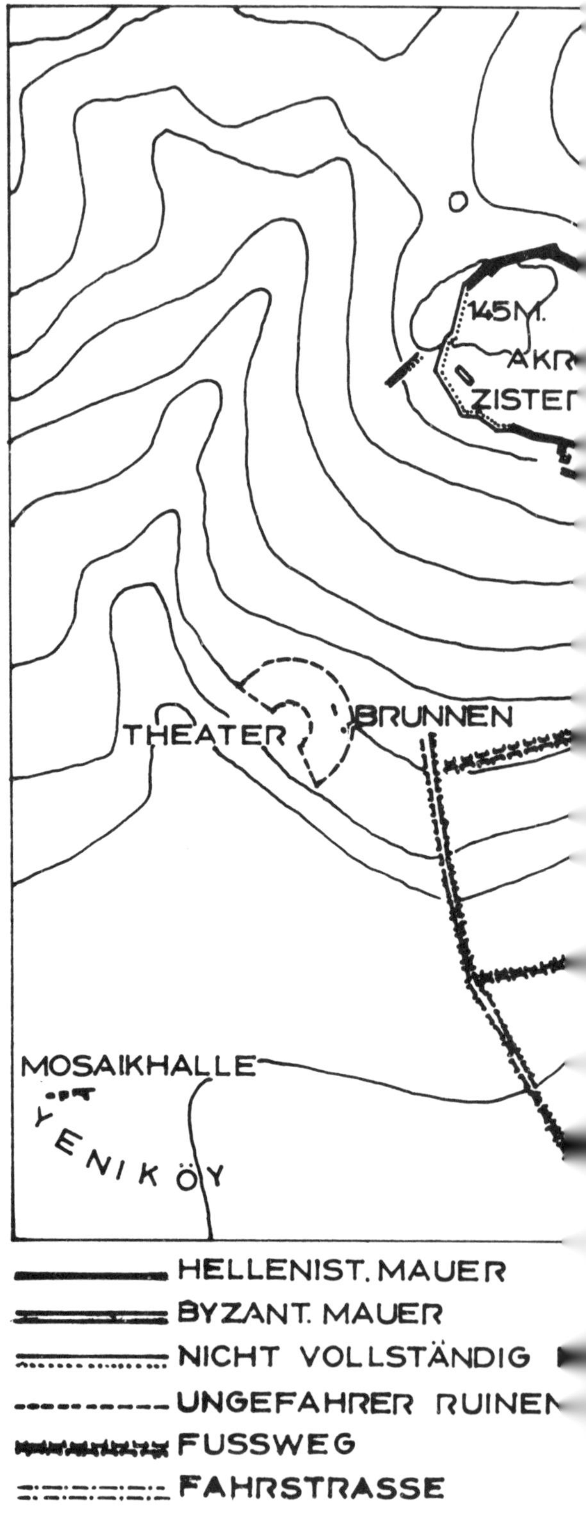

Z 3 Lageskizze von Metropolis nach R. Mer

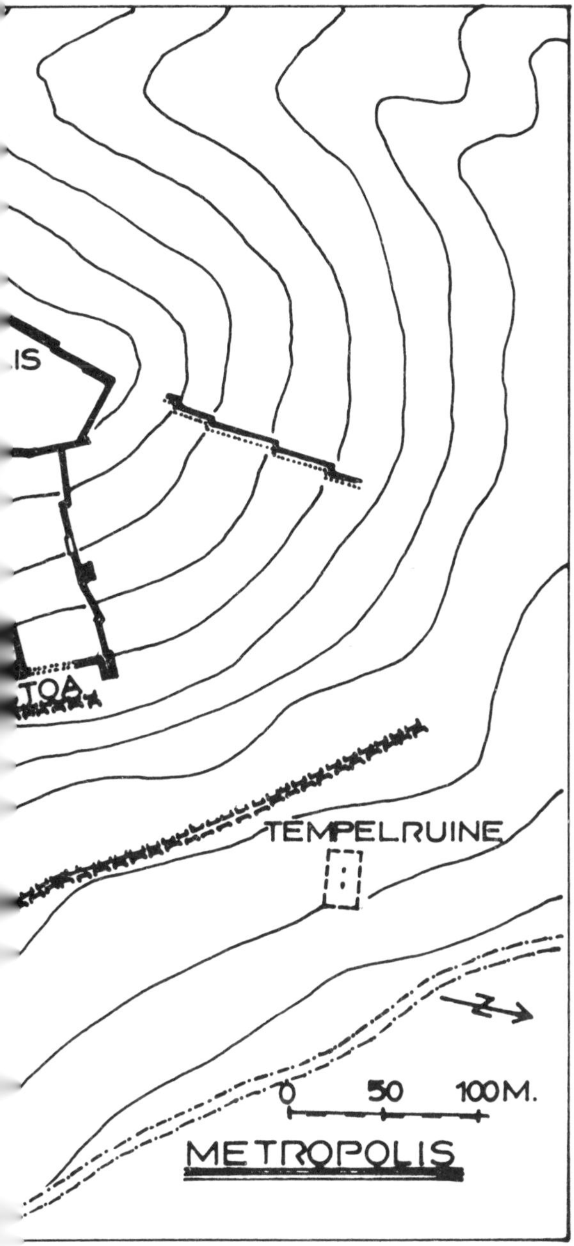

TENER MAUERVERLAUF
ICH

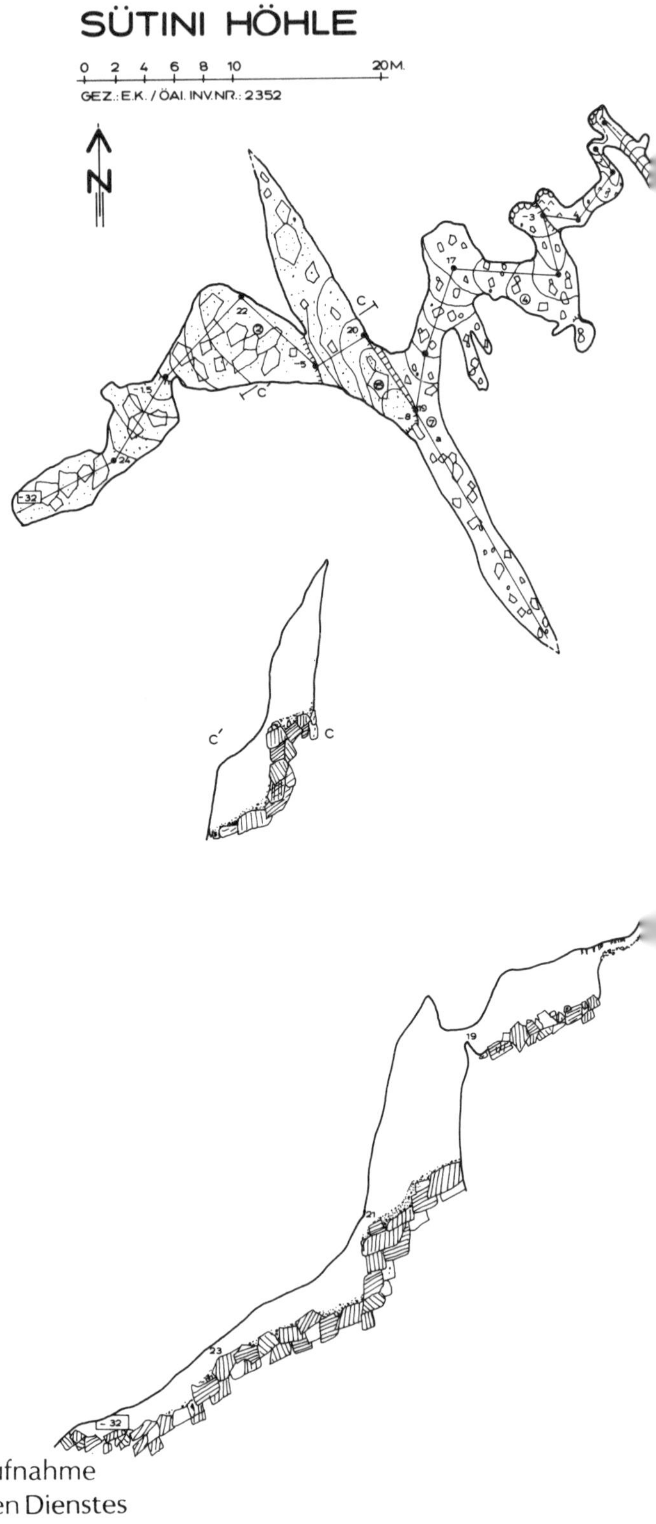

Z 4 Sütini-Höhle, nach der Aufnahme des türkischen geologischen Dienstes

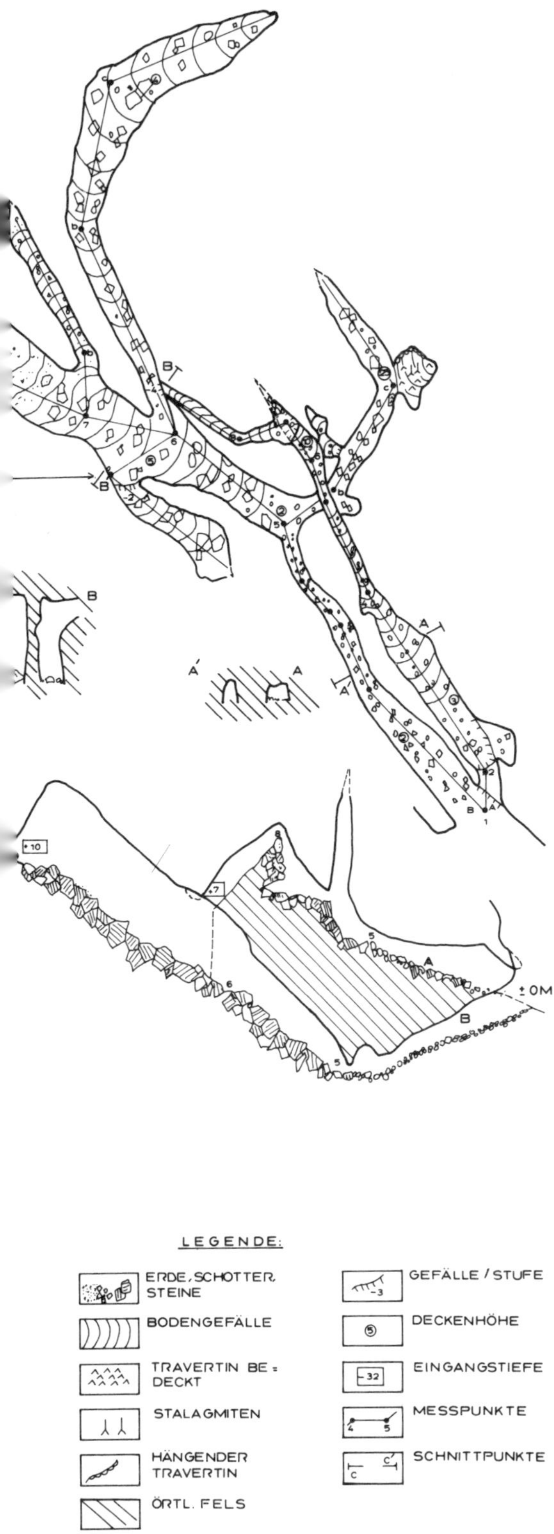
B
A
A'
± 0M
10
7
LEGENDE:
ERDE, SCHOTTER, STEINE
BODENGEFÄLLE
TRAVERTIN BE= DECKT
STALAGMITEN
HÄNGENDER TRAVERTIN
ÖRTL. FELS
GEFÄLLE / STUFE
DECKENHÖHE
EINGANGSTIEFE
MESSPUNKTE
SCHNITTPUNKTE

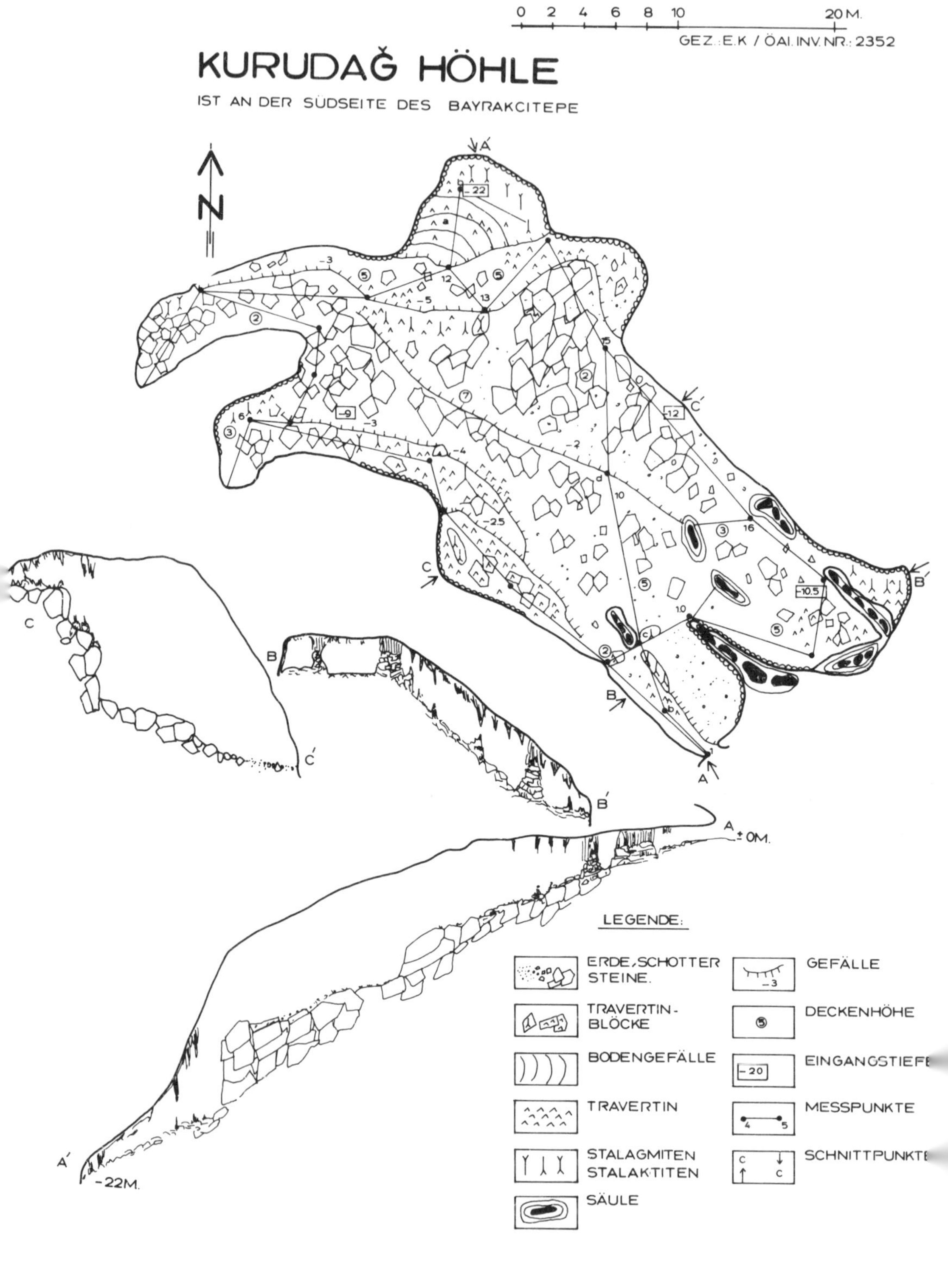

Z 5a Höhle an der Südseite des Bayrakçıtepe

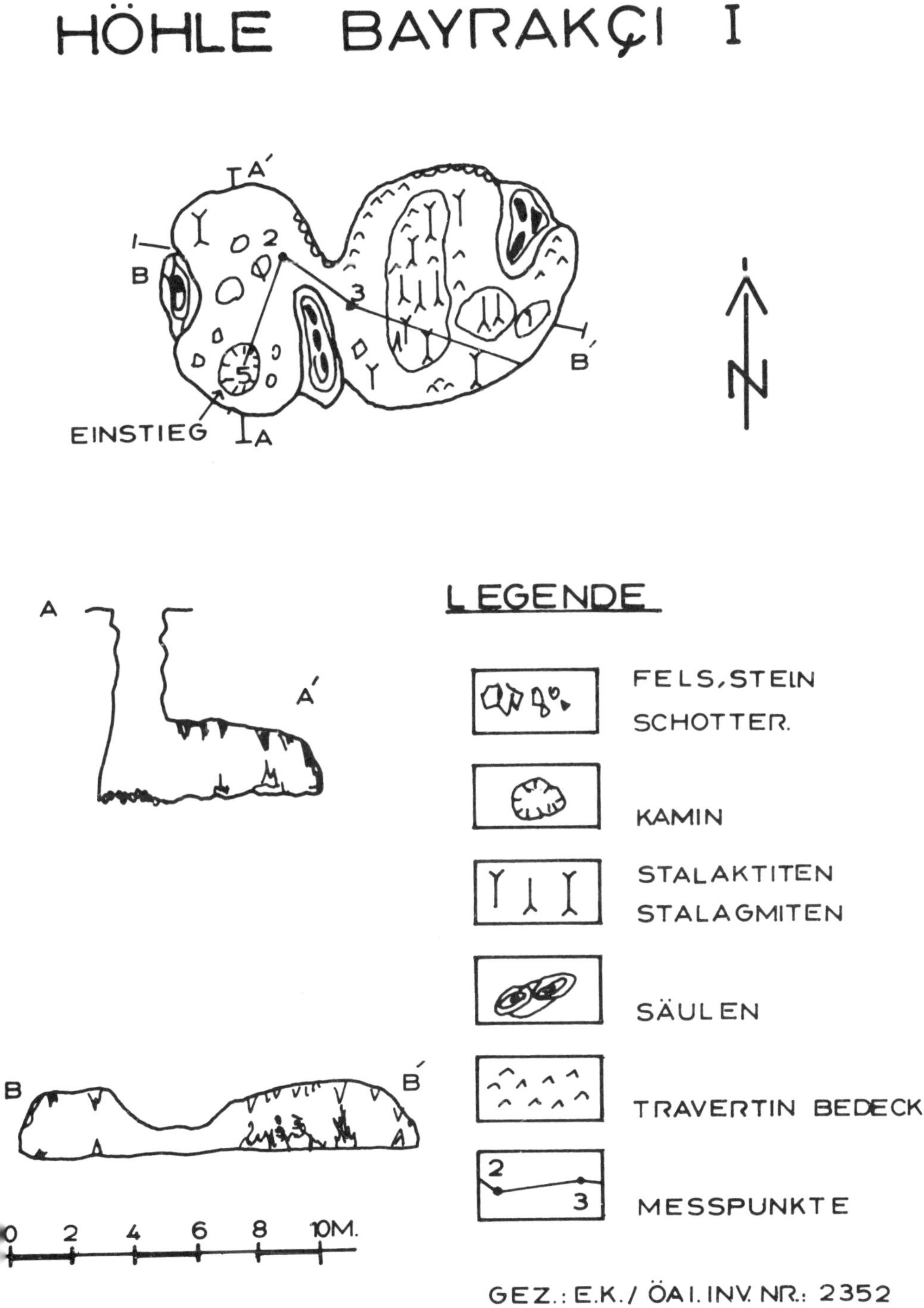

Z 5b Höhle an der Nordseite des Bayrakcıtepe

türkischen Dichters Sabahattin Ali mit dem Titel Çirkince spielt hier[32]. Sie handelt in der Umbruchszeit nach dem Ersten Weltkrieg, als die einheimischen Griechen vertrieben und aus Griechenland hier Türken angesiedelt wurden.

Schon im Mittelalter und der frühen Neuzeit mußten die Einwohner von Ephesos öfters vor Invasoren fliehen. Eine schöne Höhle, die links am Hang des Tales nach Şirince liegt, gibt davon Zeugnis. Sie heißt bei den Einwohnern der Umgebung Sütini oder Süt Kayası, das heißt Milchfelsen. In ihr fanden sich christliche Schriftzeichen und Keramik aus dem 14. und 15. Jh.[33] (Z 4). Wandert man von Şirince aus weiter nach Nordosten, so kommt man zum Kurt Kaya. Dort befindet sich ein großer Steinbruch, dessen Marmor unter Tag abgebaut wurde und der daher heute eine riesige Halbhöhle bildet. Sicher ist gerade von hier aus viel Marmor nach Ephesos transportiert worden[34].

Eine natürliche Höhle mit Tropfsteinbildung gibt es auf dem Kurudağ (= Bayrakçıtepe)[35], etwas nördlich von Selçuk (Z 5a, 5b, 10).

Von Türken und Griechen

Das Gebiet von Ephesos war zwar während der beiden Weltkriege kaum von Kriegshandlungen betroffen, dennoch gab es Auswirkungen der Kriege. Nach dem Ersten Weltkrieg befand sich Selçuk in italienischer Hand. Die Italiener, welche den Südwesten der Türkei besetzt hielten, bauten in Selçuk eine Kaserne, deren gelber Fassadenputz noch heute im Stadtbild auffällt.

Auch die Griechen waren bei ihrem Vorstoß nach Anatolien in Selçuk, und der Archäologe Sotiriou begann sogar, die Johanneskirche freizulegen.

Während des Zweiten Weltkrieges bombardierten die Deutschen Samos, und viele Griechen flohen von der Insel nach Selçuk. Die Engländer hatten hier ein Flüchtlings- und Proviantlager eingerichtet. Später wurden die Griechen mit der Bahn nach Syrien, das französisch besetzt war, abtransportiert.

Heute sind ein großer Teil der Einwohner von Selçuk Muhacirs oder Nachkommen von Muhacirs, also türkische Rückwanderer. Sie kamen vor allem aus Makedonien, Bulgarien, Thrakien, Albanien, Nordgriechenland und Kreta. Ein Zentrum der Kretenser war das Stationskaffeehaus. Hier saßen zu jeder Tageszeit alte Männer mit kretischem Profil, Brille, Hut und Schnurrbart. Sie erinnerten an Bilder von Albert Einstein. Untereinander sprachen sie stets Griechisch, da dies ihre eigentliche Muttersprache war.

Von Selçuk nach Süden

Eine Reihe antiker topographischer Angaben, die sich hauptsächlich auf Orte südlich von Ephesos beziehen, lassen sich nur vermutungsweise mit archäologischen Resten in Verbindung bringen. Gerade auf dem Gebiet der historischen Topographie herrschen viele Unsicherheiten, sodaß etliche auf philologisch-antiquarischem Wege gewonnene Annahmen zwangsläufig impressionistische Züge tragen und von einem Gelehrten zum anderen immer wieder umgestoßen werden. Aus diesem Grund herrschen bis heute über die Lokalisation von antiken Orten wie Panormos, Pygela/Phygela, Figila, Ortygia, Marathesion und Anaia Unsicherheit und Widersprüchlichkeit[36]. Die Halbinsel Yilanci Burun bei Kuşadası wird zum Beispiel von Keil mit Marathesion gleichgesetzt[37], während Müller-Wiener sie mit Phygela benennt[38]. Als Phygela (Pygela) bezeichnen Keil, Hopfgartner und Jobst/Meriç die Bucht südlich des Rhion (Otuzbir)[39], Schindler bzw. Benndorf verwenden diesen Namen für die Bucht südlich des Rhion am Südende des Strandes von Pamucak[40]. Da aber auch eine Inschrift über einen Kirchenbau des hl. Georg aus dem Jahre 1019, die als Spolie in einer Kirche in Kuşadası verwendet wurde, den Namen Pygela nicht erwähnt[41], gibt es bislang keinen Beleg für die Gleichsetzung von Kuşadası mit Pygela. Daß sie dennoch richtig ist, geht aus einer erstmals von Foss zitierten Nachricht von der Gefangenschaft des Leutnants Zacharias von 820 bis 823 n. Chr. auf einer befestigten Insel namens Phygale hervor[42]. Hiermit kann nur Kuşadası gemeint sein (Z 1).

Der Panormos wird von Kiepert westlich des Pamucak und östlich des Iğdelitepe lokalisiert[43]. Erst Meriç möchte den Panormos mit dem Alaman gölü an der Nordseite der Kaysterbucht gleichsetzen[44].

L. Hopfgartner hat bei seinen sehr eigenständigen Begehungen des ephesischen Gebiets eine Reihe von Gebäuden entdeckt, die vorher nicht bekannt waren. Bei seinen Identifizierungen verfährt er allerdings genauso willkürlich wie die anderen Autoren[45].

In einer neuen Karte geht Meriç[46] mit den Festlegungen der antiken Namen noch weiter als ältere Autoren. So bezeichnet er das Gebiet des französischen Feriendorfes (Club Méditerranée) südlich von Kuşadası als Marathesion, weil es dort antike Mosaiken gibt. Den Fluß Kenchrios setzt er – offenbar Keil folgend – gar südlich davon an.

Diesen antiken Namen stehen archäologische Überreste im fraglichen Gebiet gegenüber: Am ganzen Westhang des Pamucak und an der südlichen Bucht nördlich des Rhion sind große byzantinische bis frühneuzeitliche Anlagen vorhanden, die Hopfgartner ausführlich beschreibt[47], ferner gibt es zahlreiche bauliche Reste, die auf eine Hafenbucht südlich des Kaysterlaufes hinweisen. Im Gebiet von Arvalia sind archaische und byzantinische resp. frühneuzeitliche Überreste zu sehen; auf einer kleinen Akropolis liegt eine byzantinische Kirche. Im Rhion selbst gibt es einen antiken Marmorbruch, den Çam Limani. Südlich davon sind knapp vor dem Strand, an dem heute das Hotel Tusan steht, die schon erwähnten Reste von Mosaikfußböden erhalten, die vielleicht von einer byzantinischen Kirche stammen. An dem Strand, wo das Feriendorf Kuştur und das BP Mokamp liegen, sind Fundamente von einem Turm und Molen im Wasser zu sehen[48], und an dem südlich anschließenden Hügel gibt es ebenfalls ein Mosaik und andere Reste einer spätantiken Villa[49], einen hellenistischen Tumulus und mächtige byzantinische Mauern an der Steilküste zum Wasser hin[50] (Z 1).

Auch auf der Kreideinsel Yılancı Burun hinter Kuşadası wurden archäologische Funde gemacht; sie stammen aus mykenischer, archaischer, klassischer und hellenistischer Zeit[51] (Abb. 35).

Zur Halbinsel Mykale

Von der Straße von Kuşadası nach Söke zweigt rechts die Straße nach Davutlar ab. Unterwegs passiert man die Feriensiedlung Nazili, in deren Gelände das mittelalterliche Kastell Kadı Kalesi (Abb. 12) steht[52]. Es gibt dort auch Reste einer antiken Bebauung. Neuerdings wird die Identifizierung dieses Ortes mit Anaia in Betracht gezogen, auch wenn Keil[53] hierfür das türkische Dorf Ania (heute Soğucak), unweit östlich davon, vorsah.

Ein weiterer archäologisch wichtiger Hügel ist der Ilıcatepe (Abb. 34), rechts von der Straße von Söke und noch vor der Abzweigung nach Davutlar gelegen. Hier ist seit langem ein großer doppelter Befestigungsring aus Kyklopenmauern bekannt, der wohl aus mykenischer Zeit stammen muß. Die Mauern liegen an der Nordseite des Hügels und sind von der Straße aus direkt sichtbar. Ein Tor ist gut erhalten, aber auch Rampen und Zugangswege lassen sich noch erkennen[54]. Meiner Meinung nach ist die Burg auf dem Ilıcatepe mit dem antiken Apasa identisch, der Hauptstadt von Arzawa[55] (Z 1).

An der Nordseite der Mykale, gegenüber der Insel Samos, liegen am Eingang zu einem Naturschutzgebiet (Millipark oder Kalamaki) beiderseits des Dorfes Güzelçamlı der antike Ort Melie und das Panionion, der Versammlungsort des ionischen Städtebundes. Melie liegt auf dem Hügel Kaletepe, das Panionion auf dem Otomatiktepe östlich des Dorfes. Melie gehörte dem ionischen Bund an, wurde aber bereits im 7. Jh. von den Bundesgenossen erobert und zerstört; sein Gebiet wurde aufgeteilt[56]. Innerhalb der Burgmauern von Melie wurden ein Oval- und ein Antenhaus ausgegraben.

Das Panionion besteht aus einem Altar für Poseidon auf dem Otomatiktepe, einer Höhle westlich davon und einem theaterähnlichen Versammlungsgebäude am Westfuß des Hügels[57].

Fährt man durch den Eingang in den Millipark selbst hinein, so gelangt man in eine wilde, waldige Landschaft mit Lorbeer- und Erdbeerbäumen, Ginster und Judasbäumen. Hier gibt es schöne Strände, die teilweise nur zu Fuß erreichbar sind, neben dem Çam Limanı die schönsten der ganzen Gegend. Allerdings kann man im Millipark nicht übernachten (Abb. 3).

In der Antike war die Mykale Schauplatz einer welthistorisch wichtigen Schlacht: Im Jahr 479 besiegte hier eine griechische Flotte die Perser, und zwar am gleichen Tage, an dem das griechische Landheer bei Platää das persische Heer besiegte[58].

Schon an die hundert Jahre zuvor war die Mykale in Verruf geraten: Die nach der Schlacht bei Lade vor den Persern flüchtenden Chioten wurden auf der Mykale von den Ephesern erschlagen, weil deren Frauen dort die Thesmophorien feierten[59].

Bäume und Bienen

Die natürliche Vegetation an den Küsten der Ägäis ist in Waldgebieten durch die mediterranen Hartlaubgewächse gekennzeichnet. Dazu gehören die immergrüne Kermeseiche, der Erdbeerbaum (in kalkarmem Boden), die Terebinthe, Baumheide, Johannesbrotbaum, Myrte, wilder Ölbaum und Lorbeer. Im Naturschutzpark auf der Halbinsel Mykale, dem Millipark (Kalamaki), lassen sich diese Formen noch schön erkennen (Abb. 3). Häufig aber sind die stattlichen Wildformen durch Einwirkung des Menschen zur Macchie degeneriert.

Auf den Schwemmlandflächen der Deltas wächst die Platane und in der Gegend von Marmaris und Fethiye ein Tertiärrelikt, nämlich der Weihrauchbaum (Liquidamber), der zur Gewinnung des Stryaxbalsams verwendet wurde[60].

Unter den Nadelbäumen dominiert die Bruttische Kiefer, eine Abart der Aleppo-Kiefer. Gelegentlich gibt es auch die Pinie, deren Samen eßbar sind, vor allem im Gebiet um Amyzon in Karien[61]. Unter den Pflanzen im ephesischen Ruinengelände sind einige besonders auffallende auch für die Mythologie von Bedeutung. Dazu gehört die Narthexstaude (Ferula communis) oder Riesenfenchel. Sie blüht im April grünlich und wird im Laufe des Sommers zu einer auffälligen, getrockneten braunen Staude. Der Sage nach hat Prometheus in ihrem Stengelmark den Menschen das Feuer gebracht[62] (Abb. 41).

Nicht nur die Narthexstaude hat eine Vorliebe für Standorte in und bei Ruinen[63]. Auch der Keuschlammstrauch oder Lygosbaum (Vitex agnus castus) ist im Ruinengebiet unübersehbar. Es handelt sich dabei um ein blaublühendes Weidengewächs. Da seine Blütezeit von April bis September reicht, gilt er als hervorragende Bienenweide. Dieser von den Türken Hayit genannte Strauch war ein heiliger Baum der Artemis und der Hera[64]. Das hölzerne Standbild der ephesischen Artemis soll aus dem Lygosbaum gefertigt gewesen sein[65], das Standbild der Artemis Ortygia in Sparta war von den biegsamen Ruten des Lygos umhüllt[66], ebenso eingeflochten war auch das Standbild der Hera auf Samos[67]. Hera selbst soll unter einem Lygosbaum großgezogen worden sein[68]. Die kultische Beziehung der ephesischen Artemis zur Biene (Abb. 77) läßt aber noch einen anderen Schluß zu: Die Biene war auch das Tier der hethitischen Muttergöttin Hannahanna. Diese sandte sie aus, um den verschwundenen Vegetationsgott Telepinus zu suchen[69].

7 Blick von der oberen Agora auf die Kuretenstraße mit der Architekturcollage des Memmiusbaues im Vordergrund, Celsusbibliothek im Hintergrund
8 Grabung am spätantiken Torbau unter F. Miltner

9 Grabung am Domitiansplatz und Domitiansbrunnen unter F. Miltner
10 Grabung Polliobau unter F. Miltner

Hannahanna ist als Muttergöttin aber ebensowenig eine hethitische Erfindung wie die Bienenzucht, sondern schon viel älter. In Ephesos heißen die Priesterinnen der Artemis auch Melissai, Bienen, und Essenenkönig bedeutet metaphorisch auch König der Bienen. Was dies genau bedeutet, ist unklar[70]. Ein dem Telepinus vergleichbarer Vegetationsgott wurde übrigens noch in griechischer Zeit in Herakleia am Latmos verehrt, nämlich der Gott Endymion[71].

Natürliche Wälder gibt es im ephesischen Gebiet nur noch an der Nordseite der Mykale (Abb. 3), die regenreich ist, sowie im Osten der Insel Samos. Allerdings wurden viele Berge in den letzten Jahrzehnten wieder aufgeforstet, so z.B. das Gebiet um Meryemana bis hinunter nach Arvalia (Ortygia). Dort vermitteln die Pinienwälder einen Eindruck von der antiken Bewaldung. Die beiden wichtigsten Ursachen für die Veränderung der Vegetation in historischer Zeit sind Klimaänderungen und der Einfluß der menschlichen Zivilisation.

Bereits in der Antike wurde man der langsamen Entwaldung gewahr, die oft bedauert worden ist. Strabo berichtet noch über die Wälder des Mons Argaeus, des heutigen Erciyas bei Kayseri, die heute fehlen[72]. Er beklagt auch den Verlust der Wälder bei Theben in der Troas und erwähnt auch noch Waldgebiete bei Daphne in der Nähe von Antakya[73]. Auch von den königlichen Forsten zwischen Mysien und Lydien ist wenig übriggeblieben[74]; das gleiche gilt für die Wälder auf dem Bingöl Dağ bei Muş[75].

Seitens des Menschen gab es drei wichtige Faktoren, die zur Abholzung Anatoliens im Laufe der letzten drei Jahrtausende führten. Holz diente der Energiegewinnung, also als Brennstoff, und als Baumaterial; und schließlich fielen Wälder der Gewinnung von landwirtschaftlich nutzbarem Boden zum Opfer.

Als Brennstoff fand Holz nicht nur bei der Feuerung zur Erwärmung, zur Nahrungszubereitung usw. Verwendung, sondern in großem Umfang auch bei Tätigkeiten, die extrem viel Energie verlangten: Zum Schmelzen von Eisen waren wesentlich höhere Temperaturen notwendig als zum Schmelzen von Bronze, Silber und Blei[76]; aus diesem Grund stieg seit dem 1. Jahrtausend v. Chr. der Bedarf an Holzkohle für die Brennöfen erheblich an. In römischer Zeit wurde das Glasschmelzen zu einer wichtigen Technologie; auch hierfür ist der Holzkohlebedarf immens. Im 1. Jahrtausend wurde aber auch eine neue Bestattungsweise modern, nämlich die Brandbestattung; das Verbrennen eines

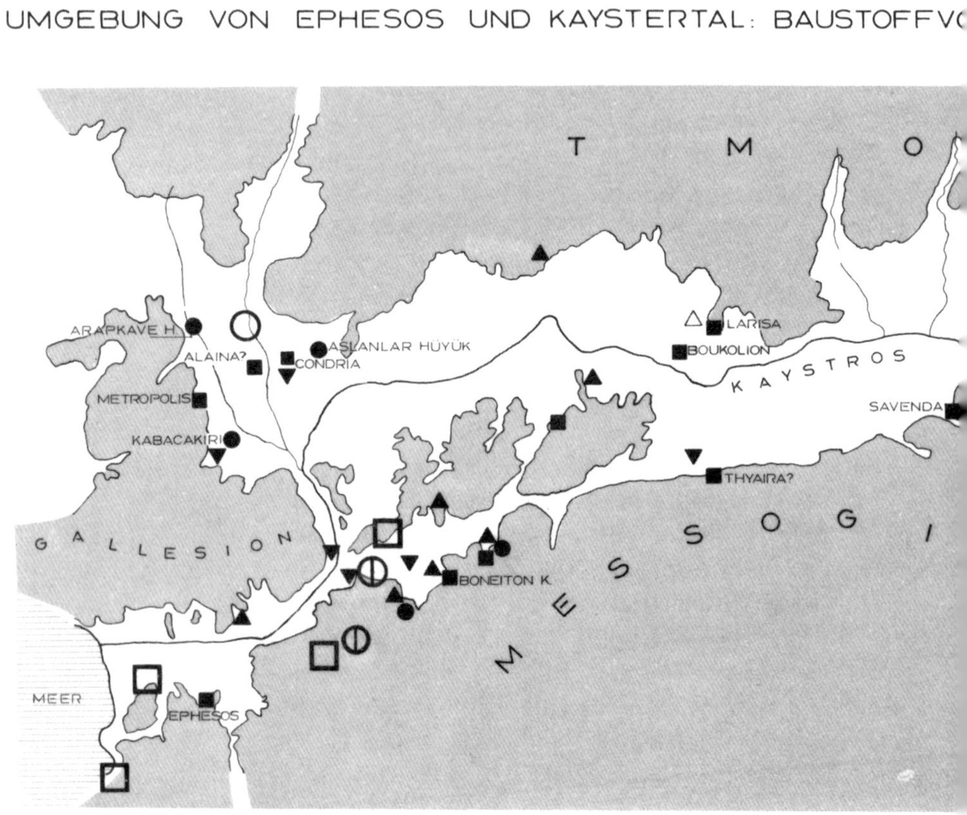

Z 6 Siedlungen und Rohstoffvorkommen im Kaystertal

Leichnams erforderte sehr viel Holz. Erst im 3. Jh. n. Chr. ging man allmählich wieder zur Körperbestattung über – vielleicht nicht zuletzt aufgrund der mit dem großen Holzverbrauch verbundenen Kosten einer Brandbestattung[77]. In seiner Eigenschaft als Baumaterial fand Holz nicht nur im Wohnbau, sondern vor allem im Schiffsbau Verwendung. Die Gewinnung von Bauholz zu diesem Zweck war stets an die Möglichkeit, es auch zu transportieren, gebunden, erfolgte daher nur in Fluß- oder Küstennähe, bis mit dem Eisenbahnbau im 19. Jh. auch die binnenländischen Waldgebiete der Ausbeutung zugänglich wurden[78]. Im Binnenland spielte daher die Rodung zum Zweck der landwirtschaftlichen Bodengewinnung bis dahin die größte Rolle bei der Abholzung Anatoliens. Da in der Antike und auch im Mittelalter die meisten

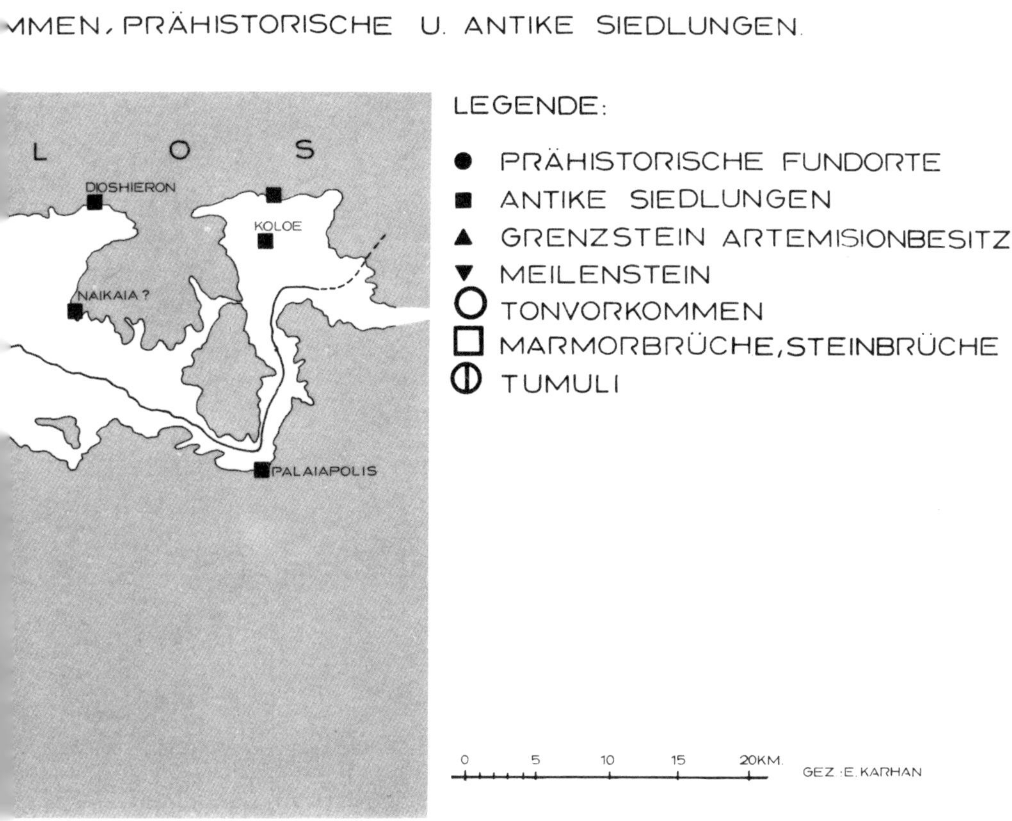

Menschen von der Landwirtschaft lebten, brachte jede Bevölkerungsvermehrung einen Mehrbedarf an Acker- und Weideland mit sich und hatte daher Rodungen zur Folge.

Im Unterschied zur Antike war in prähistorischer Zeit von einer Entwaldung Anatoliens noch nichts zu spüren. Mittels pollenanalytischer Untersuchungen wurde festgestellt, daß es um 6500 v. Chr. in der Südosttürkei Wälder aus Birken und Pinus silvestris gab, die heute nur noch im Nordosten des Landes vorkommen. Während des Klimaoptimums zwischen 5000 und 3000 v. Chr. herrschten dort allerdings extrem trockene Bedingungen[79]. Auch die Holzkohleuntersuchungen im Kebangebiet bezeugen, daß waldbildende Baumarten in der Kupferzeit und Frühbronzezeit reichlich vorhanden waren[80].

Grundbesitzer und Bodenschätze

Über die Grundbesitzverhältnisse im Gebiet von Ephesos ist für die römische Zeit immerhin einiges bekannt. Der Tempel der Artemis besaß nicht nur materielle Reichtümer in seinem Schatz und als Bank, sondern war auch einer der größten Grundbesitzer der Gegend. Besonders durch die Surveys von R. Meriç sind etliche Grenzsteine des Artemisionbesitzes bekannt geworden, sodaß sich heute der Grundbesitz des Artemisions im Kleinen Mäandertal recht gut eingrenzen läßt[81].

Im Marnastal gibt es Hinweise auf den Grundbesitz der Vedier bzw. des Damianos. Reste einer dort von Miltner gefundenen Villa[82], deren Mosaiken sich heute im Hof des Museums in Selçuk befinden (Abb. 18), führen zu der Annahme, daß dort ein großes Gut lag, in dessen Gelände auch das Grabmal der Familie des Eigentümers errichtet war, welches schon von Keil ausgegraben worden war[83]. Keil zufolge handelt es sich aufgrund der kargen Reste der Bauinschrift bei den Eigentümern um eine Vedierfamilie[84]. Philostrat[85] beschreibt eine Villa des mit den Vediern verschwägerten Sophisten Damianos, und so ist der Gedanke, daß es sich dabei vielleicht um jene Villa im Marnastal handeln könnte, nicht ganz von der Hand zu weisen[86].

Auch die Mutter des Kaisers Julian, Basilina, besaß beträchtlichen Grundbesitz um Ephesos, den sie testamentarisch der christlichen Kirche vermachte[87]. Sicher hier nicht ansässig war ein Senator in Konstantinopel, dessen ephesische Güter der korrupte Bischof Antonius um etwa 400 n. Chr. verwaltete[88].

Auf antike Tonvorkommen, die für die Keramik- und Ziegelherstellung in der ephesischen Region herangezogen werden konnten, läßt sich nur aus den heute abgebauten Tonlagern rückschließen[89]. Diese gibt es in der Umgebung von Torbalı in Richtung Izmir (Ziegelton) und bei Germencik und Incirliova in Richtung Aydın (Keramikton)[90]. Beide Lagerstätten sind aber 30–40 km von Ephesos entfernt (Z 6). Der Stein- und Marmorabbau dagegen erfolgte von näher an Ephesos gelegenen Orten. Noch Anfang der sechziger Jahre waren im Kaystertal gegenüber dem Mausoleum von Belevi (Abb. 1) archaische Abbauflächen zu sehen[91]. Leider sind diese inzwischen dem modernen Marmorabbau zum Opfer gefallen. Noch dichter bei Ephesos liegen die Steinbrüche von Kuşini[92], nämlich östlich von Selçuk in den Bergen. Ferner gibt es direkt am Meer beim Çam Limanı einen Marmorsteinbruch (Z 6). Der in archaischer Zeit in Ephesos viel verwendete gelbe Kalkmergel wurde auf dem Iğdeli Tepe abgebaut. Auch hier ist noch der Steinbruch erkennbar[93] (Abb. 11).

Fragen nach der Herkunft der in Ephesos gebräuchlichen gebrannten Tone und Marmorarten wurden bislang noch kaum behandelt. Den Untersuchungen von P. Dupont über die chemische Zusammensetzung archaischer Keramik in Ionien läßt sich immerhin entnehmen, daß der Eisen- und Tongehalt der untersuchten ephesischen Stücke auch mit jenem der Tonlager von Torbalı übereinstimmt[94]. Diese naturwissenschaftlichen Untersuchungen haben aber auch gezeigt, daß die mittlere wild-goat-Keramik und die Fikellura-Ware nicht aus Rhodos, sondern aus Milet stammen und daß die späte wild-goat-Keramik aus Nordionien kommt[95].

In den letzten Jahren wurden auch die naturwissenschaftlichen Methoden zur Bestimmung der Herkunft von Marmorblöcken weiterentwickelt. Besonders die Isotopenanalyse führte zu neuen Erkenntnissen[96]. Auch durch die Erforschung der Marmorbrüche von Milet und Herakleia am Latmos[97] und ihre physikalisch-petrographische Untersuchung ist das Interesse an den Marmorsorten, die in den westkleinasiatischen Städten verwendet wurden, neu geweckt worden. K. German[98] versuchte, aus den einzelnen Proben ein Multimerkmal zu errechnen und diese Eigenschaftsbündel in einem Dendrogramm nach ihrer Ähnlichkeit zu gruppieren. Derartige Untersuchungen stehen aber für das ephesische Gebiet noch aus.[99]

1 M. Foucault, Die Sorge um sich, Sexualität und Wahrheit 3 (1986) 10 ff.
2 W. Müller-Wiener, IstMitt 11, 1961, 112 ff.
3 C. Foss, Ephesus after Antiquity. A Late Antique, Byzantine and Turkish city (1979) 123.
4 W. Müller-Wiener, IstMitt 11, 1961, 77 ff.; – ders., IstMitt 25, 1975, 399 ff. – Dort wird Kusadasi mit dem antiken Marathesion gleichgesetzt.
5 Strabo 640
6 R. Meriç, Festgabe H. Vetters (1986) 31 m. Taf. VI.
7 R. A. Bridges, Hesperia 43, 1974, 264 ff.
8 Herodot 1, 147.
9 Er wurde im Jahre 1977 von H. Gürçay ausgegraben, die Funde werden im Museum in Selçuk aufbewahrt.
10 W. Jobst, R. Meriç, ÖJh 52, 1978/80, Beib. 45 ff.
11 IvE 401.
12 O. Benndorf, FiE 1 (1908).
13 Strabo 639 f.
14 Sie wurde unter der Aufsicht des Museums Selçuk ausgegraben.

[15] V. Michaelis, ByzJb 6, 1929, 1 ff.
[16] Bammer, Wohnen im Vergänglichen (1982), Taf. Abb. 56.
[17] Sie werden im Museum Selçuk aufbewahrt.
[18] W. Koenigs, W. Radt, IstMitt 29, 1979, 345 ff.
[19] IvE 3092.
[20] FiE 6.
[21] S. Kaspar, ÖJh 51, 1976/77, Beib. 127 ff.
[22] W. Alzinger, ÖJh 48, 1966/67, 1 ff.
[23] G. M. A. Hanfmann, Festschrift L. Mildenberg (1984) 85 ff.; – C. Foss, CalifStClAnt 11, 1979, 27 ff.
[24] Ovid, Met. 6,13; – Met. 11, 152.
[25] Hanfmann a.O.; – V. M. Strocka, JdI 54, 1979, 144 ff.
[26] Bammer, Wohnen im Vergänglichen (1982) 35. Zu den Moscheen von Tire: I. Aslanoğlu, Tire'de Camiler ve Üç Mescit (1978).
[27] W. Müller-Wiener, IstMitt 11, 1961, 85 ff.
[28] C. Foss, Ephesos after Antiquity (1979) 128 ff.
[29] R. Meriç, Metropolis in Ionien, Beiträge Klass. Phil. 142 (1982).
[30] W. Eggeling, Münster 28, 1975, 190 ff.; – Bammer a.O. 25.
[31] Benndorf, FiE 1, 69.
[32] Die Geschichte ist in dem Band Sirka Köşk (1947, 1975) 153 ff. veröffentlicht; – Hinweis G. Akin.
[33] E. Atalay, ÖJh 54, 1983, 129 ff.
[34] E. Atalay, ÖJh 51, 1976/7, 59 ff.; – ders., Festgabe H. Vetters (1986) 311 ff.
[35] E. Atalay, ÖJh 52, 1978/80, Beib. 33 ff.
[36] Vgl. Anm. 39 f.
[37] Keil, ÖJh 11, 1908, Beib. 145 ff.
[38] W. Müller-Wiener, IstMitt 25, 1975, 400.
[39] Keil a.O. 137 ff.; – Hopfgartner, Studi Genuensi 4, 1962/3, 17 ff.; – W. Jobst, R. Meriç, ÖJh 52, 1978/80, Beib. 45 ff.
[40] FiE 1 (1906) 73 ff.
[41] H. Grégoire, Recueil des inscriptions chrétiennes (1922) 115.
[42] C. Foss, Ephesos after Antiquity (1979) 123 f.
[43] Bei Benndorf, FiE 1 (1906) 47 m. Fig. 12.
[44] R. Meriç, Festgabe Vetters (1986) 30 ff.
[45] Hopfgartner, Studi Genuensi 4, 1962/3.
[46] IvE VII,1 (1981) 100; – in Festgabe Vetters Taf. 6 wieder Arvalia = Ortygia.
[47] Hopfgartner a.O. 51 ff.
[48] Hopfgartner a.O. 65, Fig. 35.
[49] W. Jobst, R. Meriç, ÖJh 52, 1978/80, Beib. 45 ff.
[50] Hopfgartner a.O. 67, Fig. 37.
[51] Mellaart, AnatSt 18, 1968, 188; – Keil, ÖJh 11, 1908, Beib. 140 ff.
[52] T. Wiegand, H. Schrader, Priene (1904) 491; – Keil, ÖJh 11, 1908, 153; – Müller-Wiener, IstMitt 11, 1961, 65 ff.
[53] Keil a.O.
[54] Wiegand, Schrader a.O. 28.
[55] Zu Arzawa vgl. J. Garstang, O. R. Gurney, The Geography of the Hittite Empire (1959); – J. G. MacQueen, AnatSt 18, 1968, 169 ff.; – S. Heinhold-Krahmer, Arzawa, Texte der Hethiter 8, 1977; – I. Singer, AnatSt 33, 1983, 205 ff.
[56] G. Kleiner, in Panionion und Melie, JdI Erg.-H. 23, 1967,9; – P. Hommel, ebenda 91 ff.
[57] G. Kleiner, P. Hommel, W. Müller-Wiener, in Panionion und Melie, JdI Erg.-H. 23, 1967.

58 Herodot 9, 95 ff.
59 Herodot 5, 16.
60 O. Erol, Die naturräumliche Gliederung der Türkei, TAVO 13 A (1983); – H. Mayer, H. Aksoy, Wälder der Türkei (1986); – H. Kürschner, Der östliche Orta Toroslar (Mittlere Taurus), TAVO 15 A (1984); – ders., TAVO 10 A (1982); – W.-D. Hütteroth, Türkei, wiss. Länderkunde 18 (1982) 140 f.
61 J. et L. Robert, Fouilles d'Amyzon en Carie (1983).
62 Hesiod, Theogonie 5, 567.
63 J. Murr, Die Pflanzenwelt in der griechischen Mythologie (1890) 231 f.
64 E. A. Fehrle, Die kultische Keuschheit im Altertum (1910) 139 ff.; – M. Detienne, The Garden of Adonis (1978) 79 ff.; – J. Bremmer, HarvSt 87, 1983, 310 ff.
65 Plinius, n.h. 24, 9, 38; 16, 40, 70.
66 Paus. 3, 16, 11.
67 Paus. 8, 23, 4–5; 7, 4, 4.
68 Murr a.O. 100 ff.; – H. Baumann, Die griechische Pflanzenwelt (1982) 61 ff.
69 V. Haas, UgaritF 13, 1981, 111 ff.
70 A. B. Cook, JHS 15, 1895, 1 ff.
71 G. Bean, Aegean Turkey (1967) 252 ff.
72 Strabo 12, 2, 7; – H. Kürschner, Vegetation und Flora in der Hochregion der Ala dağlari und Erciyas Daği, Türkei, TAVO 10 A (1982).
73 Strabo 13, 1, 65; 14, 2, 6.
74 Livius 1, 54, 36.
75 Xenophon, Anabasis 1, 4, 4; – W. C. Brice, in Brice (Hrsg.), The Environmental History of the Near and Middle East (1978) 141 ff.; – D. Hughes, JFieldA 10, 1983, 437 ff.; – R. Meiggs, Trees and Timber in the Ancient Mediterranean World (1982) 372 ff.; – J. V. Thirrgood, Man and the Mediterranean Forest (1981).
76 T. A. Wertime, JFieldA 10, 1983, 445 ff.; – K. Aslikan, Anatolica 10, 1983, 6 ff.
77 Bammer, in H. Stekl, Architektur und Gesellschaft von der Antike bis zur Gegenwart (1980).
78 Meiggs a.O. 386 ff.
79 H. E. Wright, in Studies in Honour of W. A. McDonald (1985) 183 ff.; – B. Aytug, Rev. Fac. Scie. Forrestière Univ. Istanbul 17, 1967, 1 ff.; – S. Erinç in Brice a.O. 57; – W. van Zeist, Anatolica 7, 1980, 75 ff.; – van Zeist, H. Buitenhuis, Anatolica 10, 1983, 47 ff.
80 G. H. Wilcox, AnatSt 24, 1974, 117 ff.
81 IvE 3501–3516; – zu den Inschriften im Kaystertal: Talanta 2, 1970, 55 ff.
82 Miltner, ÖJh 43, 1956/58, Beib. 58 f.
83 W. Radt, W. Koenigs, IstMitt 29, 1979, 317 ff.
84 Keil, Ephesos. Ein Führer (1964) 144.
85 Philostrat, Damianos 604.
86 C. Foss, Ephesos after Antiquity (1979) 18, 28.
87 Palladius, Dialogus 83; – Socrates III 1; – Sozoman 5,2.
88 Palladius, Dialogus 83 f.; – zur Diözesenordnung in Kleinasien vgl. C. Habicht, JRS 65, 1975, 64 ff.
89 Allgemein: D. Peacock, in A. McWhirr, Roman Brick and Tile (1979) 5 ff.
90 Zur Topographie des Mäandertales: R. T. Marchese, A History of Urban Organization in the Lower Maeander Valley, Diss. N.Y. (1976). W. J. Eggeling, Beiträge zur Kulturgeographie des Küçük-Menderes-Gebietes, Diss. Bochum (1973).
91 W. Alzinger, ÖJh 48, 1966/67, 1 ff.
92 E. Atalay, ÖJh 51, 1976/77, 59 ff.; – ders., Festgabe H. Vetters (1986) 311 ff.

93 Der Iğdelitepe wurde neuerdings für den modernen Straßenbau teilweise abgetragen.

94 Dupont, Revue d'Archéometrie 1, 1977, 105 ff.; – ders., Dacia 27, 1983, 29 Anm. 23; – ders. in Milet 1899–1980, IstMittBeih. 31, 1986, 57 ff.; – ders., PP 1982 83 ff.

95 Dupont, Dacia a.O. 37 ff.; – ders., in Les Ceramiques de la Grèce de l'Est, Coll. Centre J. Bérard (1978) 290 ff.; – J. Boardman, in R. E. Jones, Greek & Cypriot Pottery (1986) 665 ff.

96 M. Coleman, S. Walker, Archaeometry 21, 1979, 107 ff.; – Walker, WorldA 14, 1984, 204 ff.; – L. Conforto u.a., Archaeometry 17, 1975, 201 ff.; – L. Manfra u.a., Archaeometry 17, 1975, 215 ff.; – L. Lazzarini u.a., Archaeometry 22, 1980, 173 ff.; – K. German u.a., Archaeometry 22, 1980, 919 ff.

97 A. Peschlow-Bindokat, K. German, JdI 94, 1979, 187 ff.

98 German, JdI 94, 1979, 230 ff.

99 Inschriftlich bekannt ist etwa die Verwendung von phrygischem Marmor für ein ephesisches Gymnasion, IvE 3 (1980) Nr. 661.

Archäologie – Vision des Verderbens

Der Beruf des Archäologen wird von vielen Menschen als Traumberuf bezeichnet. Die unerfüllte Sehnsucht vieler Touristen ist es, an einer Grabung teilzunehmen, wenn möglich im Orient. Die Vorstellung, ein Grab mit Gold und Skeletten auszugraben, erfüllt die Begeisterten mit Schauder und Entzücken zugleich. Wenige Menschen verbinden damit aber die Einsicht, daß sich der Archäologe ausschließlich mit verwüsteten oder sonst zugrunde gegangenen Städten und Kulturen beschäftigt. Seine Objekte sind das Zerstörte, Zertrümmerte, vom Schicksal der Geschichte nicht Verschonte. Er seziert die Toten und ihre Welt und stellt deren Eingeweide der Nachwelt bloß.

Aber noch weniger Menschen machen sich in Zusammenhang mit der Archäologie Gedanken darüber, daß diese Wissenschaft den Untergang unserer eigenen Kultur exemplifiziert. Jede unter meterhohem Schutt begrabene Säulenhalle belegt die Art und Weise, wie unsere eigenen Bauten und Werke zum Tode verurteilt sind. Wer die Archäologie liebt, ist in den eigenen Tod verliebt[1]. Archäologie ist ein masochistisches Interesse am eigenen Untergang. Die Archäologie ist also nicht nur eine visionäre Wissenschaft in Hinblick auf die Vergangenheit, sondern auch auf die Zukunft; sie ist eine Zukunftswissenschaft mit einer ganz exakten Voraussage, nämlich der, daß unsere Kultur zugrunde gehen wird. Lassen sich Methoden entwickeln, die Zukunft vorauszusagen, wenn man die Methoden der Archäologen, jener „Futurologen mit umgekehrtem Vorzeichen" kennt? Damit wollen wir uns jetzt beschäftigen.

Der Boden der Tatsachen

Wie sich der Traum von einer Grabung im Orient in der Praxis abspielt, sei durch ein Zitat aus meinem Tagebuch vom August 1982 belegt:

„Die Senke des Artemisions steht im Wasser, eine Schilfinsel hat sich wieder zwischen dem Tempel und dem tieferen Teil im Westen gebildet, Störche nisten auf der Säule, die Stützmauer um den Altar ragt nur wenig über den Wasserspiegel empor, hängende Mittagsblumen (Caprotus edulis), die vor einigen Jahren gepflanzt worden sind, bedecken die Wände. Dahinter liegt ein Gürtel aus Eukalyptusbäumen, das Haus des Wächters, aus Naturstein gebaut, neue kleine Hunde, Truthähne, Pfaue, Gänse, Enten, Hühner, im Westen eine Pfirsichplantage. Ramazan hat bisher nur tagsüber gepumpt, aber das Wasser kam nachts wieder; daher muß jetzt auch während der Nacht gepumpt werden. Eine Dieselpumpe wird zum Mechaniker gebracht, sie soll repariert werden. Eine neue Pumpe liegt beim Zoll in Izmir, es gibt aber Schwierigkeiten mit den Rechnungen.

Ich selbst kann mich kaum bewegen – Hexenschuß –; ich lege mich an den heißen Strand von Pamucak – das hilft ein wenig. Die alten Pumpen sind endlich repariert, es zeigt sich aber, daß die Abflußrohre im Boden verrostet sind. Das Wasser sickert überall aus, daher müssen neue Rohre aus Plastik angeschafft werden. Ein neuer Nachbar, ein Bauer, hilft mit seiner Traktorpumpe aus. Er hat aber anfangs Schwierigkeiten, weil sein Schlauch immer Luft mitsaugt und so kein Druck zustande kommt."

Fast jedes Jahr sind die ersten Tage der Grabung im Artemision ähnlich. Graben im Mittelmeergebiet und im Orient bedeutet nicht nur Wissenschaft, sondern auch Lösung von Problemen des Alltags. Daneben gibt es aber bei jeder Grabung Erlebnisse, die man zwar anfangs nicht beachtet, die aber im nachhinein großes Gewicht bekommen. Ich erinnere mich noch gut an das erste Jahr meiner Tätigkeit in Ephesos. Ich war zum ersten Mal mit Eichler, dem damaligen Grabungsleiter, im Artemision. Von einer Grabung war damals überhaupt noch keine Rede; der Eindruck der sumpfigen Senke mit ihren wenigen, verlorenen Steinen war sehr stark. Was ich aber nie vergessen werde, ist, daß dort gerade ein paar türkische Jungen dabei waren, einen alten Hund zu erschlagen. Das arme Tier heulte jämmerlich, bis es tot war.

Was bisher geschah

Die Archäologie, sei es bei Grabungen und Geländebeobachtungen, sei es beim Studium von Skulpturen und Vasen, gehört zu jenen Erkenntnisgebieten, die hinter bruchstückhaften Spuren etwas Größeres erforschen wollen. C. Ginzburg[2] hat sich mit der Geschichte dieser Indizienwissenschaften befaßt und ihre lange Tradition von der hippokratischen Medizin bis zur Psychoanalyse und Kriminologie erkundet. Aber nicht nur die Ärzte gehörten zu jenen Berufsgruppen, für die Indizien und ein vermutetes Wissen legitim waren, sondern auch die griechischen Historiker, Handwerker, Schiffer, Jäger und Wahrsager. Über diesen Bereich herrschte Metis, die Göttin der Wahrsagung und erste Frau des Zeus[3]. Auch in Ephesos wurden wir damit konfrontiert: Eines Nachts träumte der türkische Arbeiter Rahip Kiran von Gold und sagte mir am nächsten Tag, daß wir heute Gold finden würden. Tatsächlich kam ein großes Goldstück zutage. Daraufhin wurde er von uns zum Peygamber – Propheten – ernannt.

In der Gestalt, in der sich Ephesos heute dem Touristen darbietet, ist es sowohl durch Geländebegehungen als auch durch zielführende Grabungen erschlossen worden. Allerdings kann man diese Grabungen nur in den seltensten Fällen als systematisch bezeichnen. Notgrabungen wurden nur gelegentlich vom türkischen Museum in Selçuk durchgeführt. Bearbeitungen vor dem Ersten Weltkrieg waren in einigen Hinsichten methodisch durchaus auf der Höhe. So wurde von Schindler eine Landvermessung durchgeführt, Benndorf trug die schriftlichen Quellen zur Topographie zusammen, und Kukula veröffentlichte die schriftlichen Quellen zum Artemision[4]. Der Geomorphologe A. Grund legte eine Studie zum Kaystertal vor[5], und der Geograph Philippson behandelte in seinem Werk über Kleinasien auch das ephesische Gebiet[6]. Damit fand aber die vorbereitende Grundlagenforschung ein Ende. Die Grabungen selbst bewegten sich in ihrer Methodik auf dem damals auch international üblichen Niveau – es gab kaum stratigraphische Schichtenbeobachtungen und Profilzeichnungen. Keramik und sonstige nicht herausragende Kleinfunde wurden weder stratigraphisch sortiert noch nach Fundorten geordnet gesammelt. Die Skulptur wurde mit Ausnahme des Bronzeathleten, der sich im Kunsthistorischen Museum in Wien befindet, kaum publiziert[7]. Auf einem sehr hohen Niveau bewegen sich hingegen die Architektur-Studien von G. Niemann und W. Wilberg[8]. Das Hauptaugenmerk legten die Österreicher immer auf die Veröffentlichung von Inschriften, von denen es auch hervorragende Exemplare gab[9].

Einen bemerkenswerten Fortschritt gegenüber den älteren Bearbeitungen stellte die Publikation der Öllampen aus dem Siebenschlä-

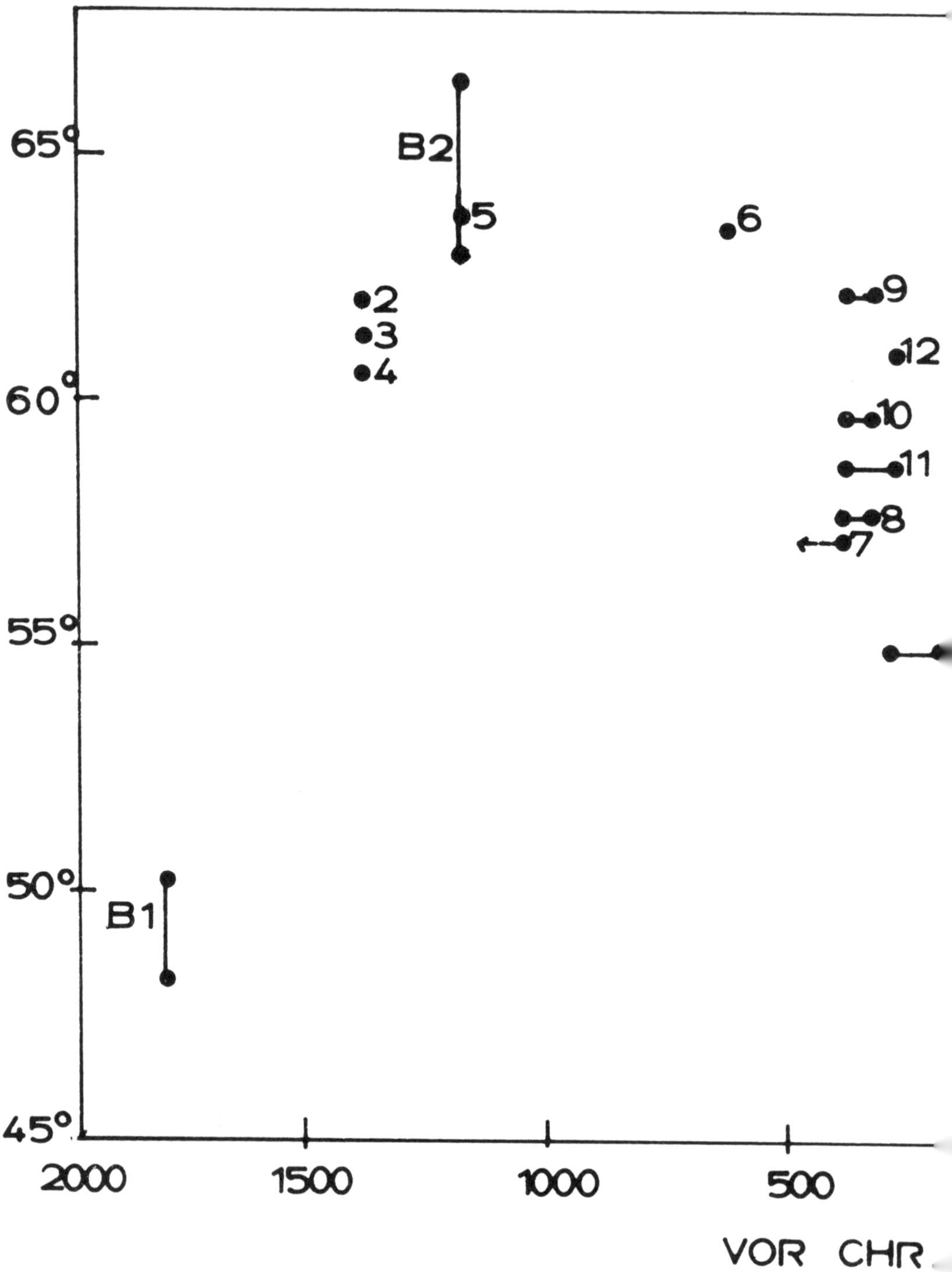

Z 7 Säkularvariation der archäomagnetischen Inklination für Athen, Ephesos und Boǧazköy nach R. E. Jones; Athen: strichliert, Ephesos: durchgezogene Linie

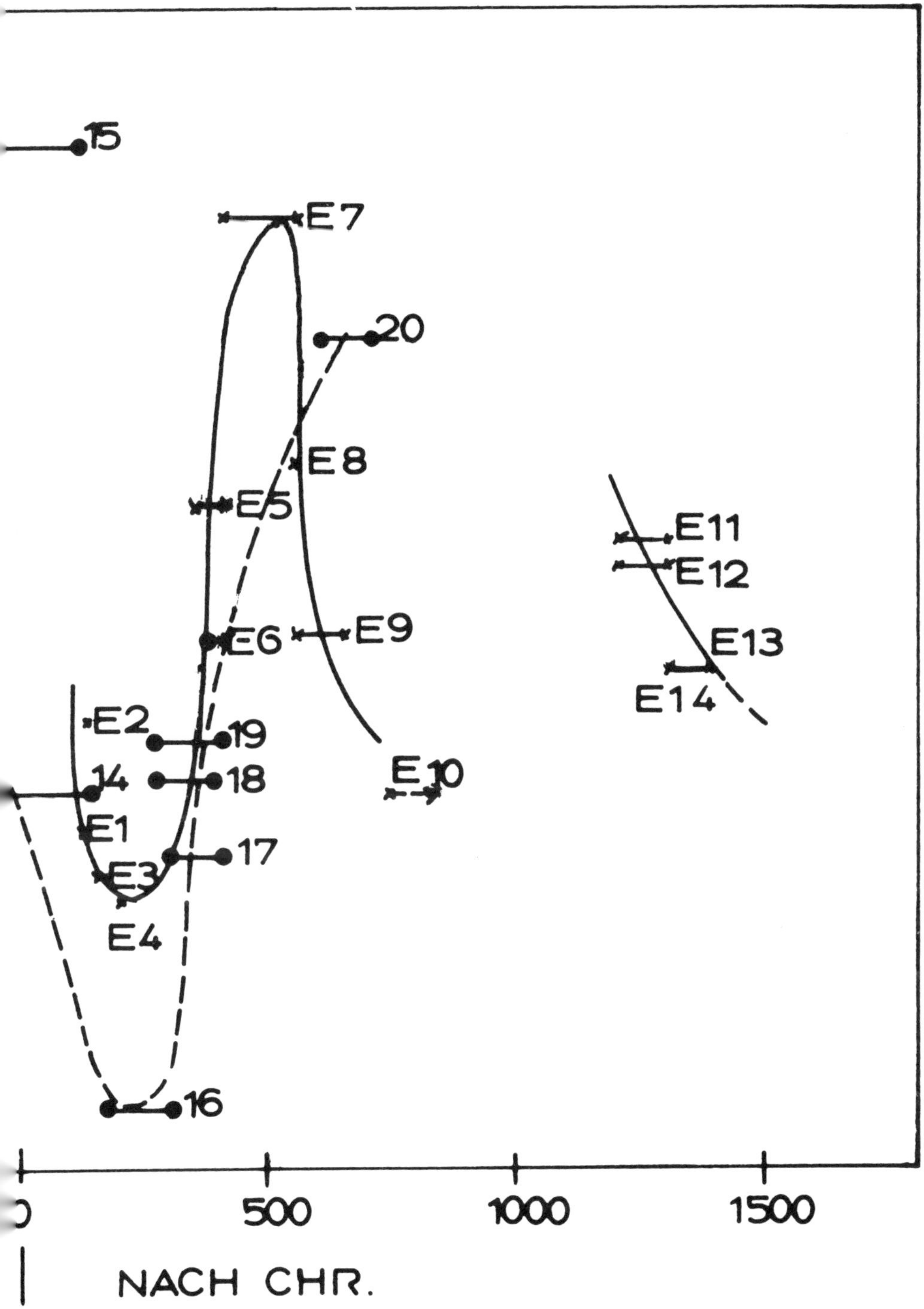

15
E7
20
E8
E5
E11
E12
E6
E9
E13
E14
E2
19
14
18
E10
E1
17
E3
E4
16
500
1000
1500
NACH CHR.

fercoemeterium durch F. Miltner dar[10]. Miltner, der erste Ausgräber nach dem Zweiten Weltkrieg, war zwar ebenfalls Althistoriker, besaß aber auch Interesse an der Archäologie. Seine Feldtätigkeit war gekennzeichnet durch eine großräumige Freilegung römischer Architektur an Straßen und Plätzen und von der Freude, die zum Teil gut erhaltenen Reste wieder aufzustellen (Abb. 8–10).

Diese Freude haben seine Nachfolger geerbt. Die fünfziger und sechziger Jahre waren in dieser Hinsicht der getreue Spiegel der Wiederaufbauideologie der Nachkriegsjahre in Österreich und Deutschland. Die umgekippten Säulen, Mauern und Giebel waren gewissermaßen in die Vergangenheit versetzte Bombenruinen, welche man wie in Wien oder München wieder aufbauen wollte.

In der Archäologie gibt es zwei wesentliche Zielsetzungen: diejenige, etwas über die Vergangenheit zu erfahren, und die, die Vergangenheit zu zeigen. In Ephesos haben sich die Österreicher eher auf die zweite Strategie beschränkt. Ein Grund dafür ist, daß naturwissenschaftliche Methoden nur erst in geringem Maße Eingang in die Archäologie gefunden haben. Pollenanalysen und Dendrochronologie kamen überhaupt nicht zur Anwendung, C-14-Untersuchungen und Paläozoische Methoden gab es nur bei der Artemisiongrabung[11]; vor Jahren wurde eine archäomagnetische Untersuchung begonnen[12] (vgl. Z 7).

Ebenso fehlen bislang statistische und andere quantitative Untersuchungen[13]. Das größte Defizit besteht aber in der Oberflächenforschung (Survey). So hat man bisher nur an vier Stellen im engeren ephesischen Territorium archaische Funde gemacht: auf der oberen und unteren Agora[14], in Arvalia (Ortygia?), auf der Syrie, dem heutigen Korutepe (Abb. 14), und im Gebiet östlich des Tavsantepe (Hasenhügel). Es ist aber anzunehmen, daß es weitere archaische Siedlungen gab. Auch hier würde der Einsatz neuer Arbeitsmethoden zu fruchtbaren Ergebnissen führen[15].

Wer soll das bezahlen . . .?

Für Touristen und Wissenschaftler ist es immer interessant zu erfahren, wer solche archäologischen Tätigkeiten finanziert. Für Ephesos gibt es private und öffentliche Geldgeber. Dabei klaffen die Interessen bei den einzelnen Projekten stark auseinander. Das ist nur dann verständlich, wenn nicht nur die Ergebnisse der einzelnen Arbeiten erörtert werden, sondern auch deren Motive. Die Beweggründe eines privaten Bauunternehmers, sich für ein bestimmtes Projekt als Geldgeber zu engagieren, sind grundsätzlich andere als die einer religiösen Stiftung.

So wird jährlich das Ephesosbudget vom Bundesministerium für Wissenschaft und Forschung und von der Österreichischen Akademie der Wissenschaften finanziert, andere bestimmte Projekte vom Fonds zur Förderung der wissenschaftlichen Forschung oder vom Jubiläumsfonds der Oesterreichischen Nationalbank oder schließlich von der Hochschuljubiläumsstiftung der Stadt Wien. Besonders für die Erforschung christlicher Denkmäler gibt die Schweizer Stiftung Pro Ephesos jährlich Geld, auch die Gesellschaft der Freunde von Ephesos spendet jährlich einen Betrag usw.

Während es schwierig ist, die Motive summarisch zu benennen, welche die anonymen öffentlichen Geldgeber dazu bewegen, in die Archäologie Geld zu investieren, ist es leichter, den Motiven nachzugehen, die Privatleute dazu veranlassen, Geld für bestimmte Vorhaben zu spenden. Es sind nämlich ausschließlich optisch wirksame Projekte, die sie finanzieren: einen Bau der Fassade der Celsusbibliothek (Abb. 36), des Mazäus- und Mithridatestores, der neronischen Halle oder schließlich der Schutzdächer über den Hanghäusern[16] (Abb. 48).

Geschichten der Schichten

Die Erdschichten über einem archäologischen Gebiet lassen sich ausgezeichnet mit einem Archiv vergleichen, das eigentlich geordnet ist, durch die Ausgräber gleichsam in Unruhe gebracht und anschließend neu registriert und archiviert wird, um es lesbar zu machen. Die wichtigste Frage für den Archäologen lautet dabei: Wie entstehen Schichten? Denn nur, wenn wir die Art und Weise kennen, wie diese sich bilden, können wir sie richtig deuten.

Es gibt zwei Arten der Schichtenbildung: natürliche, z.B. das Steingeröll als Folge einer Überschwemmung, und künstliche, anthropogene. Unter den künstlichen Schichten gibt es solche, die mit der Errichtung einer Anlage, mit ihrer Benutzung und schließlich mit ihrer

Zerstörung zusammenhängen. Die Archäologen nehmen einige Gesetze an, welche die Grundlagen ihrer Interpretation der Schichten bilden. Dazu gehört das Prinzip der Aktualität, welches darin besteht, daß bei der Bildung der Schichten dieselben Naturgesetze galten wie heute. Eine weitere Annahme ist die Superposition, welche besagt, daß jüngere Schichten über älteren liegen. Von Indexfossilien geht die dritte Annahme aus, der zufolge die in einer Schicht gefundenen Gegenstände für die gesamte Schicht eine charakteristische und gültige Aussage machen.

Publikationen von Erdschichten erfolgten in den archäologischen Berichten über Ephesos erst sehr spät, nämlich Anfang der siebziger Jahre. Auch im Artemision wurde erst seit 1970 versucht, eine genaue Schichtstrategie zu entwickeln. Es gibt bei einem großen Bau oder einer Anlage zwei Möglichkeiten, eine Stratigraphie anzulegen: entweder systemimmanent oder vom System abweichend. Im Artemision wurde als Schichtraster das antike Achsensystem verwendet, was zwar praktisch ist, aber auch Erkenntnisse verhindert.

Stratigraphische Untersuchungen führen nun nicht nur zu chronologischen Aussagen, sondern dokumentieren auch die Verteilung der Funde im untersuchten Gelände. Erst eine Übersicht über die Verteilung der Artefakte im Raum macht die Interpretation von menschlichen Tätigkeiten möglich.

Eine gängige Praxis der traditionellen Archäologie besteht darin, Schichten, Funde und Zerstörungshorizonte mit historischen Ereignissen zu verknüpfen. Eine Aschen- oder Kohleschicht wird z.B. auf eine Zerstörung durch die Kimmerier zurückgeführt, ein herabgefallener Türsturz auf ein bestimmtes, literarisch überliefertes Erdbeben, und verbrannter Marmor eines Tempels wird zum „Brand durch die Perser" oder zum „Brandlegen eines Wahnsinnigen" usw. Der archäologische Befund wird so historisiert – oft wahrscheinlich zu Unrecht[17]. Dies ist unter anderem darin begründet, daß traditionelle Geschichte hauptsächlich eine Geschichte der Ereignisse ist und nicht eine der Prozesse. Da aber Ereignisgeschichte im wesentlichen die Vergangenheit der herrschenden Schichten wiedergibt, spielen diese Ereignisse auch tatsächlich für diese Schichten eine Rolle und werden entsprechend ihrer Bedeutung für sie ausgewählt und überliefert[18].

In der uns bald interessierenden Dialektik von Oberfläche und Tiefe, die zu den wichtigsten Auseinandersetzungen in der Archäologie

11 Iğdelitepe, moderner Steinbruch, mit sichtbarer Stratigraphie des Kalkmergelmaterials

12 Kadıkale, mittelalterliches Kastell südlich von Kuşadası

13 Kuşadası, alte Straße

gehört, sei auf ein praxisbedingtes Geschehen hingewiesen. Liebhaber der Archäologie interessieren sich zwar meist für schöne Funde, kaum aber dafür, was mit dem vielen Schutt geschieht, der bei einer Grabung anfällt. Diese „Entsorgung" bereitet aber den Ausgräbern oft großes Kopfzerbrechen. In Ephesos stellte die Ablagerung des Grabungsschutts stets ein Problem dar. In den sechziger Jahren wurden mit Hilfe einer Feldeisenbahn, die ihre Glanzzeit im 19. Jh. erlebt hatte, in nicht allzugroßer Entfernung vom Grabungsplatz Schuttdeponien, sog. Bangas, angelegt. Durch diese Halden wurde aber stets unausgegrabenes, antikes Gelände verschüttet. Später mußte als Deponie sogar der alte römische Hafen herhalten. Jedenfalls wurde auf diese Weise eine neue Landschaft gestaltet, mit zum Teil viel höheren Überschüttungen, als sie die Zeitenläufe besorgt hatten. Vor allem wurde auch die stratigraphische Ordnung umgedreht: altes Material kam über jüngeres.

Die Archäologie macht die Dinge der Tiefe zu solchen der Oberfläche, aber sie kann es auch umkehren, indem sie die Oberfläche wieder zur Tiefe macht. Die ganze moderne Bautätigkeit in Selçuk hat sich auf die archäologische Tätigkeit eingestellt, indem mit Vorliebe ausgehobener Grabungsschutt zur Aufschüttung neuer Parkplätze, Märkte und Wohnviertel benutzt wird. Der antike Schutt wird in Form von Geländefüllmaterial zu einem wichtigen modernen „Baustoff".

Die Grabungen in Ephesos haben aus bewachsenen Hängen Steinmauern gemacht und über die Grundwasserabsenkung im Artemision während der Grabung den Grundwasserspiegel der Umgebung verändert, tragen also in einer bestimmten Weise zur Umweltveränderung bei. Ihr Beitrag ist aber gering im Vergleich zu der jetzt einsetzenden ökologischen Veränderung des ephesischen Gebiets: Nördlich der Syrie entsteht eine riesige Kläranlage für die Stadt Selçuk, der Iğdelitepe wird abgetragen (Abb. 11) und als Baumaterial für die neuen Straßen verwendet, und die neuen Straßen, besonders jene von Klaros über die Ebene von Pamucak in Richtung Kuşadası, führen quer über die Winterlagune (Abb. 2). Der Verkehr wird das dort bestehende Vogelparadies empfindlich stören.

Was geschehen könnte – Fragen und Methoden der Neuen Archäologie

Beim Beginn einer Arbeit über die Ruinen von Ephesos stellt sich die Frage, nach welchen Prinzipien diese beschrieben werden sollen. Man könnte entdeckungsgeschichtlich vorgehen, sich am Erhaltungszustand der Überreste orientieren oder im Sinne eines historischen Konzepts zuerst die archaischen, dann die klassischen Denkmäler beschreiben usw., ferner wie ein Reiseführer eine topographische Einteilung wählen oder, wie bei größeren Grabungspublikationen üblich, eine Einteilung der Gebäude nach Funktionen, also in Sakralbauten, Wohnbauten etc. (so sind auch unsere Verteilungspläne konzipiert, vgl. Z 16, 22, 30), oder der Funde nach Gattungen, also in Sarkophage, Mosaiken, Wandmalereien etc., vornehmen. Diese Klassifikationen sind jedoch nicht geeignet, im Sinne der Neuen Archäologie das kulturelle Gefüge zu erklären[19]. Auch ist es nicht unsere Absicht, eine Denkmälerkunde zu liefern. Die Neue Archäologie schlägt eine Reihe von Vorgangsweisen vor, die im einzelnen noch zu besprechen sind. Ihr Ziel ist aber immer, ein sinnlich wahrnehmbares Gefüge, also eine archäologische Realität, mit einem dahinterliegenden gesellschaftlichen System zu verknüpfen. Bei dieser Verknüpfung tritt aber das Problem der „Black box" auf. Das vergangene soziokulturelle System ist nämlich aus direkter Anschauung für den Archäologen nicht beobachtbar – und dies etwa im Unterschied zum Ethnologen, der noch lebende Gesellschaften direkt studieren kann[20]. Dieses Problem der „Black box" greifen auch die Poststrukturalisten auf. So schreibt M. Foucault[21]: „Die Archäologie versucht, nicht die Gedanken, die Vorstellungen, die Bilder, die Themen, die Heimsuchungen zu definieren, die sich in den Diskursen verbergen oder manifestieren, sondern jene Diskurse selbst, jene Diskurse als bestimmten Regeln gehorchende Praktiken. Sie behandelt den Diskurs nicht als Dokument, als Zeichen für etwas anderes, als Element, das transparent sein müßte, aber dessen lästige Undurchsichtigkeit man oft durchqueren muß, um schließlich dort, wo sie zurückgehalten wird, die Tiefe des Wesentlichen zu erreichen; sie wendet sich an den Diskurs in seinem ihm eigenen Volumen als Monument. Es ist keine interpretative Disziplin, sie sucht nicht einen ‚anderen Diskurs', der besser verborgen wäre. Sie wehrt sich dagegen, ‚allegorisch' zu sein."

Archäologie ist als Methode zur Wissensgewinnung nicht eine, die in undurchsichtige Tiefen des Wesentlichen vordringt, sondern befaßt sich mit der Oberfläche der Monumente, wie Foucault auch gleich weiter schreibt[22]: „Sie (die Archäologie) ist nicht mehr und nicht weniger als eine erneute Schreibung: das heißt in der aufrecht erhaltenen Form der Äußerlichkeit eine regulierte Transformation dessen, was bereits geschrieben worden ist: Das ist nicht die Rückkehr zum Geheimnis des Ursprungs; es ist die systematische Beschreibung eines Diskurses als Objekt!" Bereits die hippokratischen Ärzte waren der Auffassung, daß die Wirklichkeit nicht transparent und daher nur der Indizienapparat legitim sei. Symptome waren Oberflächenerscheinungen, die beobachtet werden mußten, um etwas über die Krankheiten zu erfahren. Die Krankheit selbst sei aber unerreichbar[23]. Später erkannte Winckelmann diese Krise der Repräsentation, die Beziehung von Oberfläche zur Tiefe: „So wie die Tiefe des Meeres allezeit ruhig bleibet, die Oberfläche mag noch so wüten, ebenso zeiget der Ausdruck in den Figuren der Griechen bei allen Leidenschaften eine große und gesetzte Seele", schreibt er in seiner berühmten Frühschrift[24]. Hier wird die Substanz, die Tiefe zur Oberfläche erklärt, womit eines der Hauptprobleme des Klassizismus angesprochen wäre.

Eine fruchtbare Methode zum Erforschen vergangener Lebensweisen, wie z.B. des Wohnens, ist der ökologische Funktionalismus[25]. Denn man erhält damit Antworten auf die Fragen: Wie funktioniert die Versorgung mit Wasser, mit Nahrungsmitteln, mit Rohstoffen? Wie arbeitet die Verwaltung? Wie geht die Arbeit vor sich, wie die Freizeit? Wie paßt sich ein Gemeinwesen der Umwelt an? Wie werden Straßen angelegt, Häfen ausgebaggert, Stützmauern gebaut? Nach J. Habermas[26] ist funktional aber nicht nur eine Bezeichnung für Mittel, die für einen Zweck geeignet sind, also ein Funktionalismus, der Bauten nach Maßgabe der Zwecke für die Benutzer erbauen will. Funktional nennt man auch Entscheidungen, die einen anonymen Zusammenhang von Handlungsfolgen stabilisieren. Funktional im Sinne des Systems, wie z.B. der Zusammenhang von Grundstückspreisen und Bebauungsverdichtung, muß nicht funktional im Sinne der Bewohner sein.

Die methodische Erneuerung, welche auch von der New Archaeology ausgegangen ist, spielt in der Ephesosforschung bislang nur eine geringe Rolle.

Neopositivistische Attacken

Dennoch darf das, was in der traditionellen Archäologie an Fortschritt erreichbar ist, nicht unterschätzt werden. Im Unterschied zur Neuen Archäologie will die traditionelle Archäologie keine allgemein gültigen wissenschaftlichen Vorhersagen machen, sondern geht vor allem von individuellen Indizien aus[27]. Deshalb gibt es einen Fortschritt in der Archäologie bereits einfach dann, wenn etwas Neues an bereits bekannten Objekten gesehen wird. Wenn etwa auf Tempelwänden Ritzzeichnungen entdeckt werden[28], die man nur bei einem bestimmten Streiflicht sieht, oder wenn auf archaischen Reliefs neue Namensbeischriften gelesen werden können[29], die nur mit modernen Lampen sichtbar werden, so ist dies ein Fortschritt. Oder wenn man mit Stereoskopen durch Ritzen und Fugen des Stufenbaues des Parthenon in Athen hindurch die verbrannten Fundamente des Vorgängerbaues beobachten kann[30], dann führt dies zu einer Klärung einer alten Streitfrage[31], da es beweist, daß der Vorparthenon von den Persern zerstört worden ist. Die traditionelle Archäologie ist hier Indizienwissenschaft im besten Sinne.

Diese Form der erhöhten Beobachtungsfähigkeit bringt einfach neue Fakten und korrigiert alte Annahmen; der so herbeigeführte Wissenschaftsfortschritt beruht aber nicht auf neuen Konzepten oder Methoden. Er hat also nichts mit einem Paradigmenwechsel[32] zu tun. Dennoch verändert auch der reine Zuwachs an Wissen – etwa wenn man mehr über mykenische Burgen rund um Ephesos weiß, oder wenn mit Giganten kämpfende Götter plötzlich anders heißen, als bisher angenommen wurde[33] – das Vorstellungskonzept der behandelten Materie.

Ein Gebiet, auf dem sich methodisch seit hundert Jahren wenig geändert hat, ist das der stratigraphischen Bauforschung, das heißt das Analysieren der diversen Um-, Neu- und Zubauten eines Gebäudes wie etwa des Parthenons von Athen oder des Artemisions von Ephesos. Anstelle einer Theorie steht hier der common sense, und als Vorgangsweise dient das Beobachten und Diagnostizieren. Allerdings werden hier häufig Indizien als Beweise angesehen. So ist an sich der Nachweis von einem Brand eines Marmorbaues noch kein Beweis für ein historisches Ereignis, etwa die Brandlegung des Artemisions von Ephesos durch Herostrat oder die Einäscherung des Vorparthenons durch die

Perser[34]. (Nebenbei wird der Archäologe immer wieder gefragt, wieso ein Marmorgebäude überhaupt brennen kann.)

Vom Zufall zu einem Bild der Vergangenheit

Der Wissensstand in der Archäologie ist grundsätzlich vom Zufall des Erhaltenen gekennzeichnet. Wenn ein eher unbedeutendes Denkmal erhalten geblieben ist, gleichzeitig ein viel größeres, künstlerisch und historisch viel wichtigeres Denkmal nur schlecht nachweisbar ist, so wird das unbedeutende Denkmal zum Hauptzeugen der Vergangenheit. Die archaische Reliefplastik des Siphnierschatzhauses in Delphi sagt uns, weil sie gut erhalten ist, mehr als das zu seiner Zeit viel bedeutendere Artemision von Ephesos, weil nicht viel von diesem übrig ist. Dieses Beispiel zeigt, welch große Verzerrungen der Zufall des Erhaltenen im Wissen über die Vergangenheit bedingt.

Für viele Altertumswissenschaftler besteht die Aufgabe der Archäologie immer noch darin, eine Welt zu illustrieren, die bereits aus den geschriebenen Texten bekannt ist. Man darf sich daher nicht wundern, wenn klassische Archäologen keinen eigenen Weg zur Erforschung der antiken Welt entwickeln, solange ihre Hauptaufgabe darin besteht, einen bebilderten Herodot oder Pausanias zu liefern. Wer mit Vergil und Homer lebt, hat nach S. L. Dyson[35] einen dominanten Seniorpartner. So spielen die antiken Autoren auch eine große Rolle bei topographischen Fragestellungen im ephesischen Gebiet: Welcher Berg ist der von den Autoren überlieferte Berg Pion? Was ist der Koressos? Wo liegt Ortygia?[36] Dagegen wird nicht danach gefragt, wie die antike Bebauung des Panayırdağs (Abb. 24) aus seinen geographischen Bedingungen zu erklären sei. Selbst marxistische Historiker haben sich merkwürdigerweise wenig darum bemüht, die materielle Kultur der unteren Klassen zu erklären, weil auch sie den klassischen Texten viel zu sehr verhaftet blieben[37]. Der klassische Archäologe wurde früher vor allem darin ausgebildet, die Hinterlassenschaft einer elitären Schicht zu studieren, losgelöst von den gesellschaftlichen Bedingungen. Mit den glänzenden individuellen Zügen der antiken Kultur konnte sich das europäische Bildungsbürgertum ausgezeichnet identifizieren[38]. Daher müssen bei einer Beurteilung aus heutiger Sicht nicht nur die Ergebnisse der Historiker und Archäologen erörtert werden, sondern auch ihre Motive.

Diese traditionelle Archäologie beschäftigt sich also mit dem Einzigartigen und Besonderen, weniger mit Verallgemeinerungen. Sie verläßt sich von vornherein auf die Bedeutung von Ephesos, Milet, Samos, um die Bedeutung von dem zu bestimmen, was sie beschreibt. Archäologen verwenden einen Grabungsplatz wie Ephesos in der Regel nicht zur Exemplifizierung der Prinzipien der Archäologie[39]. Viele Vorgangsweisen in der klassischen Archäologie gehören daher eher zur Denkweise der diagnostischen Medizin als zu einer Wissenschaft, deren Aussagen Verallgemeinerungen sein wollen.

Die New Archaeology beabsichtigt dagegen, die Vergangenheit mit naturwissenschaftlichen Mitteln vorauszusagen[40], auch wenn dies nicht immer geglaubt wird[41]. Sie verzichtet oft auf die Beschreibung und Interpretation einzelner Objekte. Das „individuelle" Schicksal eines Baus ist nicht von Bedeutung. Für die New Archaeology ist nur interessant, was Folgen hat, also über den unmittelbaren Kontext hinausgeht.

Die Schwierigkeiten in den Denkweisen von traditioneller und Neuer Archäologie bestehen darin, daß sich erstere als Indizienwissenschaft versteht, letztere wissenschaftlich fundierte Voraussagen von Gesetzmäßigkeiten unternimmt[42].

Wir haben also eine Reihe von Denkweisen kennengelernt, welche die in ihren Tod Verliebten, die Archäologen, sich ausgedacht haben. Wie eingangs gesagt, läßt sich diese Liebe auch umkehren, nämlich von der Vergangenheit in die Zukunft. Und hier sehe ich eine Chance für diese Wahrsagung, die sich Archäologie nennt, nämlich die Ursachen und Verfahren der zivilisatorischen Katastrophen kennenzulernen. Archäologie als Friedensforschung einerseits und auch als Sterbehilfe andererseits sind konkrete Aufgaben.

[1] S. Freud, Das Unbehagen in der Kultur (1929); – ders., Jenseits des Lustprinzips (1919).
[2] Ginzburg, Spurensicherung. Über verborgene Geschichte, Kunst und soziales Gedächtnis (1983) 72 ff.
[3] M. Detienne, J. P. Vernant, Les ruses de l'intelligence, la Metis des Grecs (1974) 104 ff., 245 ff., 270 ff.
[4] C. Kukula, FiE 1 (1906) 237 ff.
[5] SBWien, mathem.-naturw. Klasse 115, 1906, 241 ff., 1757 ff.
[6] Reisen und Forschungen im westlichen Kleinasien (1910) 50, 87 ff.
[7] Benndorf, FiE 1 (1906) 181 ff. S. Lattimore, AJA 76, 1972, 13 ff.
[8] Vgl. dazu FiE 1–3.
[9] Zwischen den beiden Weltkriegen waren Geldmittel sehr knapp. Dem Grabungslei-

ter J. Keil gelang es aber, Geld von Dumbarton Oaks zu bekommen, sodaß ein Schwergewicht der Grabung auf dem Gebiet der frühchristlichen Archäologie lag. Keil war Professor für Alte Geschichte und interessierte sich vor allem für Epigraphik. Seine Grabung war daher eigentlich eine Suche nach Inschriften. Zufällige Skulpturenfunde wurden – mit Ausnahme der Vorberichte – kaum beachtet.

10 FiE 4/2 (1937).

11 P. Wolff, in Festschrift F. K. Dörner, EPRO (1978).

12 A. Bammer, ÖJh 47, 1964/65, 289 ff.; – R. E. Jones, Greek & Cypriot Pottery (1986) 831 ff.

13 Unter den quantifizierenden Methoden fanden in die Archäologie besonders die Seriation, die Ähnlichkeitsanalyse (Clusteranalyse) und die Regressionsanalyse Eingang, vgl. K. Karstens in B. Hrouda (Hrsg.), Methoden der Archäologie (1978) 82 ff.
Seriation kann als das Ordnen archäologischer Einheiten in einer zeitlichen Folge bezeichnet werden. Man kann damit die quantitative Zunahme eines bestimmten Typus oder einer bestimmten Eigenschaft im Laufe der Zeit feststellen (oder auch deren Abnahme); vgl. T. L. Clelan, JFA 6, 1979, 61 ff.; – M. Bietak, AJA 88, 1984, 481 ff.
Die Cluster- oder Ähnlichkeitsanalyse ordnet mit Hilfe eines Dendrogramms archäologische Einheiten nach ihrer formalen Verwandtschaft. Der Begriff Dendrogramm rührt daher, daß die entstehende Graphik wie die Verästelung eines Baumes aussieht; vgl. Clelan a.O.; – M. Kunst, Offa 35, 1978, 86 ff.
Bei der Faktorenanalyse soll eine große Zahl an Variablen auf einige, welche Faktoren genannt werden, beschränkt werden. Diese Faktoren sollen imstande sein, gemeinsame latente Eigenschaften auszudrücken; vgl. Clelan a.O. 64 f.

14 G. Langmann, Festschrift Eichler (1967) 103 ff.; – H. Vetters, AnzWien 117, 1980, 256 f.; 121, 1984, 212.

15 Vgl. dazu vor allem K. Flannery (Hrsg.), The Early Mesoamerican Village (1976). – Zu den Regressionsanalysen, welche vor allem in der Ethnoarchäologie wichtig sind, s.u. Die Leute von Selçuk, S. 229.

16 B. Fehr, Hephaistos 3, 1981, 107 ff.

17 Vgl. auch M. Millet, Whose Crisis? in A. King, M. Henig, The Roman West in the Third Century (1981) 525 ff.

18 Vgl. auch T. M. Jones, in Studies in Honour of W. A. McDonald (1985) 23 ff.

19 M. Eggert, PZ 53, 1978; – S. McNally, in Studies in Honour of W. A. McDonald (1985) 1 ff.; – A. Gallay, L'Archéologie demain (1986) 71 ff.

20 E. Leach in C. Renfrew (Hrsg.), The Explanation of Culture Change, Models in Prehistory (1973) 765 ff.

21 Archäologie des Wissens, stb (1981) 189; – J. Habermas, Der philosophische Diskurs der Moderne (1985) 293 ff.

22 Foucault a.O. 200.

23 C. Ginzburg, Spurensicherung (1983) 72 f.; – ders., in A. Gargani, Crisi della ragione (1979) 57 ff.

24 J. J. Winckelmann, Gedanken über die Nachahmung der griechischen Werke in der Malerei und Bildhauerkunst (1755), hrsg. von L. Uhlig, Reclam (1969) 220; – Bammer, Hephaistos 3, 1981, 99 f.; – ders., Umbau 6/7, 1983, 36.

25 Die neue Archäologie geht vor allem vom Konzept der elementaren Bedürfnisbefriedigung aus, in deren Sinne die menschlichen Überreste ihre Erklärung finden sollen. Damit können viele Einsichten in das Sozialsystem wie Handel, Güterproduktion, Wohn- und Siedlungsbedingungen gewonnen werden. Was aber über diese unmittelbare Bedürfnisbefriedigung hinausgeht, nämlich die Sozialstruktur (z.B. soziale Organisation, Religion, Gefühle, gedankliche Konzepte etc.), ist hinter einer „black

box" verborgen, über die der Archäologe nichts sagen kann, sondern nur fähig ist zu raten, solange ihm nur Küchenabfälle zur Verfügung stehen; vgl. E. Leach, in C. Renfrew, The Explanation of Culture Change (1973) 761 ff.

26 Die neue Unübersichtlichkeit (1985) 24; – auch H. Klotz, Moderne und Postmoderne (1984) 24.

27 C. G. Hempel, Philosophie der Naturwissenschaft (1974).

28 L. Haselberger, IstMitt 33, 1983, 90 ff.

29 V. Brinkmann, BCH 109, 1985, 77 ff.

30 M. Korres, X. Bouras, Meleti Apokatastaseas ton Parthenos (1983) 678 ff. und mündliche Auskunft von M. Korres.

31 H. Drerup, AntK 24, 1981, 21 ff.

32 T. Kuhn, Die Struktur wissenschaftlicher Revolutionen (1962).

33 Brinkmann a.O.

34 Korres, Bouras a.O.

35 BASOR 242, 1981, 8.

36 s.o. Kap. 1.

37 z.B. G. E. M. de Ste. Croix, The Class Struggle in the Ancient Greek World (1981).

38 Bammer, Architektur als Erinnerung (1977).

39 A. M. Snodgrass, AJA 89, 1985, 32 ff.

40 S. McNally, in Studies in Honour of W. A. McDonald (1985) 1 ff.

41 P. Courbin, Qu'est-ce que l'archéologie (1982) 16; – dazu A. Gallay, L'Archéologie demain (1986) 56 f.

42 Man kann sie vielleicht auch mit dem Unterschied zwischen Meteorologie und der Physik von gasförmigen Körpern vergleichen. Die Meteorologie ist eine Indizienwissenschaft, die aber nur individuelle Vorhersagen macht, also über das Wetter an einem bestimmten Tag für eine bestimmte Gegend. Die Physik der Gase ist an individuellen Konfigurationen der Luftmassen nicht interessiert, sondern an generellen Reaktionen von Gasen.

Die Erde zerfließt als Meer und dieses hält sein Maß nach demselben Sinn, wie er galt, ehe es Erde wurde
Heraklit von Ephesos

Ein kleinasiatisches Atlantis

Der Besucher der Überreste des Artemisions von Ephesos findet diese unter Wasser liegend vor. Wie kam es dazu?

Die Archäologie hat heute eine neue Dimension bekommen, die nicht zuletzt dem neuen Bewußtsein für die Umwelt zu verdanken ist. Neben der generellen Frage nach dem Zusammenwirken von geographischer und biologischer Umwelt und den menschlichen Ansiedlungen ist natürlich besonders interessant, in welcher Weise die Menschen mit ihrer Landschaft umgegangen sind, mit ihren Wäldern, Meeren, Flüssen, wie sie selbst ihre Umwelt unwirtlich und unbewohnbar gemacht oder sie geschützt und kultiviert haben[1].

Die kleinasiatische Westküste hat einen eigenen Siedlungstypus hervorgebracht, der sich von den inneranatolischen Siedlungsplätzen in vielen Dingen unterscheidet. Um zu erfahren, welche Bedingungen zur Entstehung und zum Weiterbestand eines Ortes wie Ephesos geführt haben, muß primär den anthropologischen und geographischen Voraussetzungen dieser Siedlung nachgegangen werden.

Es ist ein auffallendes Phänomen, daß der westkleinasiatische Küstenraum arm an prähistorischen Siedlungen ist, und dies im Unterschied zu Inneranatolien[2]. Dies liegt vor allem daran, daß Anatolien auf dem Landwege besiedelt wurde[3]. Seit dem Neolithikum war aber die Landverbindung über die Dardanellen unterbrochen, Siedler konnten nur mehr von Osten und Nordosten einwandern. Die Küstenhöfe waren von unwegsamen Bergen ziemlich abgeschlossen und für den Getreideanbau wenig attraktiv[4]. Erst als anstelle der Scheibenkarren das Schiff zum Transportmittel für die Einwanderer wurde, änderte sich die Situation. Seit mykenischer Zeit erfolgte daher zunehmend eine Besiedlung der Küsten[5]. Es entwickelte sich nun auch ein neuer Siedlungstypus, der um einen einzigen Hügel herum ein kleines Gebiet kontrollierte: Der Hügel trug die Siedlung selbst, auf seinen Hängen wurde in den tiefer gelegenen Regionen Oliven- und Weinbau betrieben, darüber war Weideland, und schließlich umfaßte das Gebiet noch Schwemmland für den Ackerbau sowie einen Zugang zum Meer[6]. Daneben gab es vor allem im Hinterland der größeren Flußtäler Siedlungen der älteren Bevölkerungsgruppen wie der Karer und Lyder, deren Siedlungen besonders auf den Schwemmkegeln der Gebirgsbäche lagen, die seitlich und über den großen Flußtälern heraustraten.

Da Wasser erst ziemlich spät als Quelle für mechanische Energie verwendet wurde, bildete Holz stets die wichtigste Energiequelle. Bau-, Brennholz- und Ackerlandgewinnung waren daher immer Anlässe für Rodungen. Die ökologische Umwelt wurde aber nicht nur in dieser Weise durch Menschen verändert, sondern auch durch das Klima, das Meer und die Flüsse. Für viele Orte entlang der Küste Westkleinasiens war die Meeresküste selbst der dynamischste Faktor und beeinflußte die Geschichte der Siedlungen am stärksten. Hiervon waren nicht nur Ephesos, sondern auch Troia[7], Klaros und Milet betroffen.

Die Ursachen des Untergangs

Schon in der ersten Hälfte des 19. Jh.s bemerkten französische Wissenschaftler anläßlich ihrer Peloponnesexpedition antike Bauten und Anlagen, welche im Meer versunken waren. Später hat der französische Wissenschaftler P. Négris[8] diese Untersuchungen erweitert. Aber erst nach dem Zweiten Weltkrieg kam langsam stärkeres Interesse an diesem Phänomen auf, mit dem sich Archäologen wie A. von Gerkan[9] und Geographen wie D. Hafemann[10] beschäftigten. Im Meer versunkene historische Anlagen gibt es aber nicht nur im Mittelmeer[11], sondern auch an der Küste Flanderns am Atlantik[12]. Unabhängig davon stellten Geologen, Geographen und Ozeanographen Niveauänderungen des Meeres im Verhältnis zum Festland fest, die durch das ganze Quartär zu verfolgen sind. Zeugen dieser Veränderungen sind Strandlinien, Korallenriffe etc.

Für diese relativen Meeresspiegelschwankungen bzw. Küstensenkungen glaubte man, mit der Hypothese der Glazialeustasie eine Erklärung gefunden zu haben[13]. Diese Eustasie wurde so erklärt, daß durch Klimaschwankungen an den Polen Eis abschmilzt oder Wasser zu Eis gebunden wird und dementsprechend weltweit der Wasserspiegel steigt oder fällt. Diese eustatischen Schwankungen des Meeres mit Amplituden an die 100 m werden zumindest für das Pleistozän, also die Eiszeit, generell anerkannt. Allerdings ist die Frage umstritten, ob diese Schwankungen weltweit gleich sind oder ob sie durch Krustenbewegungen überlagert werden. Es hat sich nämlich gezeigt, daß es kaum unbewegliche Krusten bzw. Küstenblöcke gibt, welche die Voraussetzung für eine Messung der Meeresspiegelveränderungen darstellen. Aus diesem Grund ist eine eustatische Schwankung meist ein relatives Maß.

Dennoch ist klar, daß eine weltweit feststellbare Tendenz zum Steigen oder Fallen des Meeres zur gleichen Zeit nicht allein auf Küstenveränderungen zurückgeführt werden kann, da sich nicht alle Kontinente gleichzeitig heben oder senken können[14]. Bei den hohen Amplituden der Eiszeit sind diese Schwankungen daher auch grundsätzlich meßbar und anerkannt. Anders verhält es sich mit dem Holozän, der Nacheiszeit, also den letzten 12.000 Jahren.

Seit etwa 18.000 v. Chr. ist ein ständiges Ansteigen des Meeresspiegels nachweisbar, welches mit Schwankungen verbunden ist. Diese kurzzeitigen Schwankungen aber weisen relativ niedrige Amplituden auf, sodaß nicht von vornherein entscheidbar ist, ob sie auf Veränderungen im Volumen der Ozeane oder auf tektonische Veränderungen der küstennahen Erdkrusten zurückzuführen sind. In den letzten Jahrzehnten wurden mehrere Kurven vorgeschlagen und je nach den vorhandenen Daten, dem untersuchten Gebiet und dem zugrunde gelegten mathematischen Modell eher der einen oder der anderen Ursache der Vorrang eingeräumt. Fast allen diesen Kurven ist aber gemeinsam, daß der allgemeine Trend des Meeresspiegelanstiegs um 1400 v. Chr. abnimmt[15] (Z 8).

Grundsätzliche Unterschiede gibt es allerdings in der Beurteilung der Meeresspiegelveränderung in den letzten drei- bis viertausend Jahren, also gerade jener Zeit, in der das Artemision von Ephesos erbaut wurde und versank. N. C. Flemming und andere[16] nehmen an, daß der Meeresspiegel eher kontinuierlich ganz leicht anstieg, während N. A. Mörner und andere[17] nachweisen wollen, daß er um einen Mittelwert herum oszillierte. Flemming führte seine Untersuchungen anhand archäologischer Denkmäler an der Mittelmeerküste durch, während Mörner die schwedische Küste und ihre Strandlinien untersuchte. Auch im Mittelmeer gibt es Strandlinien, die deformiert sind, also einen Hin-

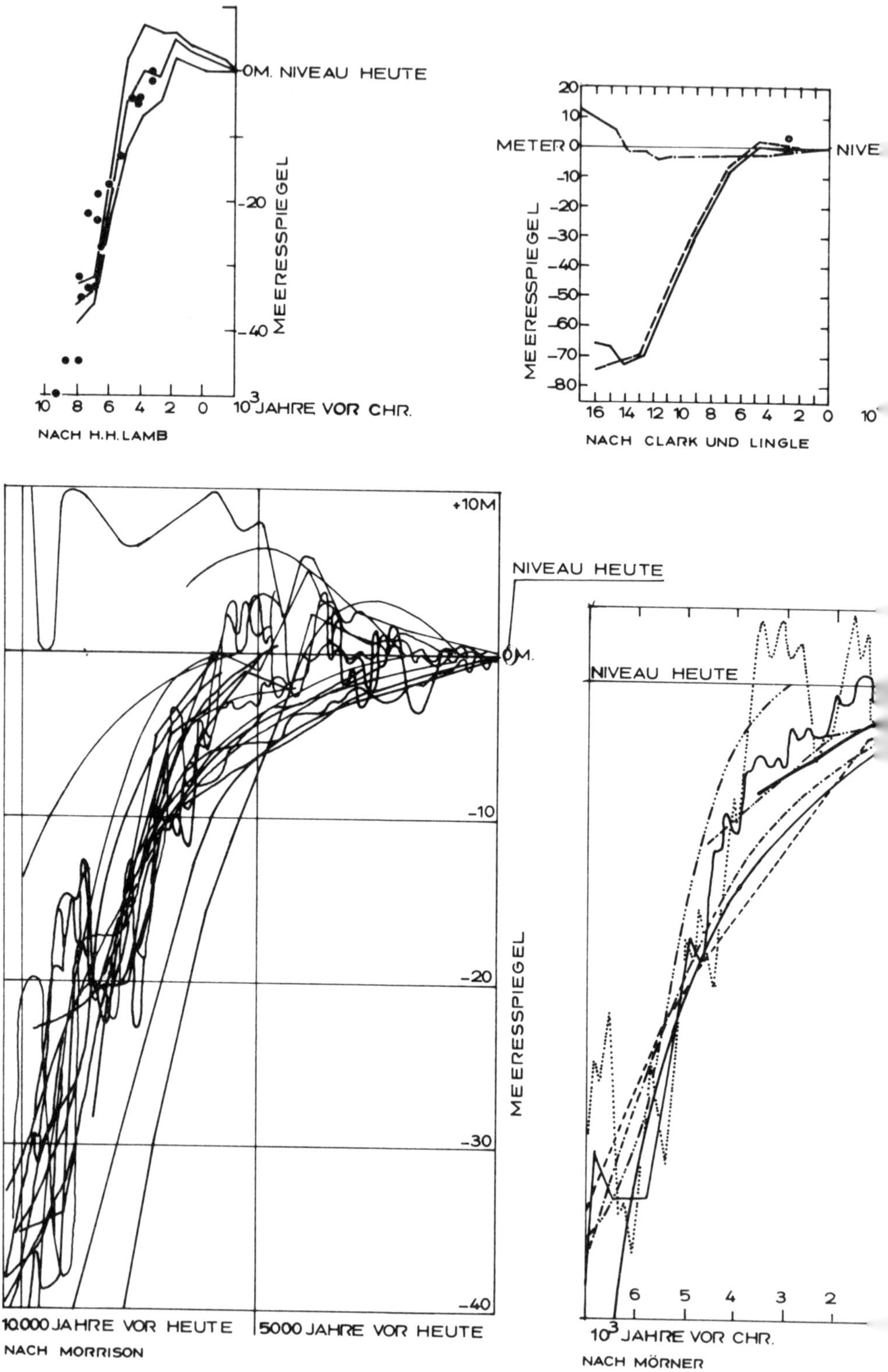

Z 8 Eustatische Änderung des Meeresspiegelniveaus nach verschiedenen Autoren

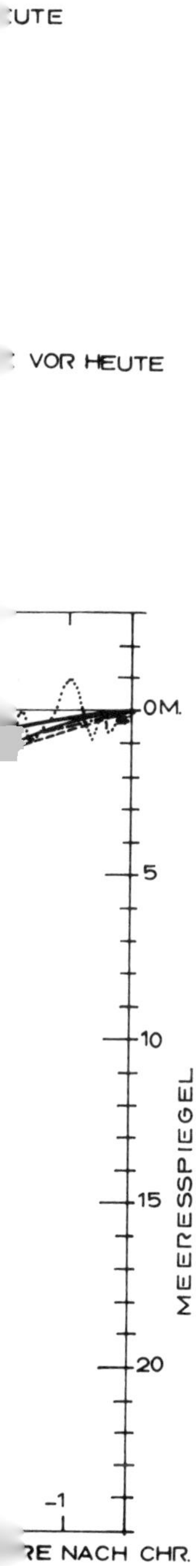

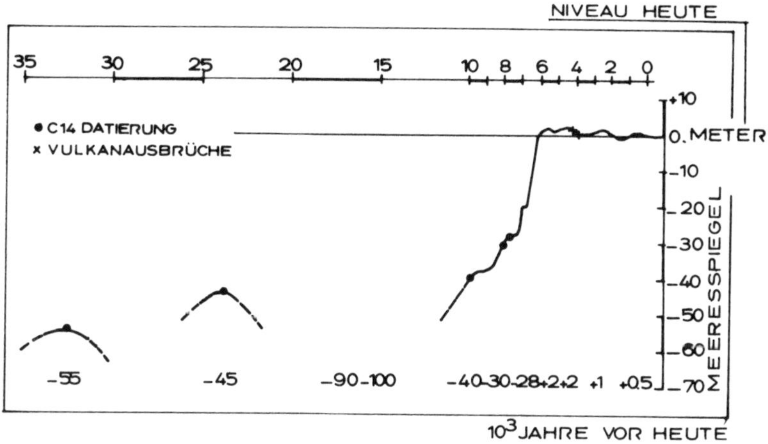

NACH O. EROL

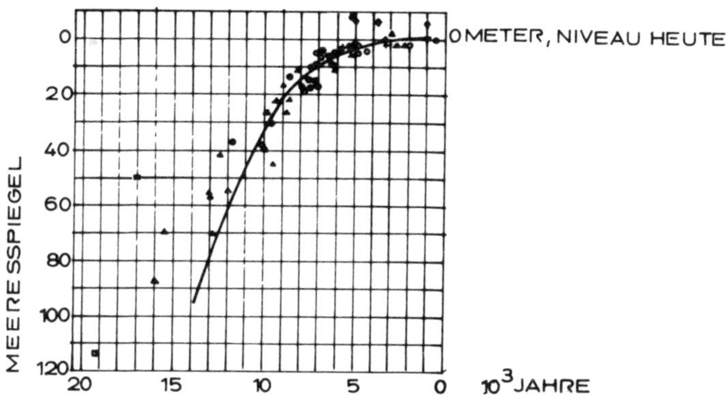

NACH LOWE UND WALKER

weis auf tektonische Bewegungen geben[18]; allerdings hat Hey[19] gezeigt, daß dennoch der größte Teil dieser mittelmeerischen Strandlinien horizontal verläuft, daß sich tektonische Bewegungen also eher großräumig entwickelt haben und überhaupt selten waren.

Flemmings Untersuchung unterscheidet sich von derjenigen Mörners nicht nur hinsichtlich des untersuchten Gebiets, sondern auch im zugrunde gelegten Modell. Flemming geht grundsätzlich davon aus, daß in der Ägäis noch starke Bewegungen der Erdkruste vorkommen, was auch durch die Erdbebentätigkeit belegt wird.

Diese Bewegungen äußern sich besonders entlang der tektonischen Plattengrenzen, von denen eine westlich der Peloponnes verläuft und südlich von Kreta in das südwestliche Kleinasien umbiegt. Flemming nahm alle überschwemmten antiken Anlagen in Griechenland und Südwestkleinasien auf und versuchte, ihr derzeitiges Überflutungsmaß festzustellen. Er kam zu dem Ergebnis, daß es so große Unterschiede im Überflutungsmaß von Anlagen gleichen Alters untereinander gibt, daß daraus nicht auf eustatische Meeresschwankungen als Hauptursache geschlossen werden kann, da deren Maß ortsunabhängig überall gleich sein müßte; vielmehr seien die Überflutungen antiker Anlagen im Mittelmeer auch die Folge lokaler tektonischer Verschiebungen.

Mit Hilfe einer multiplen Regressionsanalyse wurde ein nur zeitgebundener Faktor, der einer eustatischen Schwankung entspricht, von einem geographisch abhängigen Faktor getrennt, der der lokalen tektonischen Höhenveränderung entspricht[20]. Dies führt zu dem Ergebnis, daß der Meeresspiegel in den letzten 2000 Jahren nur um 0,20 m gestiegen sei, die höhere Überflutung an den Küsten jedoch auf tektonische Niveauveränderungen zurückzuführen sei. Danach würden die Küsten der Peloponnes und Westkleinasiens zwar sinken, das Innere dieser Gebiete dagegen aufgewölbt werden.

Flemmings Modell steht und fällt mit der archäologischen und architektonischen Quantifizierbarkeit der Meeresüberflutung. Diese ist nach Blackman[21] aber nur in den seltensten Fällen gegeben.

Blackman untersuchte meeresnahe Bauanlagen wie Quaimauern, Fischtanks und Docks. Rückschlüsse auf die ursprüngliche Höhe des Meeresspiegels im Verhältnis zu diesen Bauten können aber erst nach einem Rekonstruktionsversuch und zahlreichen dazu nötigen Annahmen gezogen werden. Außerdem sind viele dieser Anlagen infolge ihrer technischen Natur so zeitunabhängig, daß es sehr schwer ist, sie zeitlich genau einzugrenzen.

Mörner geht für sein schwedisches Modell von einer anderen Theorie aus, nämlich der Isostasie. Dies ist die Reaktion der Erdkruste auf Belastungen wie etwa den Druck des Wassers bei vergrößertem Meeresvolumen. Wenn vermehrtes Wassergewicht den Meeresboden in Küstennähe nach unten drückt, muß als Reaktion darauf die Erdkruste in Küstennähe steigen[22]. Keine der bisher ermittelten eustatischen Kurven anderer Autoren ist in dieser Weise von den isostatischen Einflüssen gereinigt und bildet eine annähernd so gute Voraussetzung für die Rekonstruktion der absoluten Veränderung des Meeresspiegels im fraglichen Zeitraum wie diejenige Mörners. Er hat 33 verschiedene Küstenlinien, welche hinsichtlich ihrer Neigung und Datierung gut bekannt sind, auf einer Länge von 350 km in der Richtung ihrer Auffaltung untersucht. Die daraus errechnete eustatische Kurve überspannt einen Zeitraum von etwa 12.000 bis 1400 v. Chr.[23] Das Ergebnis stimmt gut mit den Klimaschwankungen überein, die sich wiederum aus der Änderung des Sauerstoffisotopengehaltes des Grönlandeises berechnen lassen.

Auffällig ist eine Transgression des Meeres um 7300 v. Chr., die mit einer Klimaverbesserung zusammenhängen muß. Einschneidend ist das Ende der säkularen Klimaverbesserung um 1400 v. Chr., welches offenbar für die damals einsetzenden großen Völkerwanderungen mitverantwortlich war[24].

Für Norddeutschland und Dänemark konnte R. Köster eine Kurve für eine relative Änderung des Meeresspiegels aus den Strandlinien ermitteln[25], in der er aber nicht zwischen eustatischen und tektonischen Ursachen trennt. Ihm zufolge lag der relative Meeresspiegel um Christi Geburt 2,5 m tiefer als heute, um 500 n. Chr. sogar 3 m tiefer, um 1200 nur mehr 1 m tiefer. Auch für das Küstengebiet der Donau am Schwarzen Meer gibt es Messungen der Veränderungen der Küstenlinien[26].

Z 9 Küstenänderung im Gebiet von Ephesos von etwa 7000 v.
bis heute

-HESOS 7000 VOR CHR. BIS HEUTE.

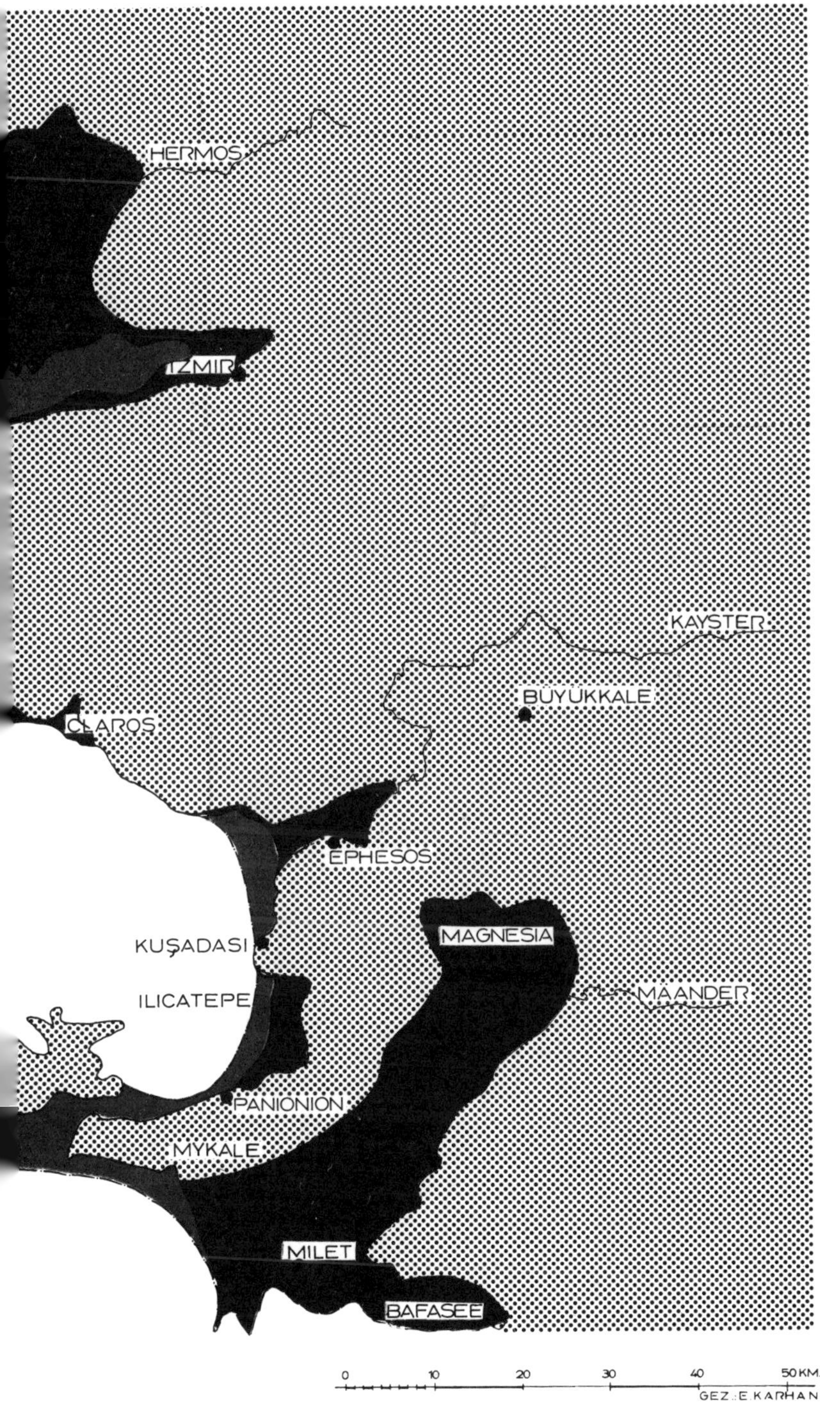

Die versunkene Landschaft

Welche Konsequenzen ergeben sich aus diesen Meeresspiegelschwankungen für die Geographie Westkleinasiens?

In der Jungsteinzeit konnte man zu Fuß vom ephesischen Gebiet nach Samos gehen. T. H. Andel und J. C. Stackleton haben gezeigt, daß 18.000 v. Chr. die heute dem Festland vorgelagerten Inseln Lemnos, Lesbos, Chios, Samos, Ikaria und Kos noch nicht durch Wasser vom Festland getrennt waren (Abb. 3, 80), und auch in der Jungsteinzeit um 7000 v. Chr. waren einige dieser Inseln noch Halbinseln[27]. Das Marmarameer war um 16.000 v. Chr. noch ein See. Das ephesische Delta muß damals weit über dem damaligen Meeresspiegel gelegen haben, der 16.000 v. Chr. ca. 115 bis 130 m unter seinem heutigen Niveau lag, um 7000 v. Chr. noch immer 25 bis 40 m darunter. Obwohl auch der Talboden des Deltas tiefer lag als heute (Z 9), war die Küste weit nach Westen verschoben, und die heutige Küste von Pamucak (Abb. 80) lag im Landesinneren. Die Kaysterebene darf man sich nicht als flache Schwemmlandschaft vorstellen, sondern als ein tiefes Tal mit einem runden Talboden. Es ist daher durchaus denkbar, daß der Talboden des Kaysters in prähistorischer Zeit besiedelt war. Die Bauern haben heute in der Kaysterebene überall artesische Brunnen angelegt, die in 35 bis 70 m Tiefe gehen. Soweit ich in Erfahrung bringen konnte, sind sie dabei überall nur auf alluviale Sedimente gestoßen und nirgends auf anstehenden Fels (Z 9).

Rein tektonische Ursachen für das Absinken der ephesischen Bucht und die Deltaverlandung nehmen C.V. Wendel[28] und W. Vetters[29] an. Vetters sieht in den lokalen Erdbeben, die wieder das Ergebnis tektonischer Spannungen sind, das auslösende Moment für Geländeverschiebungen. Es fehlt ihm aber ein allgemeines tektonisches Modell, vergleichbar dem von Flemming oder Mörner, und außerdem geht er nicht auf die Erosions-Sedimentations-Modelle etwa von C. Vita-Finzi[30] ein. Deltaverlandungen sind aber ein so durchgängiges Phänomen kleinasiatischer Küsten, daß man kaum tektonische, lokale Veränderungen zur Erklärung heranziehen kann[31].

Das Kaystertal, das Tal des heutigen Kücük Menderes, war schon zu Beginn österreichischer Ausgrabungen in Ephesos das Ziel geographisch-geologischer Untersuchungen. Die ersten Publikationen stammen von A. Grund und erschienen bereits 1906[32]. Auf sie folgte die bereits zitierte Arbeit von A. Philippson[33]. In den letzten Jahrzehnten beschäftigten sich D. Eisma[34], O. Erol[35] und U. Bilitza[36] mit dessen historischer Geographie. Die erste österreichische topographische Aufnahme stammt von A. Schindler[37].

Geologisch gesehen ist das Kaystertal ein Bruchtal. Grund unterschied drei übereinanderliegende geologische Formationen: zuunterst eine Marmorkalkformation, die er Bülbülkalke nannte, darüber eine Glimmerschiefer-Chloritschiefer-Formation und darüber wieder einen tonhaltigen Kalk, den er mesozoisch datierte und Heybelikalk nannte. Auch die neuere türkische geologische Karte (vgl. Z 10) zeigt den Kurudağ und die Syrie als Trias- und Kreideformation mit rekristallisierten Kalken und Dolomit, die östlich von Selçuk liegenden Berge als Schiefer aus dem Perm und Trias mit Muskovit, Chlorit und Biotit[38]. Der Heybeli ist ein Berg am Nordrand des Kaystertales, aber auf der Schindlerschen Karte[39] wird auch ein Hügel am Pamucak im Süden des Tales so bezeichnet. Schon Philippson hat darauf hingewiesen, daß die obersten tonigen Kalke (Kalkmergel) Süßwasserkalke aus dem Jungtertiär seien (Abb. 11).

Die Schieferformationen treten besonders in dem nach Osten, in Richtung Şirince orientierten Tal auf, welches Schindler Abujat Deresi nennt, während der Bergrücken Habayat Daği genannt wird. Diese Glimmer- bzw. Chloritschiefer sind als Fundamente des Kroisostempels verwendet worden, während Heybelikalke für Fundamente aus der Zeit vor Kroisos verbaut wurden. Ein Steinbruch dieser gelben Heybelikalke, heute als Kalkmergel bezeichnet, findet sich auf dem Iğdelitepe im Norden des Pamucakrückens (Abb. 11).

Bemerkenswert ist der leichte Salzgehalt des Grundwassers der Schwemmschichten des Talbodens. Grund[40] führt ihn darauf zurück, daß das Schwemmland langsam im Meer abgelagert wurde und nicht völlig ausgelaugt ist, Philippson[41] glaubt dagegen, daß während der sommerlichen Dürre Meereswasser als Grundwasser einsickert. Bei den Ausgrabungen im Artemision zeigten sich jedenfalls noch nach Jahren Salzausblühungen beim Aushubmaterial, und etliche Bäume, die wir in aufgeschüttetes Schwemmaterial pflanzten, verdorrten aufgrund des Salzgehaltes dieses Bodens. Nur Eukalyptusbäume zeigten sich resistent, und natürlich die wild wachsenden Tamarisken (Abb. 2). Der Salzgehalt des Alluviums ist aber nicht überall gleich; es gab nämlich Schichten, von denen die Arbeiter sofort sagten, daß es sich um salzige

Erde (Çorak) handle. Da es gelegentlich auch Meeresmuscheln darunter gibt[42], dürften noch im Mittelalter gelegentlich Überflutungen stattgefunden haben. Außerdem scheint die Lagunenbildung auch bei fortgeschrittener Verlandung im Hinterland noch recht lange Salzwasser festgehalten zu haben.[43]

[1] Vgl. etwa O. Rackham, Historical Ecology of Boetia, BSA 78, 1983, 291 ff.

[2] D. Schmandt-Besserat, AnatSt 27, 1977, 133 ff.

[3] I. A. Todd, The Prehistory of Central Anatolia I: The Neolithic Period (1980).

[4] W.-D. Hütteroth, Türkei. Wissenschaftliche Länderkunden Bd. 21 (1982) 176 f.

[5] J. Bouzek, The Aegean, Anatolia and Europe, Cultural Interrelations in the Second Mill. B. C. (1985).

[6] A. Sampson, BSA 79, 1984, 239 ff.

[7] C. J. Kraft, I. Kayan, O. Erol, Science 209, 1980, 776 ff.; – dies. in Troy, Suppl. 4 (1982) 17 ff.; – M. Korfmann, AA 1984, 165 ff. Allgemein vgl. auch D. K. Yesner, WorldA 16, 1984/85, 108 ff.

[8] P. Négris, AM 29, 1904, 340 ff.

[9] A. von Gerkan, Von antiker Architektur und Topographie (1959) 139 ff.

[10] Umschau 7, 1960, 193 ff.; – ders., Ber. deutsche Landesk. 27, 1961, 229 ff.

[11] Vgl. jetzt A. Raban (Hrsg.), Harbour Archaeology, BAR Int. (1985).

[12] H. Mariette, Quaternaria 15, 1971, 137 ff.; F. A. Thompson (Hrsg.), Archaeology and Coastal Change (1982).

[13] Von mir auch in ÖJh 47, 1964/65, 126 ff. vertreten.

[14] J. A. Clark, C. S. Lingle, Quaternary Research 11, 1979, 279 ff.; – J. A. Clark, W. E. Farell, W. R. Peltier, Quaternary Research 9, 1978, 265 ff.

[15] Fairbridge, Quaternaria 15, 1971, 8; – I. A. Morrison, in Davidson and Shakley, Geoarchaelogy 1976, 159 ff.; – J. J. Lowe, M. J. C. Walker, Reconstructing Quaternary Environments (1984) 56 ff.

[16] N. C. Flemming, in D. J. Stanley (Hrsg.), The Mediterranean Sea (1972) 189 ff.; – ders., Nature 217, 1968, 103 f.; – ders. u. N. M. G. Czartorska, P. M. Hunter, in D. J. Blackman, Marine Archaeology (1973) 1 ff.

[17] N. A. Mörner, Quaternaria 14, 1971, 65 ff.

[18] C. V. Wendel versuchte, Küstenfaltungen für rezente Meeresspiegeländerungen in Ephesos verantwortlich zu machen, vgl. Archaeology 1969, 322 ff., ebenso auch wenig überzeugend W. Vetters, in Festgabe für H. Vetters (1985) 37 f. – Zu den tektonischen Bewegungen in Kleinasien vgl. A. J. Campbell (Hrsg.), Geology and History of Turkey (1971); – weiters zum Thema Meeresspiegel und Geotektonik: G. Rapp, J. C. Kraft, Aegean Sea Level Changes, in Thera and the Aegean World (1978) 183 ff.

[19] R. W. Hey, Quat. Res. 10, 1078, 197 ff.

[20] Danach kann die totale relative Verschiebung an einem beliebigen Ort in der Form ausgedrückt werden: $Z = f(T) + g(x,y)\,T$, wobei Z die relative vertikale Verschiebung darstellt, T das Alter des Ortes bezeichnet und x,y die geographischen Koordinaten, f das nur zeitabhängige Polynom und g das auch ortsabhängige Polynom. – Mit diesem mathematischen Modell wurde die eustatische Bewegung des Meeres isoliert, und es stellte sich heraus, daß dieser Faktor einen Meeresspiegelstand um Christi Geburt von 0,2 m unter dem derzeitigen und um 700 n. Chr. um 0,3 m unter dem derzeitigen Meeresniveau ergäbe.

[21] D. J. Blackman, in Blackman (Hrsg.), Marine Archaeology (1973) 115 ff.

[22] Der Betrag des isostatischen Anstiegs bzw. Absinkens in Beziehung zum gegenwärtigen mittleren Meeresniveau ist die Differenz zwischen der angetroffenen Strandlinie (S) und dem gegenwärtigen Meeresniveau selbst plus der gegenwärtigen Krustenposition (E) und dem Meeresniveau: S + E = I, oder I – S = E. In dieser Gleichung ist S sehr gut bekannt, I annähernd bekannt und E eine ziemlich unbekannte Größe, die berechnet werden muß. Die Größe I läßt sich berechnen, weil die Zeitgradientenkurve gut bekannt ist. Der Gradient ist der Neigungswinkel der Verformung der Strandlinien aus der Horizontalen, sein Maß ist sowohl datierbar als auch einfach meßbar.

[23] N. A. Mörner, Quaternaria 14, 1971, 65 ff.

[24] J. Bouzek, in A. Harding, Climatic Change in Later Prehistory (1982) 186 ff.

[25] Quaternaria 15, 1971, 97 ff.

[26] N. Panin, Dacia 27, 1983, 175 ff.

[27] JFieldA 9, 1982, 445 ff.

[28] Archaeology 22, 1969, 322 ff.

[29] Festgabe H. Vetters (1985) 33 ff.

[30] Archaeological Sites in their Setting (1978).

[31] J. Kelletat, Deltaforschungen (1984).

[32] SBWien, math.-naturw. Kl. 115, 1906, 241 ff. und 1757 ff.

[33] Reisen und Forschungen im westlichen Kleinasien (1910) 50, 87 ff.

[34] Tijdschrift Kon. Ned. Aardr. Gen. 79, 1962, 234 ff.; – ders., Nature 203, 1964, 1061; – ders., in W. C. Brice, The Environmental History of the Near East (1978) 67 ff.

[35] Bull. Société Géol. France 18, 1976, 459 ff.

[36] Die ägäische Küste Anatoliens. Eine küstenmorphologische Studie unter Berücksichtigung des Problems der eustatischen Terrassen (Diss. Bochum 1973).

[37] Die Karte ist publiziert in FiE 1 (1907) mit Kommentar 235 ff.

[38] Vgl. auch N. Güldali, Geomorphologie der Türkei, TAVO 4A (1979) Abb. 46 u. S. 186 ff.

[39] O. Benndorf, FiE 1 (1907) 90 ff.

[40] Grund a.O. 1759 ff.

[41] a.O. 89.

[42] Die Muscheln aus dem Artemision sind Essensrückstände und keine Meeresablagerungen, da letztere durch die Umlagerungen stark abgerundet wären.

[43] Allgemein zum geographischen Problem in der Archäologie vgl. J. M. Wagstaff (Hrsg.), Landscape and Culture, Geographical and Archaeological Implications (1987); K. W. Butzer, Archaeology as Human Ecology: Method and Theory for a contextual approach (1982).

Für Seelen ist es Tod, Wasser zu werden,
für Wasser aber Tod, Erde zu werden.
Aus Erde aber wird Wasser und aus Wasser Seele
Heraklit von Ephesos

Wasser ist ein ganz besondrer Saft

Wenn früher im Herbst während der Grabungen ein Regenschauer niederging, liefen viele Arbeiter nach Hause, um ihre Häuser abzudichten. Die „Kuretenstraße“ konnte dann schon zu einem Sturzbach werden.

Das Wasser spielt als Element der Versorgung und Entsorgung einer Stadt nicht erst in moderner Zeit eine wichtige Rolle: Auch aus der Antike sind etliche Spuren des Wassersystems überliefert.

Forschungen über die Wasserversorgung einer Stadt gehen von den geologischen und klimatischen Bedingungen des Einzugsgebietes aus. Die in Izmir und Selçuk gemessenen Niederschlagswerte und Temperaturen geben einen Einblick in diesen Bereich (s. Tabelle 1). Dazu kommt das Studium der antiken hydraulischen Technologie, die Kenntnis der landwirtschaftlichen Bedürfnisse und natürlich das Studium der Einwohnerzahlen und der Wohn- und Lebensverhältnisse. Daher läßt sich die Ver- und Entsorgung mit Wasser nur in einem pluralistischen Ansatz studieren, der alle einzelnen Faktoren berücksichtigt[1].

Zu den geologischen Fragen gehören diese: Wo sind die Grenzen zwischen wasserdurchlässigen und wasserundurchlässigen Schichten? Wo gibt es Quellen? Wie verlaufen Bäche und Flüsse?

Klimatologisch von Bedeutung ist die Verteilung der Regenfälle auf die Jahreszeiten und auf die verschiedenen Zonen des Einzugsgebietes. Die hydraulische Technologie untersucht Quellfassungen, Brunnen, Dämme, Wasserreservoirs, Wasserleitungen, Hauszuleitungen, städtische Laufbrunnen sowie Zisternen.

Elemente der Wasserversorgung sind Kanäle, Latrinen, Bäder, Waschküchen, die Wasserbecken der Peristyle etc. Die beiden wichtigsten Abnehmer von Wasser sind das Bewässerungssystem und die Wasserversorgung der Bevölkerung (Trink- und Nutzwasser).

Tabelle 1

Meteorologische Station Selçuk
Geographische Breite 37° 57′
Geographische Länge 27° 22′
Meteorologische Daten von 1964 bis 1970

Monate

	I	II	III	IV	V	VI	VII	VIII	IX	X	XI	XII	
Mittlere Temperatur													Jahres-mittel
	7,6	9,2	10,8	14,6	19,1	23,9	25,9	24,9	21,0	16,4	13,1	10,6	16,4
Höchsttemperatur													Jahres-maximum
	13,0	14,8	16,9	21,4	26,3	30,8	33,0	32,7	29,4	24,7	20,4	15,4	23,3
Minimaltemperatur													Jahres-minimum
	2,7	3,7	4,6	7,1	10,5	13,9	15,5	15,5	12,8	9,1	6,8	5,7	9,0
Mittlerer Niederschlag													Mittlere Jahresmenge
	101,8	120,3	81,7	51,8	31,0	9,9	0,1	4,4	29,9	30,5	64,3	203,9	779,9
Mittlere Windgeschwindigkeit in m/sec und Windrichtung													
	S 35,4	E 29,6	WSW 32,3	SW 23,4	S 24,1	SSE 24,2	NW 21,2	NW 18,9	E 18,7	W 28,0	SSE 27,3	SE 31,4	S 35,4

	Luftdruck (mb)	Temp. Max.	Temp. Min.	Regen (mm)	Windrichtung	Windgeschw. m/sec	Relative Feuchte %
1967							
Januar	1016,5	13,1	2,9	131,0	W	30,1	66,4
Februar	1015,3	12,5	– 0,6	59,3	SSE	20,6	74,2
März	1013,2	16,2	2,1	35,7	SSW	22,6	66,2
April	1009,4	20,4	7,6	76,8	SSE	19,7	70,7
Mai	1010,4	26,2	11,5	33,1	SE	18,6	61,3
Juni	1011,5	30,4	12,9	0,7	N	17,8	48,1
Juli	1007,2	33,0	16,2	–	N	17,6	53,0
August	1007,4	34,7	16,1	–	N	15,6	52,2
September	1010,2	29,7	12,9	25,1	NE	14,0	67,5

	Luftdruck (mb)	Temp. Max.	Temp. Min.	Regen (mm)	Windrichtung	Windgeschw. m/sec	Relative Feuchte %
Oktober	1013,3	24,8	9,4	25,1	SW	28,8	73,5
November	1016,2	19,1	5,1	33,6	N	16,7	72,1
Dezember	1014,3	15,5	5,7	234,0	SE	31,4	73,6
1968							
Januar	1009,6	12,2	2,2	287,9	S	35,4	70,1
Februar	1012,7	15,8	3,4	78,1	ESE	28,9	69,7
März	1013,6	16,2	3,1	91,2	S	24,3	67,8
April	1013,6	24,0	7,3	12,1	NE	20,1	60,6
Mai	1011,9	30,1	11,8	3,0	E	21,9	58,0
Juni	1010,5	30,6	14,0	2,4	N	18,5	52,1
Juli	1006,6	34,1	14,9	–	NNE	19,7	46,6
August	1008,9	30,7	14,5	18,1	NW	18,9	69,0
September	1012,4	29,0	13,0	23,4	E	18,7	76,0

Meteorologische Daten der Bahnstation in Izmir von 1938 bis 1980

Monate

I	II	III	IV	V	VI	VII	VIII	IX	X	XI	XII	
Mittlere Temperatur												Jahresmittel
8,5	9,5	11,2	15,4	20,5	25,0	27,5	27,2	23,2	18,4	14,2	10,2	17,6
Höchsttemperatur												Jahresmaximum
21,4	23,9	30,2	32,5	37,6	40,3	41,9	42,7	38,7	33,4	30,3	24,7	42,7
Minimaltemperatur												Jahresminimum
– 8,2	– 5,2	– 3,8	0,7	4,3	9,5	15,4	15,0	10,0	3,6	– 2,9	– 4,7	– 8,2
Mittlerer Niederschlag												Mittlere Jahresmenge
136,3	102,5	71,0	43,3	34,8	9,0	2,5	2,6	13,2	43,3	86,2	146,8	691,5

Nach Mitteilungen des Türkischen Wetterdienstes, beigestellt von der Meteorologischen Station Selçuk.

Um die Systemtheorie für die Archäologie fruchtbar zu machen, müssen zuerst einige Grundlagen des Systembegriffes eingeführt werden. Ein System ist ein Komplex von untereinander handelnden Elementen. Die Eigenschaften des Systems können nicht durch Eigenschaften, welche seine isolierten Teile aufweisen, erklärt werden[2].

Kulturelle Systeme sind offene Systeme, welche Materie, Energie und Informationen aus ihrer Umgebung beziehen. Die Veränderung dieses Flusses läßt sich anhand von Trajektorien ermitteln. In der Archäologie läßt sich diese Wachstums- und Verfalls-Trajektorie besonders an Produktion und Verteilung kultureller Objekte ermitteln. So ergibt sich durch eine Trajektorie der Kostenkontrolle, daß im Laufe der Zeit die Rohstoffe, welche pro Produktionseinheit aufgewendet werden, sich verringern, während gleichzeitig die Dichte der im Raum verteilten Güter zunimmt[3].

Wichtig sind auch die Beziehungen der sozialen Systeme zur Umwelt. Unter sozialen Systemen versteht man das Beziehungsgeflecht von Macht, Abhängigkeit, Rohstoffquellen, Produktivität etc., im wesentlichen also das, was in der marxistischen Terminologie mit ‚Basis' bezeichnet wird. Mit Sozialstruktur sind dagegen die Regeln und Konzepte gemeint, die das soziale System ordnen und ihm seine Bedeutung und seinen Sinn geben[4]. Dazu gehören auch die symbolischen Prinzipien als Teile von Strategien unter Gruppen, welche ihre Macht unterschiedlich ausüben (‚Überbau').

Die neuere Forschung hat gewürdigt, daß der historische Materialismus keine einfache Determinierung des Überbaues (politische und ideologische Strukturen) durch die ökonomische Basis konstruiert hat, sondern daß die Beziehung dialektisch und reziprok zu verstehen sein soll[5]. In vorkapitalistischen Gesellschaften ist sogar die Ökonomie eher das Produkt von Überbaustrukturen wie Verwandtschaft, politischen Organisationen etc. als umgekehrt, was auch von Polanyi, Finley und Bourdieu[6] gezeigt worden ist.

Eine Population kann in ihrer Umwelt nur überleben, wenn der Aufwand zur Lösung ihrer Umweltprobleme nicht kleiner ist als ihre elementaren Bedürfnisse[7]. Die Systemtheorie stellt eine Weltansicht vor – im Widerspruch zur klassischen Atomtheorie der Physik und der Philosophie –, nach der die kleinsten Elemente selbständig sind und zusammen ein größeres Ganzes ergeben[8].

Wassersysteme

Zwischen dem Wassersystem, welches eine antike Stadt betraf, und jenem des umliegenden Landes besteht ein grundlegender Unterschied. Während ersteres konsumptiv ist, also Wasser verbraucht, ist letzteres produktiv, indem es landwirtschaftlich nutzbaren Boden erzeugt. Entsprechend unterscheiden sich auch die hydraulischen Technologien dieser beiden Wassersysteme grundlegend voneinander[9]. Die antiken Autoren bewerten beide Systeme unterschiedlich[10]: Dem städtischen Wassersystem sprechen sie zivilisatorische Bedeutung zu[11], dem ländlichen hingegen schenken sie nur geringe Beachtung.

Von großem Interesse ist auch die Frage, ob Wasserversorgung und Bewässerung nicht nur mit dem sozialen System – etwa der Landwirtschaft – in Verbindung stehen, sondern auch mit der Sozialstruktur, also etwa der Zentralgewalt. Eine vielbeachtete These war, daß überall dort, wo künstliche Bewässerung möglich und notwendig ist, sich zentrale politische Instanzen herausbilden, welche auf dem Wege der Hydraulik auch die Politik diktatorisch regeln. Diese These läßt sich aber mit Ausnahme von großen Flußsystemen wie in Ägypten und Mesopotamien nicht verallgemeinern[12]. Im Gegenteil, es gibt genügend Beispiele aus der Ethnologie und Archäologie, die beweisen, daß Bevölkerungsgruppen auch ohne politische Bindung dazu imstande waren, bedeutende Bewässerungssysteme zu errichten und zu erhalten[13].

Ephesos liegt an der Grenze zwischen den feuchteren nordmediterranen und den ariden südmediterranen Zonen. Wie B. Shaw[14] gezeigt hat, liegt für aride Zonen, bei denen 95 Prozent des Bodens nicht kultivierbar sind, das Problem darin, den Anteil an kultivierbarem Land zu erhöhen. Dazu mußte die fruchtbare Erde erst einmal dorthin gelangen, wo eine Bewässerung möglich war. Einfach zu bewässern und zu kultivieren war nur die Erde in den Talsohlen und an den tiefer gelegenen Hängen. Daher stellte die Bodenerosion eine wichtige natürliche Voraussetzung zur Felderbildung dar.

Die negative Beurteilung der Erosion erfolgt meist aus der Sicht kühlerer geographischer Bedingungen. Aus der Sicht einer primitiven Landwirtschaft nahm sie sich aber durchaus vorteilhaft aus, sofern die fruchtbare Erde an den gewünschten Stellen abgelagert wurde. Dazu hat die Antike bereits ein wirkungsvolles System von Terrassenanlagen sowie Dämmen entwickelt. Dämme haben in den ariden Zonen also weniger die Aufgabe, Wasser zu speichern, als vielmehr die, fruchtbares Erdmaterial anzulagern[15]. Dort, wo sie zum Wasserstau dienen sollten, sind die Dämme daher oft schnell verschlammt und mußten aufgegeben werden, weil ihre Arbeitsweise nicht richtig eingeschätzt wurde[16].

Es gibt heute Studien, die sich mit dem Einfluß von landwirtschaftlicher und architektonischer Bebauung auf Erosionsgebiete beschäftigen[17].

Das Wasser in den Bergen

Die Berge östlich des Tales von Selçuk bestehen aus Schiefer, nach A. Grund[18] zuunterst Glimmerschiefer, darüber Chloritschiefer. Beide Gesteine wurden für die Fundamente des archaischen Kroisostempels verwendet, fanden aber in römischer Zeit keine Verwendung als Baumaterial mehr. Auch das Dorf Şirince (Abb. 6) liegt in diesem Schiefergebiet. Die Berge südlich von Şirince werden Ab-u-Hayat Daği genannt, Wasser des Lebens (Z 10).

Links und rechts des Klaseastales (Değirmen Boğaz), also des Tales, das nach Şirince führt, liegen Formationen von Trias, Jura, Kreide, rekristallisierte Kalke und Dolomit. Etwas weiter südlich auf dem Kurudağ beginnen Gesteinsformationen des Perm und des Trias, bestehend aus Muskovit, Chlorit und Biolit (vgl. Z 10).

Die beiden Stadtberge von Ephesos, der Panayır- und der Bülbüldağ (Abb. 24, 40), bestehen großteils aus kristallinen Kalken bzw. Marmoren. Das Dervent-Tal, durch welches der antike Marnas floß (Abb. 4), ist auch ein Kalktal (Z 10). Die Schiefer liegen über den Kalken. Der mächtige Schieferrücken, aus dem der antike Klaseas entspringt, enthält viel Wasser, das heute noch für die Wasserleitung von Selçuk gesammelt wird. Wasser gibt es auch auf dem Höhenrücken südlich des Bülbüldağs. Hier können Touristen wundertätiges Wasser in Fläschchen aus der Quelle abfüllen.

Sehr wasserreich ist auch das Kenchriostal, in dem das heute verfallene Dorf Arvalia liegt, an dessen Stelle Benndorf im Gegensatz zu Keil den antiken Kultplatz Ortygia annimmt[19]. Hier fließt auch im Sommer Wasser vom Bülbülmassiv herab, das in einem Sammelbecken zur Bewässerung aufgestaut wird.

Neben der modernen Wasserleitung, die aus dem östlich gelegenen Schieferrücken, dem Abuyattepe, nach Selçuk führt[20], tragen viele artesische Brunnen in der Kaysterebene zur Wasserversorgung bei. Sie dienen allerdings in erster Linie der Bewässerung der Felder. War vor zwanzig Jahren die Kaysterebene noch eine verdorrte, staubige Fläche, so ist sie heute grün und voller Vegetation.

Die neue Straße von Selçuk nach Kuşadası folgt nach der Anhöhe mit der großartigen Aussicht auf den Strand von Pamucak einer kilometerlang erhaltenen römischen Wasserleitung, vermutlich der Aqua Julia. Sie wurde einer Höhenschichtlinie entlang angelegt und folgt auf diese Weise dem natürlichen Gelände oberhalb der Straße. Die Stützmauern dieser Wasserleitung sind gelegentlich noch ein bis zwei Meter weit erhalten. Sie brachte Wasser aus den Bergen von Kuşadası (Pygela) nach Ephesos.

Wenn Flüsse sich im Sand verlaufen

In der Bronzezeit reichte das Meer viel tiefer in die kleinasiatischen Flußtäler hinein als heute. Als Folge davon war damals der Ayasolukhügel eine Insel[21]. Wie tief das Meer genau in die Bucht reichte, ist nicht erforscht. Es dürfte aber zumindest bis zum Talende beim Keçikalesi und bis Belevi gegangen sein. Die erneute Verlandung des Flußtales und des Deltas setzte in griechisch-römischer Zeit ein. Um die Schiffahrt aufrechtzuerhalten, wurde ein langer Kanal gebaut, der nur sehr schwer schiffbar gehalten werden konnte[22] (Abb. 40).

Für den Vorgang der Delta- und Flußsedimentation sind viele Faktoren entscheidend: die säkularen Klimaänderungen, die Meeresspiegelschwankungen, die kurzfristigen Niederschlagsschwankungen und die anthropogenen Landschaftsveränderungen[23]. Die Flußsedimentation erfolgt vor allem dadurch, daß sich besonders nach dem Frühjahrshochwasser die Sandfraktion der fluvialen Sedimentationsfracht vor den Flußmündungen ablagert und dann durch Brandströmungen küstenparallel versetzt wird. Langsam werden die Buchten durch Sandbarren oder Nehrungen abgeriegelt, und durch Auffüllung der Lagunen baut sich die Schlemmebene auf. Sobald die Stelle erreicht ist, wo der Graben sich zum Meer öffnet, wird das Auffüllungsdelta zum Verschüttungsdelta[24] (Abb. 2).

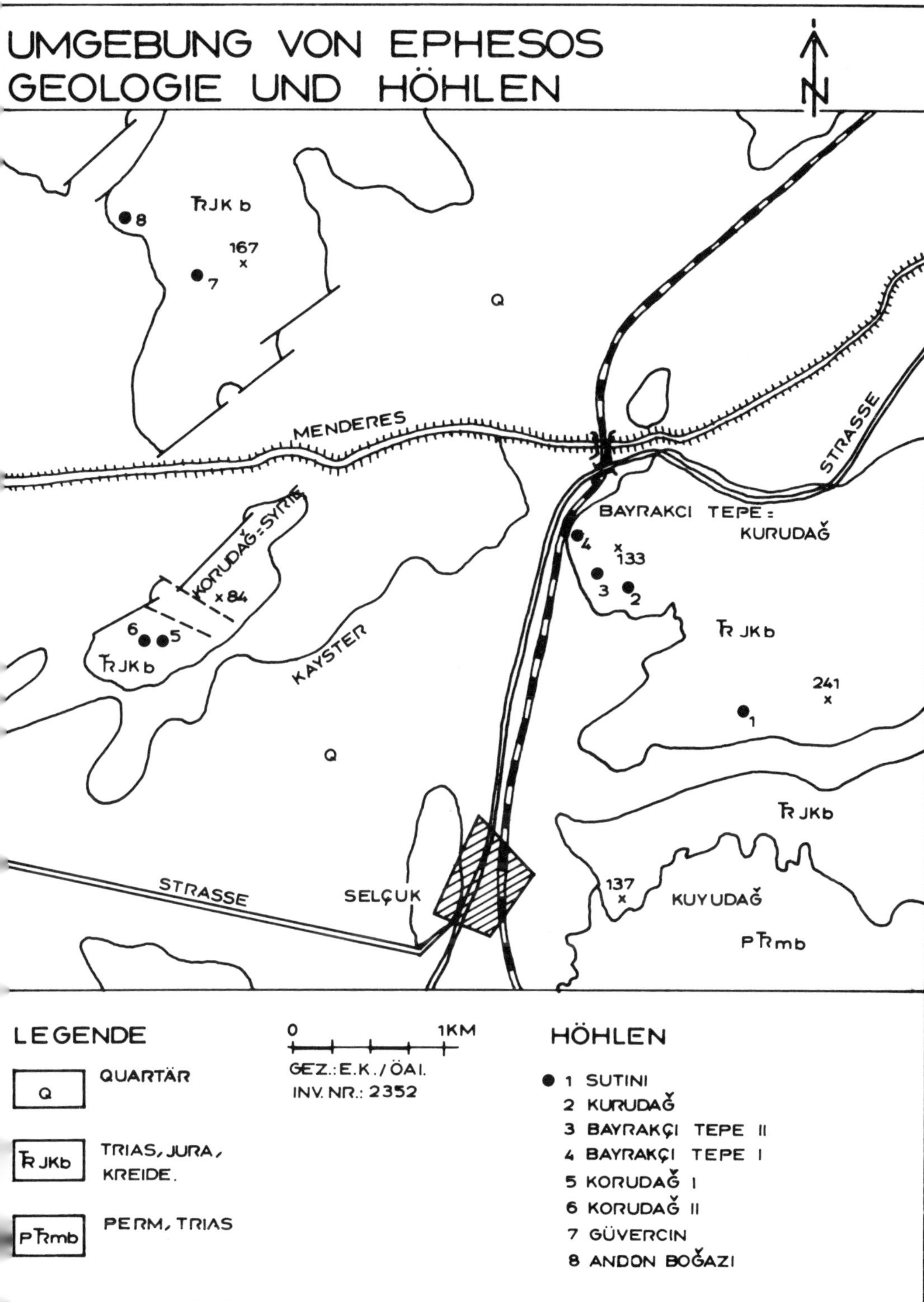

10 Geologische Skizze von Ephesos mit der Eintragung der Höhlen nach dem türkischen geologischen Dienst

Da die westkleinasiatischen Flüsse in Flachküsten münden, bleibt das Material auch im Meere in Küstennähe liegen (Abb. 80) und fördert die Deltabildung. Auch der Imbrasos auf der Insel Samos zeigt ein ähnliches Verhalten[25].

In kühleren Zeiten wird anscheinend mehr im Küstengebiet, also im Delta, in wärmeren Zeiten im Flußgebiet selbst sedimentiert. Allerdings ist diese Rechnung nicht so einfach, da klimatisch bedingte Meeresspiegelschwankungen viel langsamer reagieren als Flüsse, bei denen schon ein mehrtägiger intensiver Regen ausreicht, um sie zum Bersten anschwellen zu lassen[26].

Je mehr sich aber der Flußlauf selbst seinen Weg verbarrikadiert, bzw. je stärker sich das Niveau des Meeresspiegels dem des Flußwassers im Deltainneren angleicht, desto mäanderartiger wird der Flußlauf und desto weniger wird gröberes Material an die Küste transportiert. Nur mehr die feinsten Anteile lagern sich in Küstennähe ab. Aus diesem Grunde weisen auch Flüsse mit steilerem Flußbett an der Küste Schotter auf, sehr flach mündende nur Feinsand[27] (Abb. 80). Dieser Sachverhalt bestimmte auch die Entwicklung des Kaystertales seit der römischen Zeit bis in die Neuzeit. Das Gefälle des Flusses hing unmittelbar mit dem jeweiligen Meeresniveau zusammen.

Trotz des neuen Flußbettes ist auch heute im Winter die ganze Kaysterebene oft wochenlang überschwemmt und die Straße nach Kuşadası gesperrt. Die starken Regenfälle führen zu großen Wassermassen im Flußbett, und wegen des geringen Niveauunterschiedes tritt ein Rückstau vom Meer her ein: Das Wasser bildet hinter dem Strandwall eine ausgedehnte Lagune. Hier wachsen Tamarisken (Abb. 2) und Sumpfiris, die Wasseroberfläche ist mit einem weißen Teppich von Froschbiß bedeckt. Unter den Wasservögeln fallen besonders die Flamingos auf. Das ganze Gebiet der nördlichen Lagune mit den beiden Seen ist heute Naturschutzgebiet.

Bereits Grund und Philippson[28] machten sich Gedanken über die Auffüllung des Kaystertales in historischer Zeit. Beide nahmen an, daß der Vorgang selbst mittels Nehrungen, die von Süden her angelagert wurden, und dahinterliegenden Lagunen erfolgt ist. Diese Lagunen wären dann langsam vom Alluvium aufgefüllt worden. D. Eisma[29] hat dann in einer Studie über die ephesischen Strandwälle zu zeigen versucht, daß der Strandwall A, welcher der derzeit höchste ist und nur wenig hinter der jetzigen Küste liegt, bereits 726 n. Chr. gebildet worden sein muß. In ihm fand sich nämlich viel Bimsstein, dessen chemische Analyse eine Ähnlichkeit mit der Zusammensetzung des auf Santorin vorkommenden Bimssteins ergab. Da für 726 n. Chr. ein Bimssteinausbruch auf Santorin überliefert ist, meint Eisma, daß der Wall bereits aus dieser Zeit stammen müsse. Damals sei das Delta bereits in der heutigen Form angelegt gewesen, allerdings noch mit großen Lagunen im Hinterland[30].

Dieser Hypothese steht aber die C^{14}-Datierung von Schwemmholz entgegen, welches auf dem Fundament des Artemisionaltares gefunden wurde. Zum untersten Alluvium gehörten Strünke von Ölbäumen, die nach der Abtragung des Altares angeschwemmt worden sein müssen. Ihre Untersuchung ergab eine Datierung um 800 n. Chr.[31] Um diese Zeit also muß der Artemisionbereich noch frei von Alluvium gewesen sein. Im 6. Jh. n. Chr. war das Artemision auch als Ruine sicher noch weitgehend von Alluvium frei, da damals in der Johanneskirche auf dem Ayasolukhügel zahlreiche Werkstücke des Tempels und des Altares verbaut wurden. Sogar die 1345 erbaute Isa-Bey-Moschee hat noch Spolien aus dem Artemisionaltar[32].

Das heißt natürlich nicht, daß damals die Küste mit ihren Strandlinien nicht schon weit westlich des Artemisions lag, es bedeutet aber, daß die dahinterliegende Auffüllung von 8 bis 10 m Höhe erst ziemlich spät und jedenfalls nach 800 n. Chr. erfolgte. Erst in dieser Zeit haben die Flüsse jenes Material abgelagert, welches die heutige Kaysterebene bildet und charakterisiert. Man hat sich also die innere Kaysterebene schon in späthellenistischer und römischer Zeit als ein von Sanddünen und Sümpfen durchzogenes Marschland vorzustellen (Abb. 2). Die alluviale Auffüllung muß aber in seldschukischer Zeit, also um 1300 n. Chr., bereits weitgehend abgeschlossen gewesen sein, da damals westlich des Ayasolukhügels eine Reihe seldschukischer Gehöfte, Grabmäler, Bäder (Abb. 21) etc. entstand, die noch heute gut zu sehen sind.

Klimabild und Deltabildung

Ob und wann es zu einer Deltabildung kommt, hängt sicher nicht nur von einer Randbedingung ab, sondern von einem ganzen Bündel von Ereignissen, die in neuester Zeit an der türkischen Südküste genau studiert werden[33].

Ein Element ist das Klima. In heißen, trockenen Klimaperioden steigt der Meeresspiegel, die Flüsse führen aber wenig Wasser und wenig erodierte Sedimente. Der hohe Meerespegel verlangsamt die Flußgeschwindigkeit und Sedimentationszeit, fördert aber die Ablagerung im Flußbereich. Beide Phänomene haben eine gegeneinander gerichtete Wirkung. Ähnlich ist es im umgekehrten Fall. In kühlen, regnerischen Perioden fällt der Meeresspiegel, die Flüsse führen viele erodierte Sedimente, die aber wegen der höheren Flußgeschwindigkeit ins Meer abgetragen werden. Durch das Grundwassergefälle in Richtung Meer kommt es zu der hohen Überflutung des Artemisions, das 8 km vom Meer entfernt liegt. Aber selbst wenn dieser Anstieg des Grundwassers zum Landesinneren hin nicht existieren würde, stünden die unteren Fundamentlagen des Heiligtums noch unter Wasser.

Die historischen Klimaforschungen der letzten Jahre haben ergeben, daß das säkulare Klima von Nordwest- und Mitteleuropa[34] verschieden vom mediterranen, insbesondere vom ostmediterranen war[35]. In griechisch-römischer Zeit dürften im Mittelmeergebiet anscheinend die gleichen Klimaverhältnisse existiert haben wie heute. Während aber in Westeuropa in der Zeit von 900 bis etwa 1300 n. Chr. eine Warmperiode herrschte[36], das sogenannte Klimaoptimum, setzte etwa um 750 n. Chr. im Mittelmeergebiet, besonders in Kleinasien, eine Periode von kühlerem, niederschlagsreicherem Wetter ein, die etwa bis 1750/1800 anhielt.

So waren gelegentlich der Bosporus und Teile des Schwarzen Meeres zugefroren, sicher zum Beispiel in den Jahren 739, 753, 763, 928, 934, 1010 und 1213[37]. Am Nil gab es 829 und 1001 Treibeis[38]. Diese Klimaverschlechterung setzte im übrigen Europa erst später mit der sogenannten kleinen Eiszeit ein, welche ihre Höhepunkte von 1570 bis 1630 und von 1680 bis 1700 hatte[39]. Für die Erforschung der anatolischen Klimabedingungen hat das Studium der inneranatolischen Seen einiges beigetragen[40]. Das mediterrane Klima scheint sich im Mittelalter und in der Neuzeit auch in seinen kurzfristigen Ausbildungen vom europäischen Klima unterschieden zu haben. Es dürfte nämlich kontrastreicher gewesen sein. Auf sehr kalte und niederschlagsreiche Jahre folgten oft sehr heiße und trockene. So sollen die Jahre 1770–73, 1779–82, 1792, 1799–1803, 1819–22, 1845, 1853, 1873–74, 1882, 1890–92, 1894, 1898–1900, 1916–18, 1927–30 und 1945 in Anatolien ausgesprochene Dürrejahre gewesen sein[41].

Auch die Abflußregime der in die Ägais mündenden Flüsse zeigen eine hervorstechende jahreszeitliche Veränderung mit einem Höhepunkt im Winter und einem Tiefpunkt im Herbst[42]. Diese Flußsysteme entsprechen etwa den unterirdischen Grundwasserströmen, die das sichtbare Grundwasser des Artemisions erzeugen. Aber nicht nur die jahreszeitlichen Schwankungen des Grundwasserspiegels, sondern auch die säkularen sind von Bedeutung[43]. Ein Diagramm bei Raphael zeigt zwar noch Sedimentschübe in unterschiedlichen Perioden, aber Bintliff und Shaw konnten durch Feldforschung zeigen, daß ein großer Teil der Flußsedimentation im Zeitraum zwischen 1000 und 1800 n. Chr. erfolgt sein muß[44]. Nach heutigen Erkenntnissen fallen überall im Mittelmeer die Talfüllungen in die Zeit von 1000/1100 bis 1750/1800 n. Chr., und derzeit gibt es hier keine vergleichbare Sedimentationsaktivität. Das heißt, daß die antiken Aktivitäten, insbesondere die landwirtschaftlichen, in römischer Zeit etwa unter denselben klimatischen Bedingungen stattfanden wie heute und nicht wie jene des Mittelalters und der frühen Neuzeit. Nicht die römischen und byzantinischen Rodungen waren schuld an der Erosion, sondern das Ende der Ackerbautätigkeit im Mittelalter[45].

Aus heutiger Sicht erscheint es daher eher unwahrscheinlich, daß Rodungen den Hauptfaktor der Deltasedimentation bilden[46].

Die Ursachen von Bodenerosion sind komplexerer Natur. Weder Rodungen selbst noch die Verwahrlosung von Feldkulturen scheinen die Erosion zu beschleunigen. Dies geschieht erst dann, wenn das Gestrüpp, das sich bei der Verwahrlosung bildet, stark beweidet wird[47] oder es durch Klimakontraste nicht zur Ausbildung einer Sekundärflora kommt[48].

Interessant ist in diesem Zusammenhang die geomorphologische Entwicklung der Küste von Troia[49]. In prähistorischer Zeit lag der Hügel von Hissarlik an der Meeresküste. Zur Zeit Strabos[50] war er aber durch die Sedimentation des Skamander bereits verlandet. Die einzelnen Flußdeltas sind vielleicht nicht gleichzeitig, sondern in einzelnen Schüben verlandet. Ein Phänomen dürfte aber der gesamten ägäischen Küste gemeinsam sein: In den letzten 100–200 Jahren hat der Küstenzuwachs stark nachgelassen. Dies spricht dafür, daß die säkularen Klimaschwankungen einen wichtigen Einfluß auf die Sedimentation im Deltabereich ausüben. Eine zunehmende Erwärmung seit 200 Jahren verringert die Deltabildung[51].

Für Ephesos war der Hafen immer lebenswichtig. Neben dem eigentlichen Hafen gab es einen Hafen der klassischen Zeit, welcher der Heilige genannt wurde[52], vielleicht wegen seiner Lage in der Nähe des Artemisions, und den Hafen Panormos[53]. Der Hafen der lysimmachischen und römischen Stadt geriet in eine prekäre Situation, als die Verlandung der Kaysterebene (Abb. 40) einsetzte und er nur durch einen Kanal mit dem Meer in Verbindung gehalten werden konnte. Auf die Reinhaltung des Hafens und die Vermeidung von Blockaden mußte daher besonderer Wert gelegt werden, wie auch durch Inschriften belegt ist[54].

Viele Besucher des Artemisions sind überrascht, die Fundamente unter Wasser stehend vorzufinden, oft mehrere Meter tief. Nur während der Grabung wird der Grundwasserpegel mit Hilfe einer Vakuumpumpe abgesenkt[55], sodaß alle Fundamente der Grabung (Altar, Hekatompedos, Kroisostempel) sichtbar werden. Dieses Wasser ist aber Grundwasser, dessen Spiegel um mehrere Meter höher liegt als der Meeresspiegel (letzterer liegt 0,58 m unter der Oberkante des Altarfundamentes). Dies ist darauf zurückzuführen, daß das Grundwasser ein Gefälle zum Meer hin aufweist. Die Höhe des Grundwasserspiegels schwankt sowohl im Laufe eines Jahres als auch von einem Jahr zum anderen. Von 1980 bis 1984 war er sehr hoch, 1985 wesentlich niedriger und 1986 besonders niedrig.

. . . daß, zum Zwecke, Wasser fließe . . .

Wasservorkommen und Bodennutzung hängen unmittelbar miteinander zusammen. Die antiken landwirtschaftlichen Verhältnisse hingen noch mehr als die heutigen von den Wasser- und Bewässerungsbedingungen ab.

Die Geschichte der Landnutzung im ephesischen Territorium ist kaum studiert: Mit Ausnahme einiger römischer Grenzsteine gibt es kaum archäologische Quellen[56]. Auch antiken Terrassenanlagen und Dämmen ist kein Augenmerk geschenkt worden. Daher wissen wir auch nicht, wie bei der hellenistischen Stadtanlegung das umliegende Land aufgeteilt wurde. In Analogie zu Städten in Sizilien, Thessalien und auf der Krim ließe sich vermuten, daß dabei das Rastersystem der städtischen Straßen auf das Land hinaus verlängert wurde[57]. Dies ist in einigen Bereichen tatsächlich der Fall, nämlich westlich des Ayasolukhügels und im Klaseastal in Şirince (vgl. Z 11). Wenn auch hier durch die Sedimentation das heutige Niveau wesentlich höher liegt als das antike, so kann sich in Anbetracht der langsamen jährlichen Aufschüttungen die Feldereinteilung durchaus immer wieder fortgesetzt haben[58]. Gewisse Rückschlüsse auf die antike Landnutzung lassen sich auch aus der modernen ziehen (vgl. Z 11). Es zeigt sich auch heute, daß dort, wo keine künstliche Bewässerung möglich ist, nur bestimmte Produkte gedeihen wie Getreide, Wein, Oliven, Feigen. Pfirsiche, Mandarinen, Orangen, Zitronen und Baumwolle dagegen müssen künstlich bewässert werden (Z 11).

In der Gegenwart ist der landwirtschaftliche Großbesitz in Selçuk in der Hand von 5 bis 6 Männern konzentriert, während 80 bis 90 Prozent der Familienväter ohne jeden Bodenbesitz sind. Jeder der Großgrundbesitzer nennt 100.000 bis 150.000 m^2 sein eigen. Der Rest der Landbesitzer hat einen Anteil von 10.000 bis 15.000 m^2. Leute ohne eigenen Grundbesitz können aber Land pachten.

Viel besser als das produktive Wassersystem ist das konsumptive Wassersystem in Ephesos bekannt. Brunnen und Zisternen – soweit sie in Ephesos erforscht sind – trugen nur mäßig zur Wasserversorgung bei. Wasserleitungen sind in Ephesos aus römischer und byzantinischer Zeit erhalten, aus griechischer Zeit wurde bislang fast nichts gefunden. Allerdings gibt es eine sehr wichtige Bleirohrwasserleitung im Altarbereich des Artemisions[59]. Hier existierte offenbar eine alte Quelle, welche das für die Reinigung vor und nach dem Opfer notwendige Wasser lieferte. Als der Altar größer und der Hof gepflastert wurde, mußte man zusätzlich Wasser von außerhalb zuleiten. Dies geschah mit der in Griechenland üblichen Form der Druckrohrleitung (Düker). Die Bleirohre hatten einen Außendurchmesser von 20 cm, waren 80 cm lang und mit Muffen aus Marmor verbunden. Nach einigen Metern ging die Bleirohrleitung in ein Tonrohr über.

Die wichtigsten römischen Wasserleitungen sind (Z 11)

1. jene durch das Tal des Marnas (türkisch Dervenddere), und zwar

a) die ältere Marnaswasserleitung[60],

b) die Aqua Troessitica aus augusteischer Zeit[61] (Abb. 4);

2. jene durch das Değirmendere aus Richtung Kuşadası über das Paulusgefängnis, vielleicht identisch mit der Aqua Julia[62];

UMGEBUNG VON EPHESOS, WASSERNUTZUNG,
BODENBEWUCHS U. LANDWIRTSCHAFTLICHE NUTZUN

Z 11 Wasserwirtschaft und Bodennutzung in der Umgebung von Ephesos, nach der türkischen Landesaufnahme 1:10.000

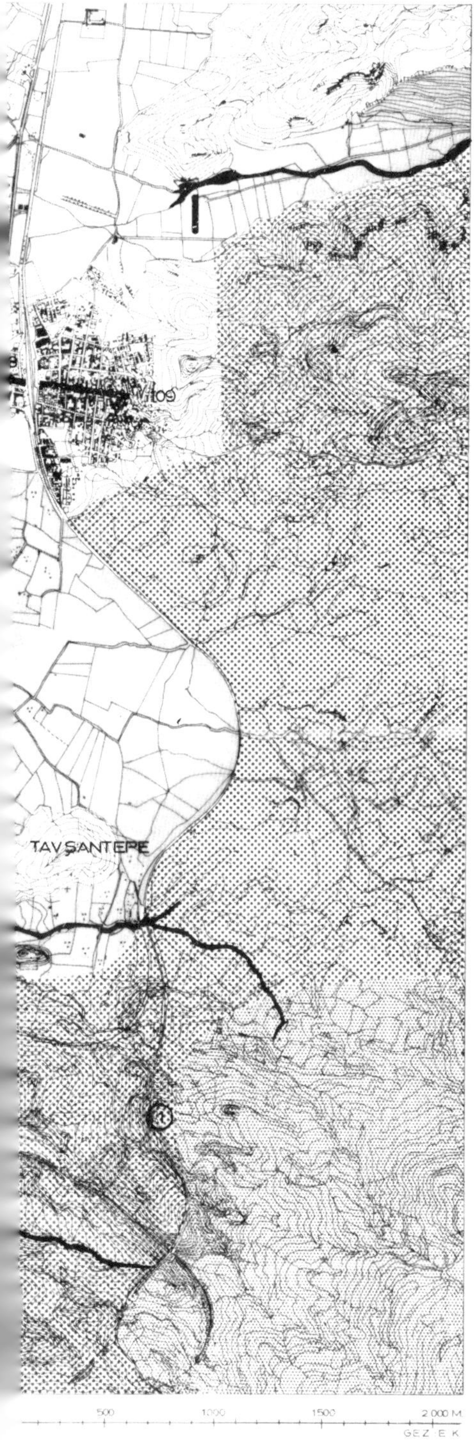

FELDER, BAUMWOLLE, CITRUSFRÜCHTE, PFIRSICHE
PINIEN
WEIDE
MACCHIE
FEIGEN, ÖLBÄUME
KAHLSTELLEN
▲ LATRINEN
■ ZISTERNEN, WASSERBEHÄLTER
● SCHACHTBRUNNEN, HÖHLE
AQUÄDUKTE
ABWASSERKANÄLE
GEWÄSSER, (BÄCHE)
① ALTE EISENBAHNTRASSE
② NEUE EISENBAHNTRASSE

96 Zisterne auf der Zitadelle
97 Zisterne westlich des Atriums der Johanneskirche
98 byzantinischer Wasserbehälter
99 Latrine im Vediusgymnasion
100 Zisterne
101 Zisterne auf dem Panyirdağ
102 Latrine bei der Scholastikiatherme
103 Schachtbrunnen im „Freudenhaus"
104 Zisterne
105 Schachtbrunnen im Hanghaus 2
106 Latrine in der Domitiansterrasse
107 Zisterne
108 Schachtbrunnen auf der oberen Agora
109 byzantinischer Aquädukt in Selçuk

EPHESOS: BRUNNEN

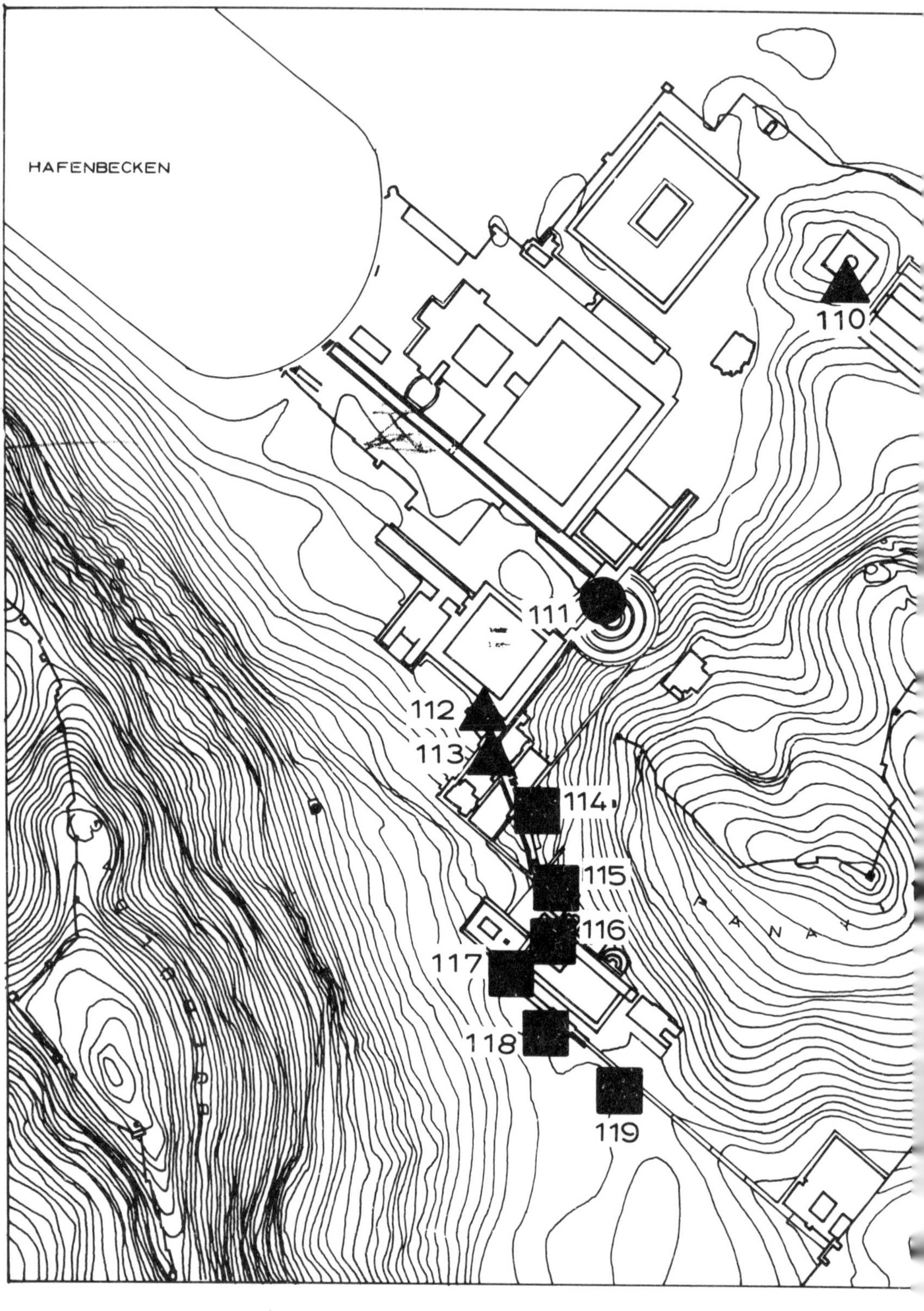

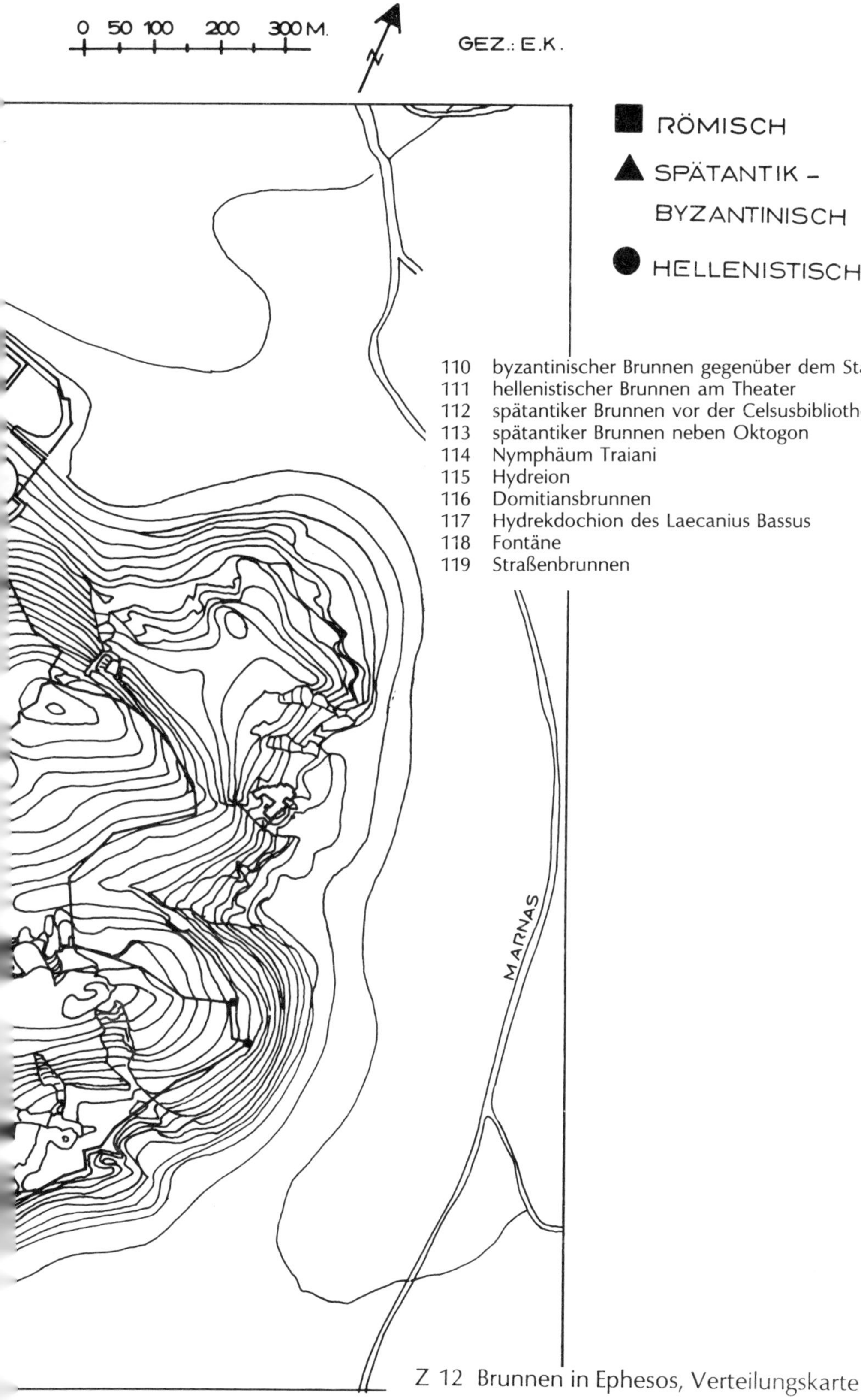

110 byzantinischer Brunnen gegenüber dem Stadion
111 hellenistischer Brunnen am Theater
112 spätantiker Brunnen vor der Celsusbibliothek
113 spätantiker Brunnen neben Oktogon
114 Nymphäum Traiani
115 Hydreion
116 Domitiansbrunnen
117 Hydrekdochion des Laecanius Bassus
118 Fontäne
119 Straßenbrunnen

Z 12 Brunnen in Ephesos, Verteilungskarte

EPHESOS, BÄDER (THERMEN)

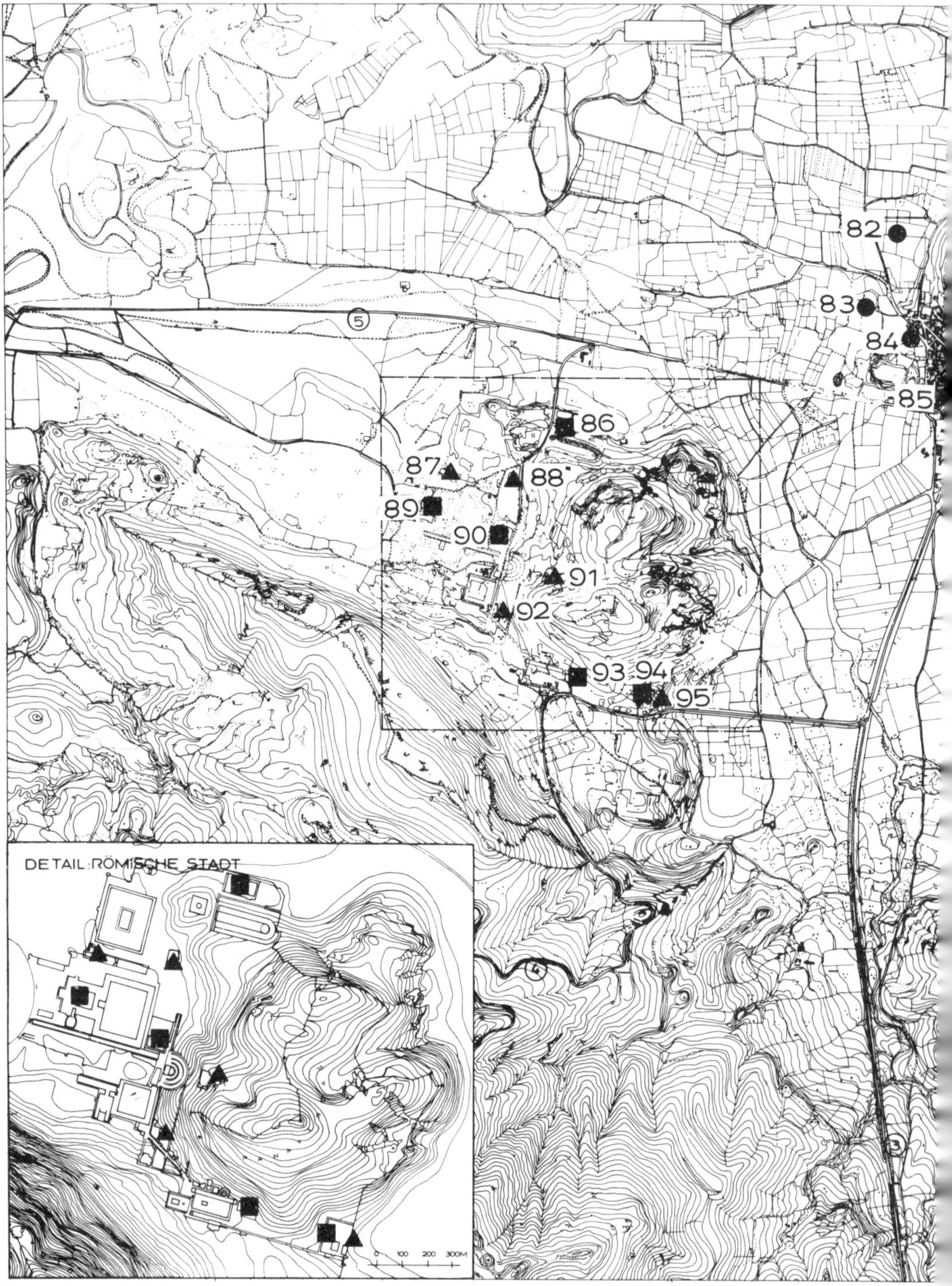

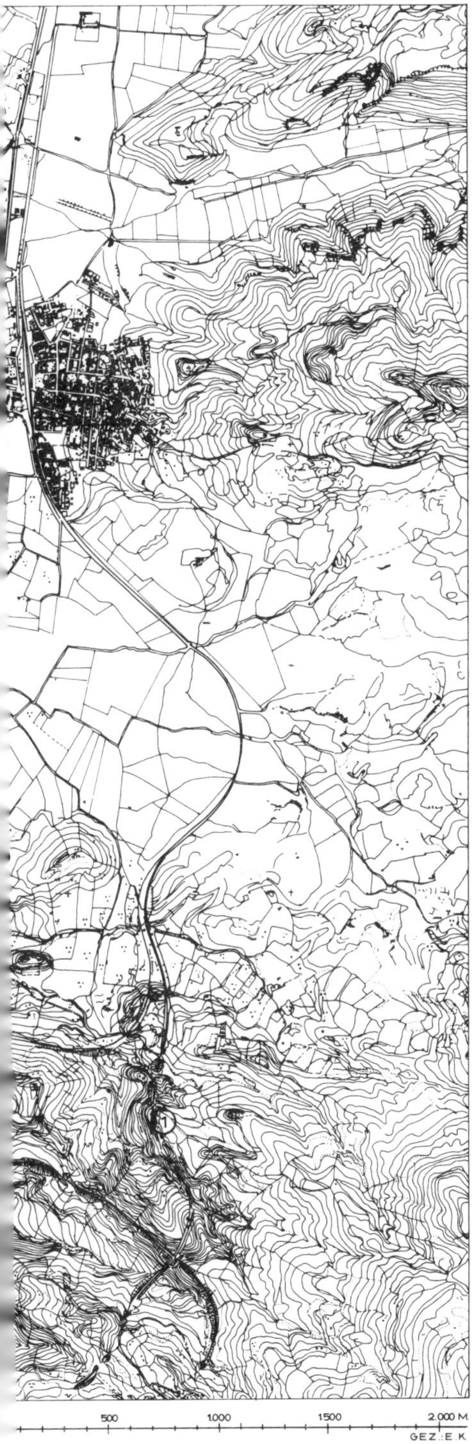

82–85 seldschukische Bäder
86 Vediusgymnasion
87 Bad in der Marienkirche
88 sog. byzantinisches Bad
89 Hafenthermen (Constantiusthermen)
90 Theatergymnasion
91 byzantinisches Bad im Haus über dem Theater
92 Scholastikiatherme (Bad des Varius)
93 sog. Variusbad
94 Ostgymnasion
95 byzantinischer Anbau an das Ostgymnasion

Z 13 Bäder und Gymnasien in Ephesos, Verteilungskarte

3. jene durch das Klaseastal von Şirince herab[63];
4. eine Wasserleitung um den Panayırdağ[64];
5. eine Wasserleitung aus dem Kaystertal, vorbei am Mausoleum von Belevi[65], sowie
6. die byzantinische Wasserleitung mit dem Aquädukt in Ayasoluk[66].

Forchheimer[67], der die Leitungen bereits 1923 ausführlich studierte, berechnete, daß täglich etwa 9000 m³ Wasser aus diesen Leitungen zur Verfügung standen. In den letzten Jahren entstanden genauere Untersuchungen über die Wasserleitung von Pergamon[68], die Wasserleitung des Eupalinos auf Samos[69], ferner über Leitungen bei Caesarea in Israel[70], in Spanien[71], Palmyra[72] und Urartu[73]. Forchheimer hat auch einige Querschnitte offener Gerinne im Gelände feststellen können. Die Wasserleitung in Richtung Kuşadası (Değirmendere) maß an einer Stelle 0,40 × 0,70 m, das Gerinne in einem Stollen am Bülbüldağ 0,58 × 0,63 m, eine gewölbte Leitung der Wasserleitung am Ostfuß des Panayırdağ 1,08 × 1,95 m, und die Marnaswasserleitung 0,31 × 0,28 m. Die Maße sind zwar sehr unterschiedlich, aber diese spärlichen Angaben reichen nicht aus, um auch nur annähernd die Wassermengen zu berechnen, die täglich nach Ephesos flossen. Für Rom, dessen Aquädukte viel besser flossen, ist dies versucht worden[74], und auch für Athen gibt es gut fundierte Untersuchungen[75].

Der Zugang zum Wasser war in Ephesos teils durch öffentliche Brunnen gegeben (Z 12), teils durch Leitungen direkt in die öffentlichen und privaten Anlagen[76]. Innerhalb der Stadt erfolgte die Wasserverteilung durch Tonröhren. Im Stadtzentrum gab es an den Hauptstraßen viele Lauf- und Schöpfbrunnen (Abb. 9, 26, 28, 43). Wie sich dies an der Peripherie verhält, läßt sich schwer sagen, da diese Gebiete bislang kaum ausgegraben wurden. Einem gewaltigen zusätzlichen Wasserbedarf scheint die Stadt durch den Bau der großen Badeanlagen (Z 13) im 2. Jh. n. Chr. gegenübergestanden zu sein (Abb. 16). Die Überreste der großen Aquädukte (Abb. 4) lassen aber keine Aussage darüber zu, ob ihre Zahl deshalb vermehrt worden ist[77].

Im Hellenismus entstanden nördlich von Ephesos zahlreiche Zisternen, welche zur Bewässerung der neu erschlossenen Gebiete im Kaystertal dienen sollten. Ein besonders auffallendes Beispiel ist eine große zweiteilige Zisterne am Fuß des Berges, auf dem das Keçikalesi steht[78]. Sie besteht aus einem Klär- und einem Schöpfbecken. Weitere Zisternen, offenbar aus byzantinischer Zeit, gab es in der byzantinischen Stadt, auf dem Panayırdağ und dem Ayasolukhügel[79] (Abb. 66). Hinzu kamen die Schachtbrunnen, die eine Tiefe bis zu 16 m haben konnten. Einer wurde im Hanghaus 2 gefunden, ein weiterer auf der oberen Agora und ein dritter in der Insula des sog. Freudenhauses. Auffallend ist, daß der Ayasolukhügel keine Brunnen bzw. Quellen aufweist.

Die byzantinische Wasserleitung muß auch in seldschukischer Zeit noch in Verwendung gewesen sein, denn anders dürften die zahlreichen Bäder am West- und Südhang des Hügels (Abb. 21) kaum in Betrieb zu halten gewesen sein (vgl. Kap. 11).

1 M. P. Crouch, AJA 88, 1984, 353 ff.; – C. R. Ortloff, R. A. Feldman, M. E. Moseley, JFieldA 12, 1985, 77 ff.; – J. W. Eadie, J. P. Oleson, BASOR 262, 1986, 49 ff.; – R. Miller, WorldA 11, 1980, 331 ff.

2 Der Vergleich des organischen Systems der Tiere mit dem menschlichen Sozialsystem durch einige ethnologische Funktionalisten hat zu unglücklichen Mißverständnissen geführt. Aber A. R. Radcliffe-Brown schreibt ausdrücklich in Structure and Function in Primitive Society (1952) 178 f., daß die Zellen mit der Zeit ausgetauscht werden, ohne daß die Struktur des Organismus verändert wird, während ein soziales System sich verändern kann, ohne daß die Einzelelemente ihren Zusammenhang verlieren. Vgl. R. Layton in C. Renfrew, The Explanation of Culture, Models in Prehistory (1973) 500. – Neuerdings ist der Unterschied zwischen organischen und sozialen Systemen besser von W. Buckley, Sociology and Modern System Theory (1965), und W. J. M. Mackenzie, Politics and Social Science (1967), erklärt worden. Während bei der biologischen Selektion genetisches Material zufällig ausgetauscht wird, erfolgt der Informationsaustausch in Gesellschaften unmittelbar durch Beobachtung und Lernen. Besonders T. Parsons war ein Pionier in der Erforschung einer Gesellschaft als ein einziges System, womit er ein Modell aufstellte, das eine Alternative zur marxistischen geteilten Gesellschaft bieten wollte, vgl. T. Parsons, The Social System, deutsch (1976); – ders., Sociological Theory and Modern Society (1967). – Layton, a.O. 515, glaubt im Gegensatz zu Bertalanffy (An Outline of General Systems Theory, Brit. Journal of the Philosophy of Science 1, 1950, 134 ff.) nicht, daß ein Wandel in den natürlichen oder sozialen Bedingungen automatisch eine Antwort im sozialen Leben bewirkt (vgl. auch J.-F. Lyotard, Das postmoderne Wissen [1986] 42 ff.). So versuchen verschiedene Akteure sogar, aus demselben sozialen Milieu unterschiedliche Ziele zu maximieren. Außerdem nehmen die Beteiligten nicht unbedingt das rationellste Mittel zu Hilfe, um ihr gewähltes Ziel zu erreichen. Daher ist es ein Irrweg zu glauben, daß menschliches Verhalten direkt mit der menschlichen Umwelt gekoppelt sei. Genauso falsch ist es zu glauben, daß politische Erneuerungen direkt mit der Aktivität verbunden sind, mit der Menschen ihre natürlichen Resourcen nützen. Veränderte Bedingungen können nur die Parameter eines Wandels angeben, nicht mehr.

3 W. L. Rathje, in J. A. Sabloff, C. C. Lamberg-Karlovsky, Ancient Civilization and Trade (1975) 411 ff.

4 I. Hodder, in C. Renfrew, S. Shennan, Ranking, Resource and Exchange (1982) 150.

5 J. Gledhill, J. M. Rowlands, in Renfrew/Shennan a.O. 145; – L. Althusser, E. Balibar, Das Kapital lesen (1972).

[6] L. Neesen, Gnomon 57, 1985, 316 ff.

[7] Die Umwelt einer Population sind geographische Bedingungen und andere menschliche Populationen. Allgemein bezeichnet „Umwelt" alle materiellen Aspekte der Wirklichkeit, die unabhängig von der gegebenen Population sind. Eine menschliche Population ist also ein System, das sich zwar aus Individuen zusammensetzt, aber nur als Ganzes fähig ist, sich über Generationen ‚fortzupflanzen', sowohl biologisch als auch kulturell. Damit eine Population in ihrer Umwelt überleben kann, muß ihr Aufwand zur Lösung ihrer Umweltprobleme mindestens gleich groß ihren elementaren Bedürfnissen sein. Vgl. M. Henneberg, J. Ostoja-Zagorski, Journal of Anthropological Archaeology 3, 1984, 43 f.; – meßbare Größen eines menschlichen Systems sind die Zahl der Individuen, Alter, Geschlecht, räumliche Verteilung etc. Zur Systemtheorie in der Archäologie vgl. M. K. Eggert, PZ 53, 1979, 69 ff.

[8] B. Schmidt, Postmoderne, Strategien des Vergessens (1986).

[9] B. D. Shaw, Antiquité Africaine 20, 1984, 144.

[10] P. Louis, L'eau et sa legislation chez Platon et Aristote, in L'homme et l'eau II (1982) 103 ff.; – J. Rougé, La legislation justinienne de l'eau, ebenda 111 ff.

[11] S. Argoud, in J. Métral, D. Saulaville, L'homme et l'eau I (1981) 69 ff.

[12] K. A. Wittfogel, Oriental Despotism (1957); – L. Krader, The Asiatic Mode of Production (1975); – Wittfogel war der erste soziologisch interessierte Historiker, der auf die Bedeutung der Natur als Umwelt hinwies, vgl. M. Greffrath, Die Zeit 38, 1986, 50

[13] B. Hindess, P. Q. Hirst, Pre-capitalist Modes of Production (1975) 178 ff.; – T. F. Glick, Irrigation and Society in Medieval Valencia (1970) 172; – E. R. Leach, Hydraulic Society in Ceylon (1955); – W. Eberhard, Social Forces in Medieval China 2 (1965) 74 ff.; – C. Geertz, The Water and the Dry: Human Ecology 1 (1972) 23 ff.

[14] Shaw a.O.

[15] Shaw a.O. 144 ff.; – allgemein: N. Smith, A History of Dams (1972). Vgl. auch J. Knauss, B. Heinrich, AA 1986, 583 ff. J. Schmidt, R. Schock, M. Gerig, U. Brunner, Arch. Ber. Yemen 1 (1982) 9 ff.

[16] W. M. Murray, AJA 81, 1984, 195 ff. und 203; – auch moderne Dämme verschlammen in der Türkei, vgl. W.-D. Hütteroth, Türkei. Wiss. Länderkunden 21 (1982) 176 f.

[17] K. O. Pope, T. H. van Andel, JAS 11, 1984, 281 ff.; – J. Berthémont, Sur l'origine de l'agriculture hydraulique, in L'homme et l'eau 2 (1982) 7 ff.; – O. Aurenche ebenda 35 ff. U. Brunner, Arch. Ber. Yemen 2 (1983).

[18] SBWien, m.-n. Kl. 115, 1906, 245; – neu: nach S. Erinç bei N. Güldali, Geomorphologie der Türkei, TAVO 4 A (1979) 186 ff.

[19] O. Benndorf, FiE 1 (1906) 68 f.; – J. Keil, ÖJh 21/22, 1922/24, 116 f.; – letzterem folgt Meriç in einer Karte in IvE VIII/1 (1981) 100.

[20] Allg. auch N. Güldali a.O. Abb. 46.

[21] T. H. van Andel, J. C. Shackleton, JFieldA 9, 1982, 445 ff.; – C. Vita-Finzi, in D. J. Stanley (Hrsg.), The Mediterranean Sea (1972) 45; – O. Erol, Bull. Soc. Géol. de France 18, 1976, 459 ff.; – vgl. hierzu: Ein kleinasiatisches Atlantis.

[22] Vgl. die Inschrift über die Säuberung des Hafenkanales, D. Knibbe, in Führer durch das Museum Selçuk (1974) 58 ff., Inv.Nr. 1633; – R. Merkelbach, ZPE 25, 1977, 208 ff.; – Keil, ÖJh 44, 1959, 142 ff.

[23] J. C. Kraft, G. Rapp, S. E. Aschenbrenner, BulGA 16, 1975, 1091 ff.

[24] W. Hütteroth a.O. 62; – I. Kayan, D. Kelletat, J.-F. Venske, Küstenmorphologie der Region zwischen Karaburun und Fiğlaburun westlich Alanya/Türkei, in H. K. Barth, TAVO 9 A (1985) Beiheft, 17 ff.; – vgl. auch J. K. Stein, G. Rapp, in Studies in Honour of W. A. McDonald (1985) 143 ff.

[25] A. Furtwängler, in J. Schäfer, W. Simon (Hrsg.), Strandverschiebungen. Ruperto

Carola Heidelberg (1981) 147 ff.
26 Vgl. Stein/Rapp a.O.
27 C. Vita-Finzi, Archaeological Sites and their Setting (1978). – Zur Dünenbildung in prähistorischer und historischer Zeit in den Niederlanden und ihrer archäologischen Bedeutung vgl. S. Jelgersma, J. de Jong, W. Zagwijn, J. F. van Regteren Altene, ROB 24, Nachdr. auch Med. Rijks Geol. Dienst 21, 1970, 93 ff.
28 S.o. Kap. 3 Anm. 32 und 33.
29 Tijdschrift Kon. Ned. Aardr. Gen. 79, 1962, 234 ff.; – ders., Nature 203, 1964, 1061; – ders., in E. Brice, The Environmental History of the Near East (1978) 67 ff.; – vgl. auch M. C. J. Walker, Reconstructing Quaternary Environment (1984) 56 ff.
30 J. Keller, in Thera and the Aegean World II (1980) 49 ff.; – F. W. McCoy ebenda 57 ff.
31 AA 1968, 406, durchgeführt von H. Felber vom Radiuminstitut Wien.
32 AA 1968, 414 Abb. 23 f.
33 Kayan/Kelletat/Venske a.O. (s.o. Anm. 24).
34 Jelgersma/de Jong/Zagwijn/van Regteren Altene a.O.
35 J. L. Bintliff, in A. Harding (Hrsg.), Climate Change in later Prehistory (1982) 193 ff.; – McCoy a.O. 79 ff.; – H. E. Wright, in Studies in Honour of W. A. McDonald (1985) 183 ff.; – vgl. dazu die Klimaverhältnisse in Südafrika: J. Prior, D. P. Williams, JAS 12, 1985, 457 ff.
36 H. Flohn, Das Problem der Klimaänderungen in Vergangenheit und Zukunft (1985) 123 ff.; – H. H. Lamb, in A. Harding (Hrsg.), Climate Change in Later Prehistory (1982) 25 ff.
37 S. Erinç, in W. C. Brice, The Environmental History of the Near East (1978) 98.
38 Bintliff a.O. 153.
39 Flohn a.O.; – Lamb a.O.; – Erinç a.O. 91 ff.; – 0. Erol, in Brice a.O. 111 ff.
40 W. Roberts, Quaternary Research 19, 1983, 154 ff.
41 Erinç a.O.; – Hütteroth a.O. 126 f.
42 Hütteroth a.O. 128.
43 C. Vita-Finzi, Mediterranean Valley (1969); – ders., Man 1969, 605 ff., hat erkannt, daß die mediterranen Flußtalfüllungen nicht einer einzigen Phase, sondern einer älteren in prähistorischer Zeit und einer jüngeren in historischer Zeit angehören. Danach war zwischen 18.000 und 8000 v. Chr. die Flußsedimentation im Mittelmeerraum gering, von 8000 bis 3000 v. Chr. aber hoch. Bis Christi Geburt stieg der Ablagerungsertrag in den Deltas an; bis 1700 n. Chr. gab es wieder eine geringere Sedimentation mit Ton und Feinsandanteilen und seither wieder einen hohen Sedimentationszuwachs mit starker Ablagerungsintensität.
44 C. N. Raphael, in Brice a.O. 64; – Bintliff a.O. 154 ff.; – B. P. Shaw, in T. M. L. Wigley, M. J. Ingram, G. Farmer, Climate and History (1981) 395.
45 Shaw a.O.; – Bintliff, Proceedings of the Prehistoric Society 41, 1975, 78 f.; – ders., Natural Environment and Human Settlement in Prehistoric Greece, BAR Suppl. (1977).
46 So Eisma, Tijdschrift van het Kon. Ned. Aardr. Gen. 79, 1962, 234 ff.; – ders., Nature 203, 1964, 1061; – ders., in Brice a.O. 67 ff.
47 K. O. Pope, T. van Andel, JAS 11, 1984, 279 ff.
48 Bintliff a.O. 157 (oben Anm. 35).
49 J. C. Kraft, I. Kayan, C. Erol, Science 209, 1980, 776 ff.; – dies., Troy Suppl. IV (1982) 17 ff.; – M. Korfmann, AA 1984, 165 ff.
50 Strabo X, 574.
51 Zusammenfassend nach Erinç (s.o. Anm. 18).
52 Athenaios 8, 361 (nach Kreophylos).

[53] R. Meriç in Festgabe H. Vetters (1985) 30 ff.
[54] D. Knibbe, Führer durch das Museum von Selçuk (1974) 98 ff., Inv.Nr. 1633; – R. Merkelbach, ZPE 25, 1977, 208 ff.; – Keil, ÖJh 44, 1959, 142 ff.
[55] Gestiftet von der Österreichischen Nationalbank.
[56] R. Meriç, Karte des Kaystertales in IvE VII, 1 (1981); – D. Knibbe, R. Meriç, R. Merkelbach, ZPE 33, 1979, 139.
[57] U. Muss, C. Schubert-Triebel, Hephaistos 5/6, 1983/84, 37 ff.
[58] Zu den topographischen Verhältnissen des oberen Mäandertales, von wo aus man über den Bozdağ (Tmolos) nach Sardes gelangte, vgl. C. Foss, CalifStClAnt 11, 1979, 27 ff.
[59] ÖJh 50, 1972/75, Beib. 381 f.; – R. Malinowski, R. Fahlbusch, Mitt. Leichtweißinst. 71, 1981, 207.
[60] IvE 1530; – P. Forchheimer, FiE 3 (1928) 224 ff.
[61] Sie ging über den Pollioaquädukt, W. Alzinger, Augusteische Architektur (1972) 21 ff.; – IvE 402.
[62] IvE 401; – O. Benndorf, FiE 1 (1906) 69 f.; – Forchheimer a.O. 228 ff.
[63] Forchheimer a.O. 243 ff.; – sie lieferte angeblich im Jahre 1897 270 m^3 pro Tag.
[64] Forchheimer a.O. 236 f.
[65] F. Eichler, AnzWien 98, 1961, 74, vgl. dazu das Edikt des A. Vicirius Martialis, IvE 3217.
[66] Forchheimer a.O. 239 ff.; – IvE 4309.
[67] Forchheimer a.O. 236.
[68] G. Garbrecht, G. Holtdorff, Wasserwirtschaftliche Anlagen des antiken Pergamon, Mitt. Leichtweißinst. 37, 1973; – Garbrecht, in Pergamon, Ges. Aufsätze (1972) 43 ff.
[69] W. Kastenbein, AA 1960, 178 ff.; – U. Jantzen u.a., AA 1973, 72 ff.; – J. Kienast, Architectura 7, 1977, 97 ff.
[70] IEJ 27, 1977, 135 ff.
[71] JRS 60, 1970, 171 ff.; – P. R. Lewis, G. D. B. Jones, AntJ 49, 1969, 244 ff.
[72] D. Crouch, Studia Palmyrenskie (1975) 165.
[73] G. Garbrecht, WorldA 11, 1980, 306 ff.
[74] T. Ashby, The Aqueducts of Ancient Rome (1935); – E. van Deman, The Buildings of the Roman Aqueducts (1934); – Il trionfo dell'acqua. Acque ed Acquedotti a Roma. Kat. Ausstellung Rom, Comune di Roma (1986); – D. R. Blackman, BSR 46, 1978, 52 ff.; – zu Frontin: A. T. Hodge, AJA 88, 1984, 205 ff.
[75] J. McKesson Camp, The Water Supply of Ancient Athens from 3000 to 86 B.C. Diss. Ann Arbor (1979); – Silbermine in Laurion: Arch. Reports 81/85, 106 ff.; – allgemein zur Wassertechnologie: N. A. F. Smith, Man and Water: A History of Hydrotechnology (1975).
[76] Zu Brunnen vgl. R. Tölle-Kastenbein, AA 1985, 451 ff.; – F. Glaser, Antike Brunnenbauten in Griechenland (1983); – W. Jobst, in Festschrift F. W. Deichmann, RGZM-Monographien 10 (1986) 47 ff.
[77] Zu den ephesischen Wasserleitungen und Brunnen vgl. auch W. Alzinger, RE Suppl. XII (1970) 1604 ff.
[78] Hinweis R. Meriç.
[79] Jobst a.O.; – zu den wasserrechtlichen Fragen in der Antike: P. Louis, in L'homme et l'eau 2 (1982) 103 ff.; – J. Rougé ebenda 111 ff.

Als Fremde sahen, daß Heraklit sich am Küchenofen wärmte, blieben sie stehen, er aber bat sie ohne Scheu einzutreten, denn auch an diesem Ort seien Götter
Nach Aristoteles

Ephesos – eine apokalyptische Siedlung

Wer in Ephesos Wohnbauten sehen möchte, wird die römischen Insulae am Fuße des Bülbüldağ besichtigen, die heute teilweise mit einem modernen Schutzdach (Abb. 48) versehen sind. Die Siedlungen der prähistorischen, mykenischen, archaischen, klassischen und hellenistischen Zeit können nicht aus Wohnbauten selbst, sondern müssen aus Anlagen anderer Natur und aus Gräbern erschlossen werden. Es gibt lediglich zwei Ausnahmen, die Häuser auf der Burg von Melie auf der Mykale, und Häuser an der Nordseite der Halbinsel Yılancı Burun bei Kuşadası (Abb. 35), die vermutlich aus klassischer Zeit stammen. Die Geschichte des Siedelns im ephesischen Gebiet ist gekennzeichnet von Veränderungen von Siedlungsplätzen und Wiederbelebungen alter Siedlungsplätze in späterer Zeit.

Für den Wechsel eines Siedlungsplatzes können anthropologische oder ökologische Ursachen verantwortlich gemacht werden. Zu den letzteren zählen Dürren[1] und Überschwemmungen, Hungersnöte, oft auch eine Verringerung der landwirtschaftlichen Nutzbarkeit des Bodens. Nicht jeder Boden eignet sich für neue landwirtschaftliche Ansprüche[2].

In der Archäologie ergeben sich Aussagen nicht aus einer bloßen Vorlage des Materials, sondern es müssen auch bestimmte Fragen gestellt werden. Fragt man etwa, warum in Ephesos nach dem Zweiten Weltkrieg bestimmte Aufgaben wahrgenommen worden sind und andere nicht, so ist dies auf bestimmte Denkweisen der österreichischen Nachkriegssituation zurückzuführen. Dazu gehört die Wiederaufbaumentalität. Die Zerstörung durch die Geschichte wurde als negativ empfunden und negiert. Der traumatische Zustand der durch

Bomben zerstörten Städte sollte möglichst schnell aufgehoben werden. Analoge Zielsetzungen führten in Ephesos zur Leugnung des Historischen in der Archäologie und zur Vernachlässigung von Anlagen, die keinen monumentalen Charakter zeigten. Es gab auch kaum Surveys und keine quantitativen Untersuchungen. Fragen quantitativer Art, etwa nach der Verteilung und Veränderung von Massenkeramik, können Antworten aus der Archäologie erhalten, die auf einer Ebene erfolgen, die sonst untergeht[3]: Aus Häufigkeits- und Regressionsanalysen der Verteilung von dekorierter Keramik in bestimmten Raumgruppen sind Aussagen für topographische Fragestellungen gewonnen worden. Wenn deren Dekorationselemente noch mit Vasendekorationen eines Begräbnisplatzes verknüpft werden können, so läßt sich folgern, daß die Bewohner einer Raumgruppe an einem bestimmten Begräbnisplatz bestattet worden sind[4].

Die topographische Frage spielte in der Ephesosforschung immer eine große Rolle. Da ältere Fundplätze nur in beschränkter Zahl vorhanden waren, wurden vor allem römische Überreste und literarische und inschriftliche Quellen herangezogen. Wie nicht anders zu erwarten, kam es zu sehr unterschiedlichen Lokalisierungen namentlich bekannter Berge, Häfen und Ortsviertel wie Koressos, Pion, Panormos und Smyrna[5]. Dabei hat sich gezeigt, daß die antiquarische und epigraphische Forschung bisweilen eine große Zahl von Lösungen zuläßt. Beiträge der Feldarchäologie zu dieser Problematik sind bislang eher sporadischer und zufälliger Art. Hier wird erst die Einführung von systematischen und mathematischen Methoden einen grundsätzlichen Fortschritt schaffen[6]. So wird das Studium der Einzugsbereiche (Catchment Analysis), der Vernetzung von Bodenressourcen, Fragen der Wasserversorgung, der Sicherheit etc. neue Einsichten erschließen.

Das grundlegende Problem in Ephesos ist, daß es den Siedlungsplatz schlechthin nicht gibt. Statt dessen gibt es eine Reihe von neben- und untereinanderliegenden Siedlungsplätzen, die alle verschiedenen Zeiten angehören. Sowohl die prähistorischen und archaischen als auch die byzantinischen und mittelalterlichen Siedlungsplätze weisen eine große Streuung auf und konzentrieren sich offenbar nicht auf ein Kerngebiet.

Aus dem Spätchalkolithikum und der Frühbronzezeit gibt es Wohnhügel in der Ebene eines Nebenflusses des Kayster nördlich von Ephesos, die von R. Meriç untersucht worden sind[7]. Es sind dies der

Sinektepe, der Arapkahvehüyük und der Kabacakirihüyük (Z 14). Diese Hügel in der Umgebung der hellenistischen Stadt Metropolis (Z 3) und der modernen Stadt Torbali ragen etwas aus der fruchtbaren Ebene heraus. Allerdings lassen die bisherigen Untersuchungen keine Aussagen über prähistorische Wohnhäuser auf diesen Hügeln zu. Ein weiterer prähistorischer Wohnhügel ist derjenige an der Küste südlich von Ephesos, auf dem heute das Feriendorf Kuştur liegt. Die Keramik, die hier gefunden wurde und nicht von Gräbern stammt, zeigt, daß auch dieser Platz im Spätchalkolithikum und in der Frühbronzezeit besiedelt war[8].

In der Spätbronzezeit, der mykenischen Epoche, wurden grundsätzlich neue Siedlungsplätze erschlossen. Dazu gehören einmal die Burghügel Ilıcatepe (Abb. 34) südlich von Kuşadası und Büyükkale im Kaystertal zwischen Belevi und Tire, dann die Halbinsel Yılancı Burun bei Kuşadası, der Ayasolukhügel in Selçuk, Halkapinar westlich vom Büyükkale und weiter nördlich in Kolophon. Von den Burgen sind mächtige Kyklopenmauern erhalten (Z 1, 26).

Jene des Ilıcatepe (Abb. 34) war sogar zweischalig und hatte einen Durchmesser von 320 m[9]. Auf der Yılancı Burun gibt es nur Scherben[10], in Halkapinar[11], Ayasoluk[12] und Kolophon[13] wurden Gräber gefunden.

„Wie die Alten sungen . . .“

Die archaischen Siedlungsplätze werden teilweise wieder auf bronzezeitliche Siedlungsplätze gelegt, z. B. auf die Wohnhügel bei Torbalı[14] und die Halbinsel Yılancı Burun[15] (Abb. 35), teilweise werden auch neue Gebiete erschlossen, wie das Innere der ephesischen Bucht, ferner Arvalia (Ortygia) und Melie auf der Halbinsel Mykale[16] (Z 15). Abgesehen von dem Antenhaus und dem Ovalhaus in Melie[17] gibt es keine erhaltenen archaischen Häuser im ephesischen Gebiet. Dagegen vermitteln die Wohnhäuser in Altsmyrna – Bayraklı[18] und in Sardes[19] ein gutes Bild von den archaischen Wohnverhältnissen in Kleinasien. Im Laufe der archaischen Zeit tritt eine langsame Veränderung des rechteckigen Wohnraumes zum quadratischen ein[20], außerdem wird durch einen Gang ein weiterer Wohnraum erschlossen. Auch die Oval- und Apsidalhäuser von Altsmyrna, Melie und im Artemision von Ephesos sind bemerkenswert[21]. Es zeigt sich, daß eine lange Tradition von den

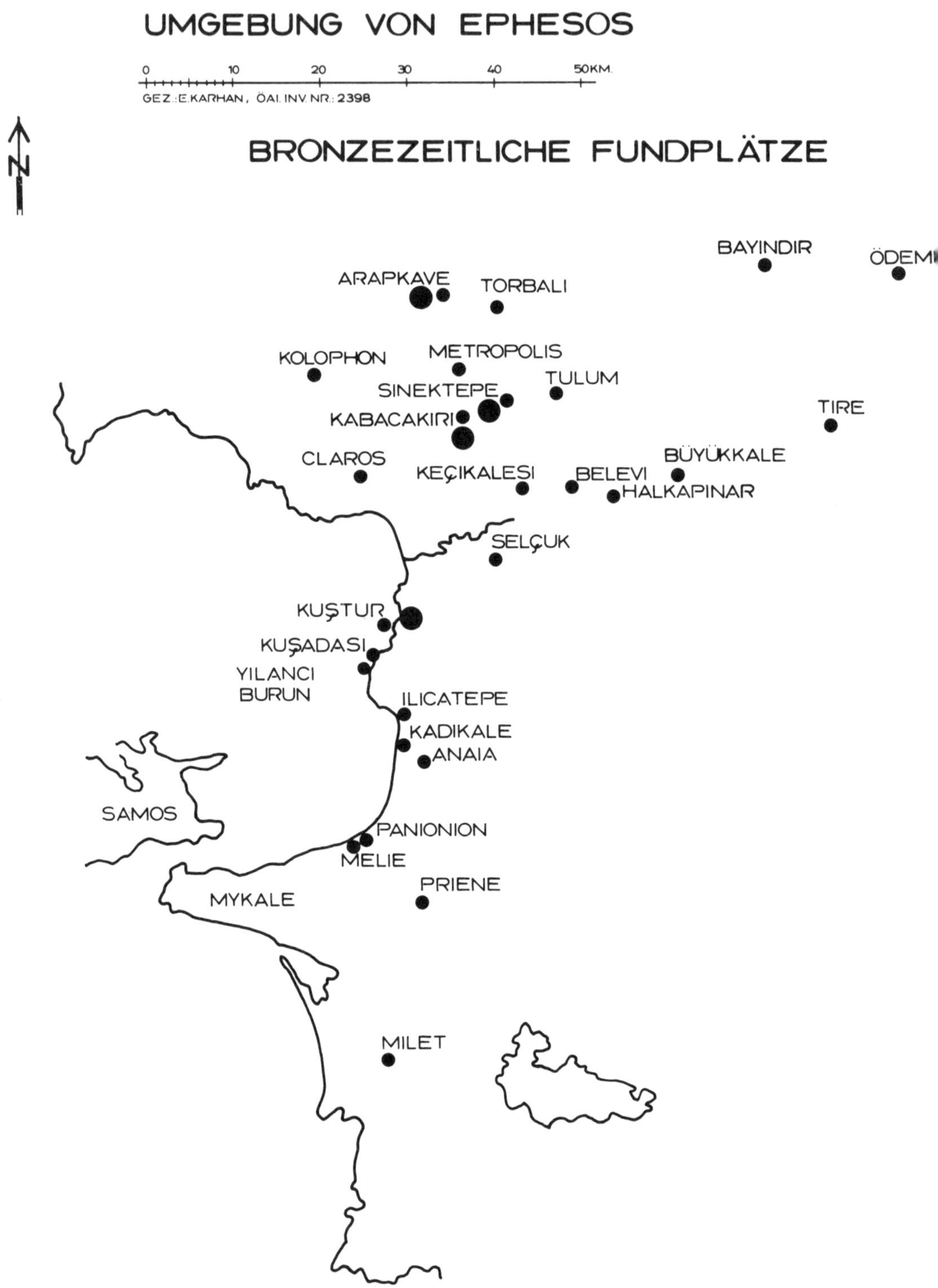

Z 14 Bronzezeitliche Fundplätze in der Umgebung von Ephesos

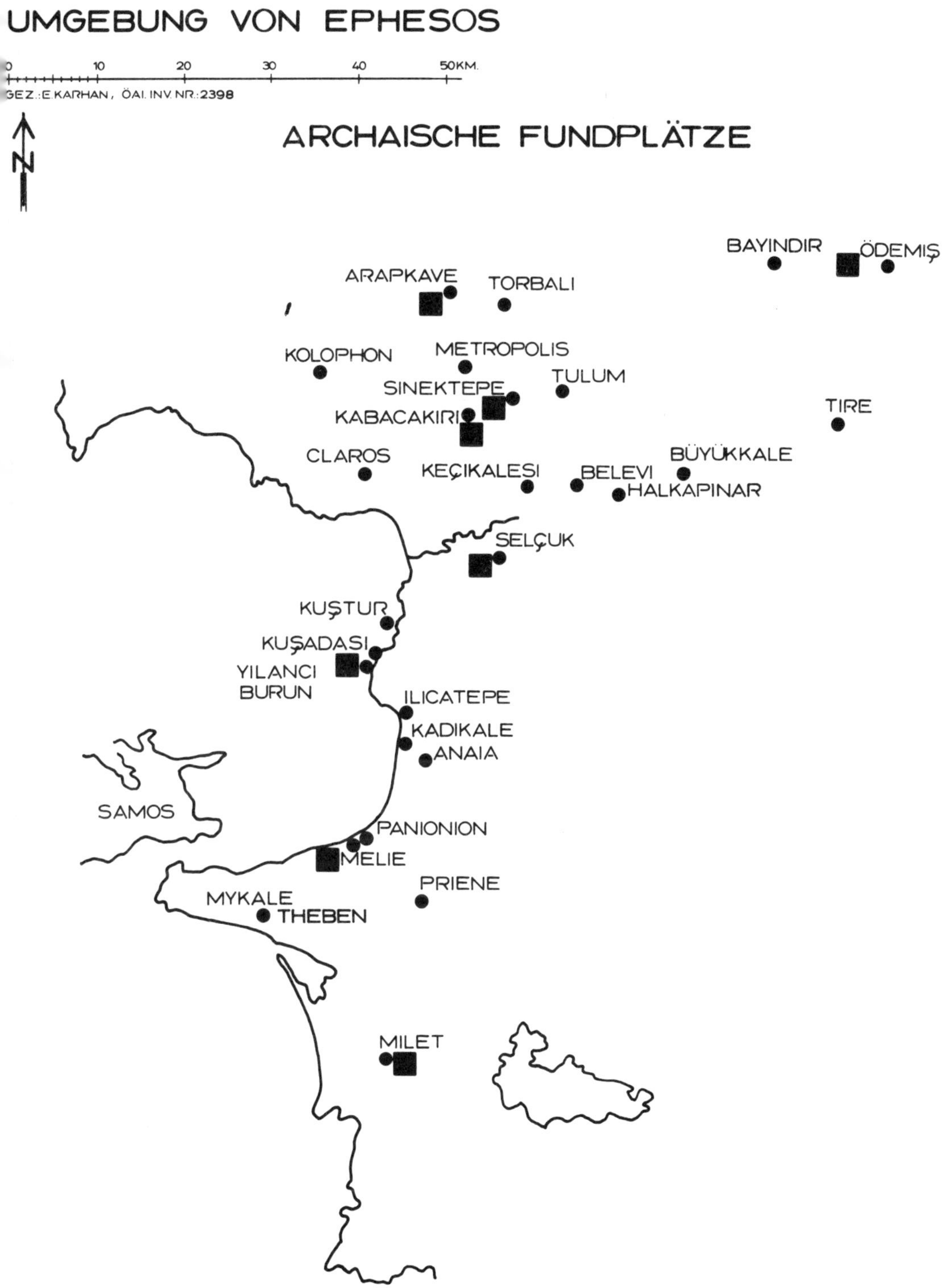

15 Archaische Fundplätze in Ephesos und Umgebung

GRÄBER IN EPHESOS

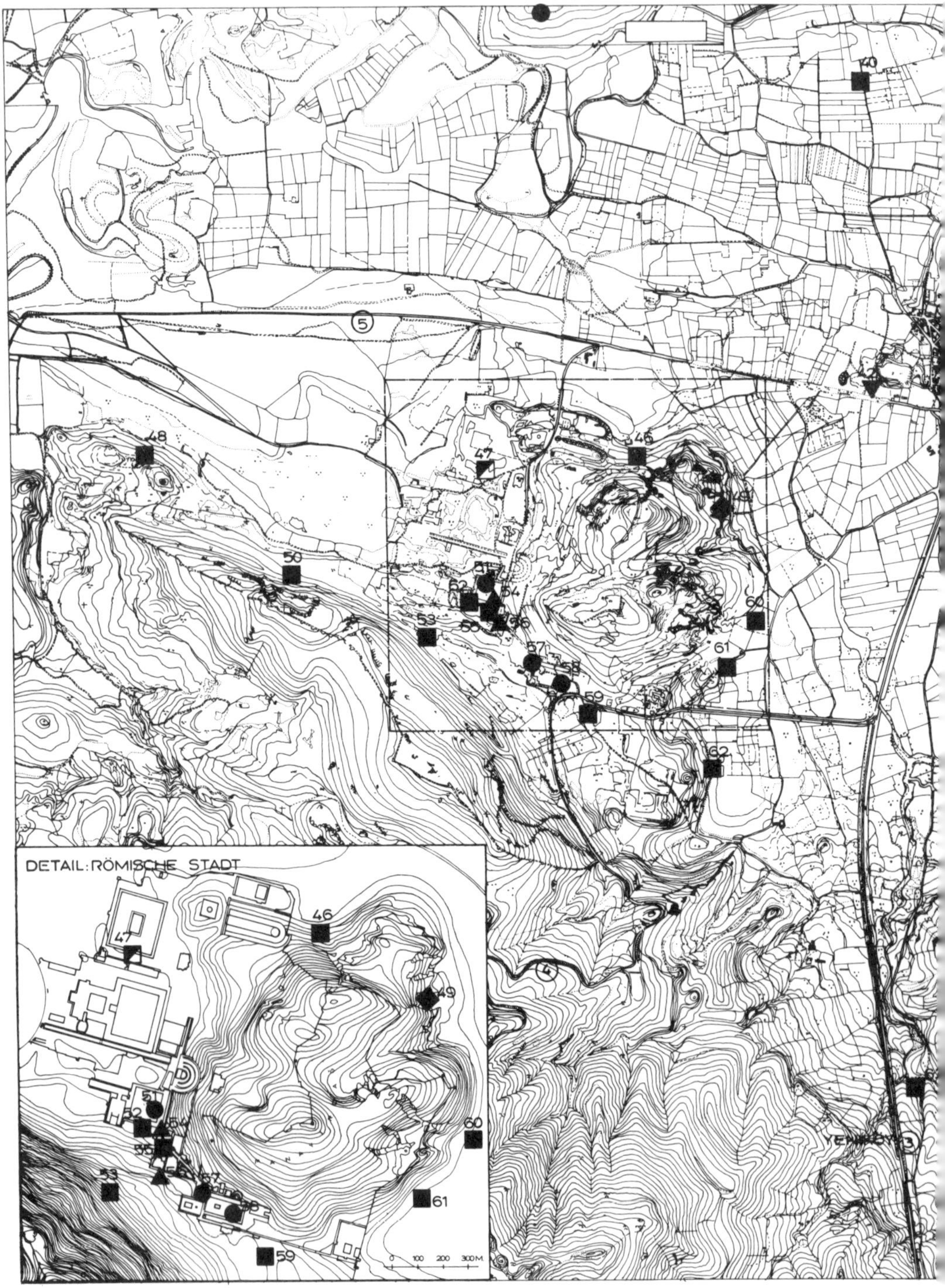

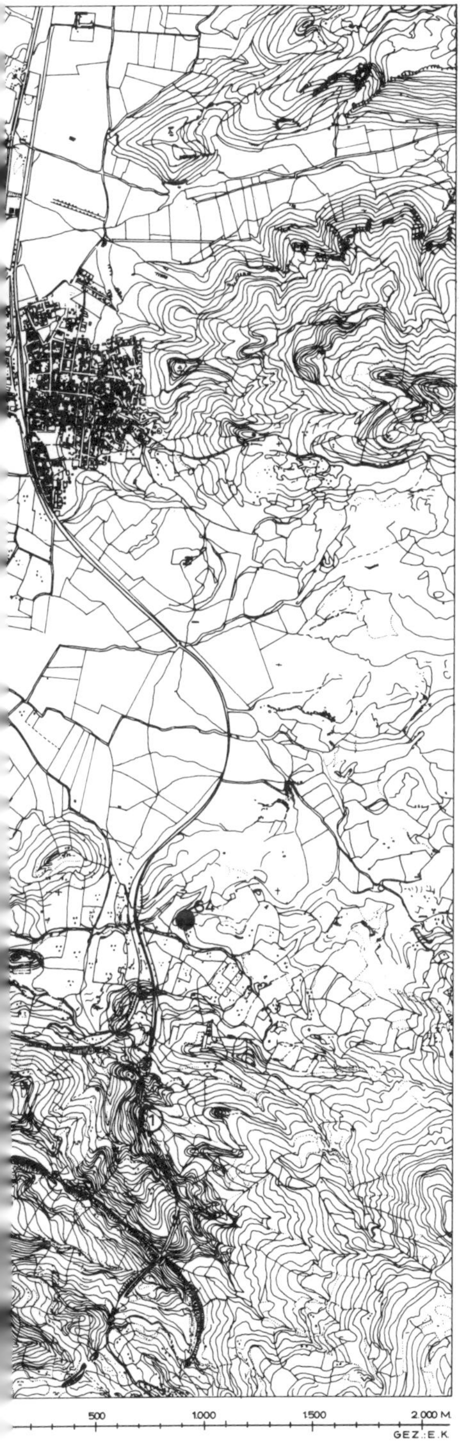

MYKENISCHE
ARCHAISCHE U. KLASSISCHE
HELLENISTISCHE
RÖMISCHE
SPÄTANTIKE
MITTELALTERLICHE
SELÇUKISCHE U. TÜRKISCHE

40 Gräber an der Nordseite von Ayasoluk
41 Grab beim Tor der Verfolgung
41a: Grab aus dem 4. Jh. v. Chr. in Selçuk
42–45 Türben
46 Gräber am Nordhang des Panyirdağ
47 Gräber neben der Marienkirche
48 Gräber südlich des Hafenbeckens
49 Gräber bei den Siebenschläfern
50 Gräber südlich des Hafenbeckens
51 Gräber auf der unteren Agora
52 Grab des Celsus
53 Rundgrab auf dem Bülbüldağ
54 Rundbau
55 Oktogon und Heroon
56 Gräber über Hanghaus 2
57 Gräber unter „Sockelbau"
58 Gräber unter der oberen Agora
59 „Lukasgrab" (Heroon)
60–62 Gräber östlich der Stadtmauer
63 Rundgrab an Straße nach Aydin
64 Gräber

Z 16 Gräber in Ephesos, Verteilungskarte

prähistorischen Häusern Anatoliens über die archaische bis in die heutige Zeit besteht[22].

Auch das Wechselspiel von Rundhaus zu Viereckhaus ist charakteristisch für Kleinasien wie für die Levante[23]. Einige weitere archaische Fundplätze wie jener nördlich des Stadions[24] oder Arvalia[25] liefern derzeit keine Hinweise auf Wohnbauten. In Arvalia/Ortygia ist aber eine archaische Besiedlung anzunehmen, denn man fand dort Mühlen und Dachziegel. Die Scherbenfunde nördlich des Stadions scheinen nur Gräbern anzugehören, wie dies auch für den Großteil der archaischen Funde aus dem Bereich der oberen und unteren Agora und der Kuretenstraße in Ephesos[26] anzunehmen ist.

Aus klassischer Zeit gibt es Häuser an der Nordseite der Yılancı Burun[27] (Abb. 35). Ob es sich dabei um Wohnhäuser handelt, kann nicht entschieden werden. Das Baumaterial sind Spaltplatten aus gelbem Kalkmergel, dem Material, aus dem die ganze Halbinsel besteht. Da dieser Baustoff seit archaischer Zeit verwendet wird, etwa am Artemision von Ephesos[28], aber keine untere Grenze seiner Verwendung bekannt ist, können die Häuser eventuell auch archaisch oder hellenistisch sein.

Auf einem Hügel östlich des Tavşantepe (Hasenhügel) gibt es Gräber aus spätarchaischer und klassischer Zeit. Bei einer Grabung des Museums von Selçuk wurde hier unter anderem ein „phönikisches" Glasfläschchen gefunden. Auf der ehemaligen Insel Syrie, dem heutigen Korutepe, wurde vom Museum Selçuk ein spätarchaischer bzw. klassischer Tumulus mit einer fünfeckigen Grabkammer mit Laternendach und einem Dromos ausgegraben (Abb. 14).

Diese Begräbnisplätze werden ergänzt durch einen Sarkophag aus klassischer Zeit, der beim Bau eines Hauses in Selçuk gefunden wurde. Er besteht aus Kalksteinplatten und enthielt ein Skelett, keramische Gefäße und Steinalabastra. Der Fundplatz liegt am Ostabhang des Ayasolukhügels 50 m westlich der Straße nach Izmir auf der Höhe der Hittitlokanta in etwa 3 m Tiefe (Abb. 17).

Diese Grabfunde aus klassischer Zeit sind nur indirekte Belege für eine Besiedlung aus dieser Zeit. Wo die Wohnhäuser bzw. die Siedlungen der Verstorbenen angelegt waren, ist unbekannt. Allzuweit entfernt von den Begräbnisplätzen sind sie aber nicht anzunehmen[29] (Z 16).

Die Lage der hellenistischen Stadt Ephesos ist zwar infolge ihrer Eingrenzung durch die gut erhaltene Stadtmauer bekannt, von ihren Wohn-

Z 17 Hellenistische Burgen und Türme in der Umgebung von Ephesos

häusern weiß man aber kaum etwas. Es gibt Stützmauern[30], Türme[31] und Tumuli (Abb. 19). Im Hellenismus wurden zahlreiche Kastelle[32] und Siedlungen im Kaystertal angelegt, so ein Kastell am Nordhang des Berges, auf dem das Keçikalesi steht, und eines beim Dorf Tulum; die mykenische Burg auf dem Büyükkale wurde umgebaut (Z 17).

Die hellenistische Kolonisierung des Kaystertales erfolgte von Westen nach Osten, also von Metropolis bis Hypaipa[33]. Bei Metropolis ist eine Burg mit einer außerhalb liegenden Stadt kombiniert (Z 3). Die hellenistische Neustadt von Ephesos war jedenfalls in einem rechtwinkeligen Rastersystem angelegt[34].

Auch in klassischer und hellenistischer Zeit wurden prähistorische Wohnplätze wieder besiedelt: Die mykenische Festung von Büyükkale wurde im Hellenismus, der Hügel von Ayasoluk in klassischer Zeit wieder benützt, wie aus einem neugefundenen Grab bei letzterem hervorgeht (Abb. 17). Der Hügel des Kuştur am Meer ist seit dem Hellenismus neu überbaut, wie durch einen Tumulus belegt wird (Abb. 19). Beide Hügel wurden aber besonders in römischer und spätantiker Zeit bewohnt[35]. Nicht wiederbebaut wurde dagegen der Ilıcatepe (Abb. 34), den ich mit der Burg von Apasa identifizieren möchte[36]. Auch die archaische Burg von Melie wurde später nie mehr besiedelt. Das gleiche gilt für die Fundplätze nördlich des Stadions, östlich des Tavşantepe und auf der Syrie. Hier fehlen alle Spuren einer Besiedlung in hellenistischer oder römischer Zeit. Nur die frühen Gräber entlang der alten Prozessionsstraße wurden später überbaut.

Ein kleinasiatisches Pompeji

Erst aus römischer Zeit wurden in Ephesos Wohnstätten ausgegraben und erforscht. Die hellenistische Neugründung der Stadt unter Lysimachos war nach einem geometrischen Planschema aus sich rechtwinkelig schneidenden Straßen erfolgt, wie dies für diese Zeit üblich wurde. Die in römischer Zeit gebauten Häuser greifen fast alle dieses Raster auf. Erst in der Spätantike kommt es gelegentlich zu Abweichungen. Auch die Häuser, die direkt an den Embolos grenzen, weichen von diesem starren Planschema ab[37]. In den letzten 25 Jahren wurden am Hang südlich des Embolos zwei Gevierte von H. Vetters ausgegraben. Da die Verschüttung sehr hoch war, sind die Mauern teilweise hoch erhalten, manchmal sogar auch Stiegen und Deckenansätze für die Obergeschosse[38]. Da von den Obergeschossen nicht genug erhalten ist, um auf weitere Geschosse schließen zu können, rechnet man generell mit einer Höhe der Häuser von zwei Geschossen.

Am Hanghaus 1 läßt sich ein auffallendes städtebauliches Phänomen konstatieren. Während in der hellenistischen Neugründung die Tendenz bestand, von einer unregelmäßigen zu einer regelmäßigen Straßen- und Insulagestaltung zu kommen, ist es im Bereich dieser Insula umgekehrt: Größere Bereiche waren hier ursprünglich hippodamisch ausgerichtet und wurden vermutlich im 2. Jh. n. Chr. zur Kuretenstraße umorientiert[39] (Z 18–21).

Die von H. Vetters und Mitarbeitern bislang vorgelegten Pläne lassen keine Unterscheidung der Bebauung verschiedener Epochen erkennen. Es gibt weder Planfolgen mit Bauabfolgen noch solche Pläne, welche die Verschüttung bzw. Aufgabe der Wohnungen in zeitlicher Abfolge zeigen würden[40] (Z 18–21).

Das sog. Hanghaus 2 besteht aus sieben Wohnungen, die auf drei großen Terrassen angelegt sind – auf der oberen zwei, auf der mittleren drei und auf der unteren wieder zwei Wohnungen. Die letzteren sind am geräumigsten und weisen die größten Peristylhöfe auf. Die kleinsten Wohnungen liegen auf der mittleren Terrasse, ihre Höfe haben keine Säulenstellungen. Auf der oberen Terrasse liegen wieder größere Wohnungen mit entsprechend größeren Peristylhöfen[41]. Der Zugang zu den Wohnungen erfolgte in der Regel von den seitlich der Hanghäuser verlaufenden steilen Stiegenstraßen aus. Wie aus den erhaltenen Treppenansätzen im Innern der Wohnungen hervorgeht, waren diese mehrgeschossig; da aber jeder Hinweis auf einen Zugang zu den Obergeschossen von außen her fehlt, muß davon ausgegangen werden, daß die oberen Stockwerke zu den Wohnungen der Untergeschosse gehörten. Daraus ergibt sich eine Wohnungsgröße zwischen einigen hundert und zweitausend Quadratmetern. Einige Räume besaßen Fußbodenheizung, und es gab auch Bäder und Toiletten. Die Wände waren bemalt, die Fußböden mit Mosaiken belegt. Von der Einrichtung sind Möbel aus Bronze und Marmor, Statuen und Schmuckgegenstände erhalten[42]. Alle Zimmer öffnen sich zu den Laubengängen der Peristyle hin. In Hanghaus 2 ist in der Wohnung 1 (auf der oberen Terrasse) ein Raum besonders interessant, weil er mit Szenen von Theateraufführungen und einer mythologischen Darstellung

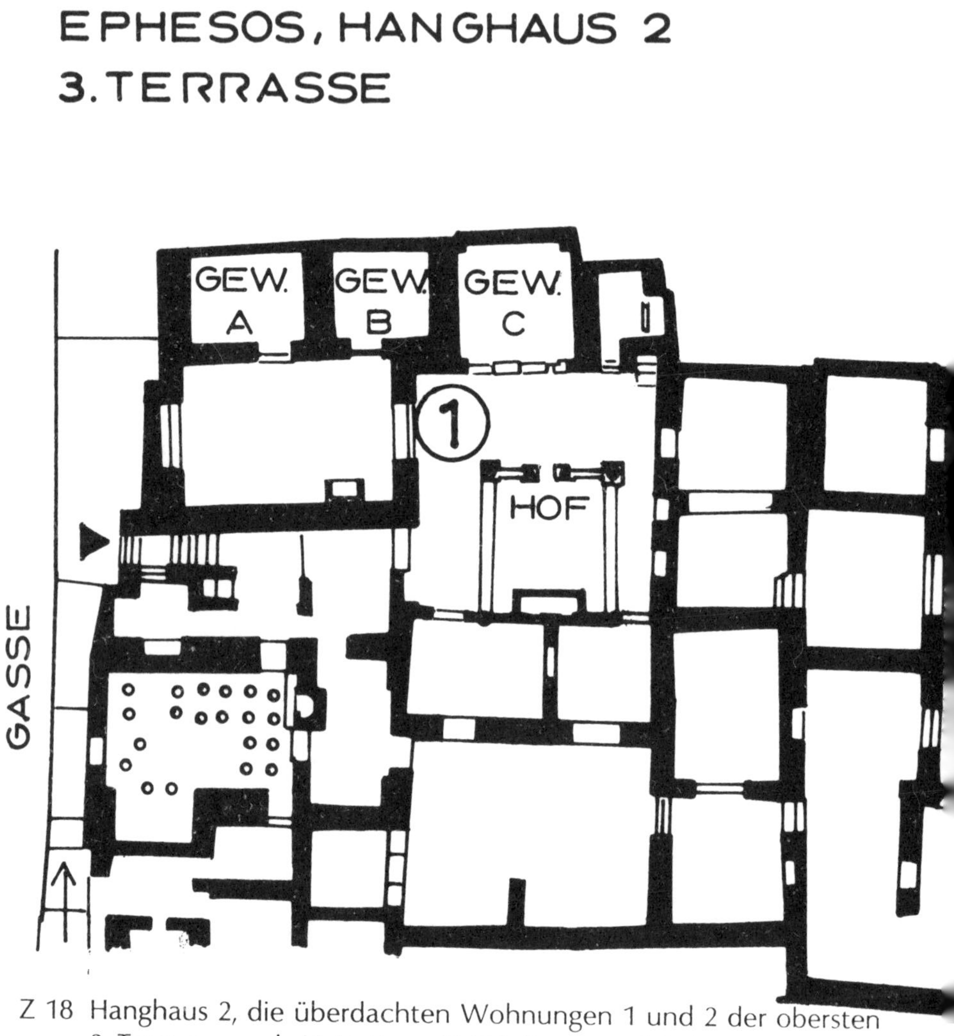

Z 18 Hanghaus 2, die überdachten Wohnungen 1 und 2 der obersten 3. Terrasse, nach H. Vetters, G. Wiplinger und F. Steiner

geschmückt ist (Z 18). Diese Szene, die etwa in der Mitte des 2. Jh.s n. Chr. gemalt wurde, galt früher als Kampf des Herakles mit dem Flußgott Acheloos, während jetzt eine Interpretation als Kampf des Menelaos mit dem Meeresgott Proteus (Odyssee IV, 456 f.) vorgeschlagen wurde[43]. Auch die Bronzeschlange, welche im „Liwan" der Wohnung 7 (untere Terrasse) zutage trat, soll nicht den Schlangengott Glykon darstellen[44].

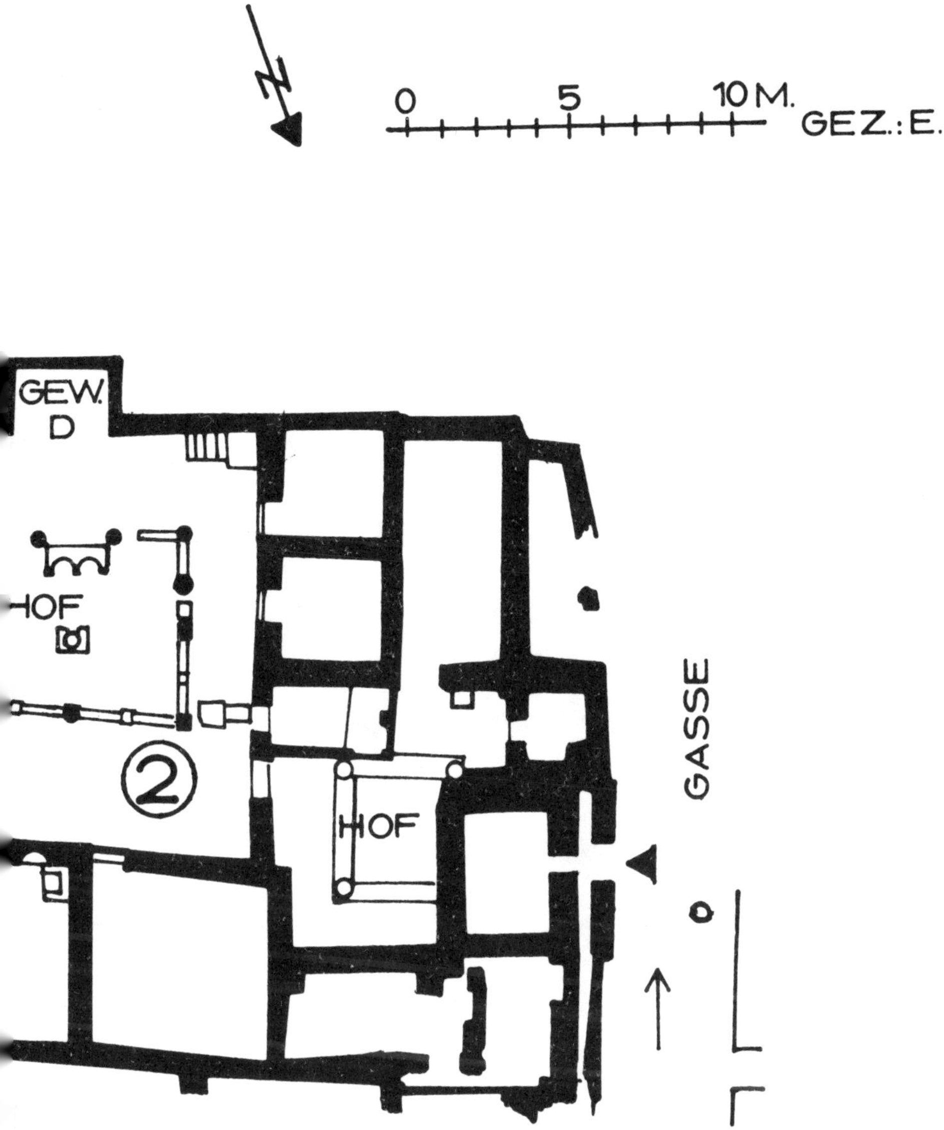

Die Frage der Datierung der einzelnen Wohnungen ist umstritten, und zwar sowohl ihre Entstehungszeit als auch die zeitliche Einordnung ihres derzeitigen Zustandes. Von den erhaltenen Mauern sind nur jene in das 1. Jh. n. Chr. zu datieren, die aus Bruchstein bestehen. Das sind jene wenigen, die mit den Stützmauern der Terrassen zusammenhängen. Die frühesten Ziegelmauern stammen aus trajanischer Zeit, es gibt aber auch solche, die zu Beginn des 3. Jh.s n. Chr. entstanden, wie

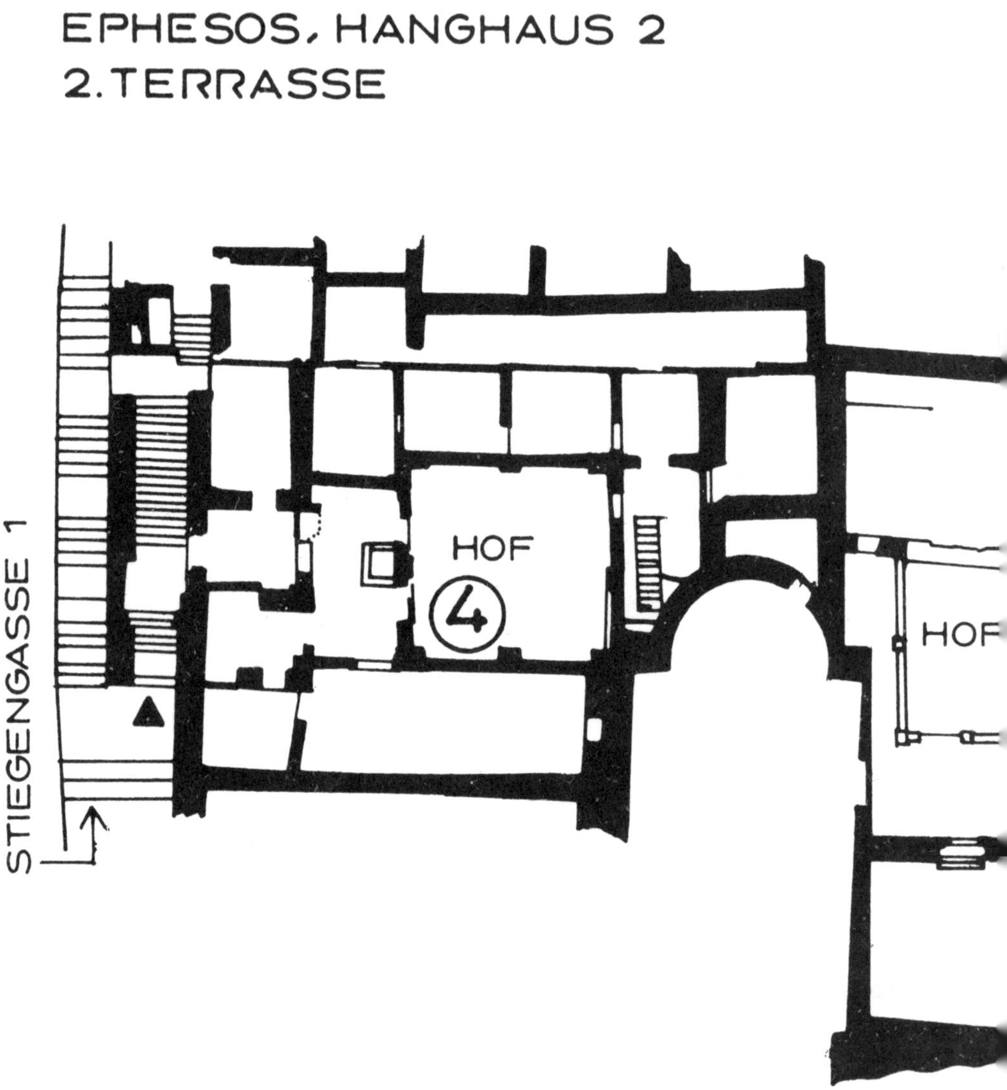

Z 19 Hanghaus 2, die Wohnungen 3, 4 und 5 der mittleren bzw. 2. Terrasse, nach H. Vetters, G. Wiplinger und F. Steiner

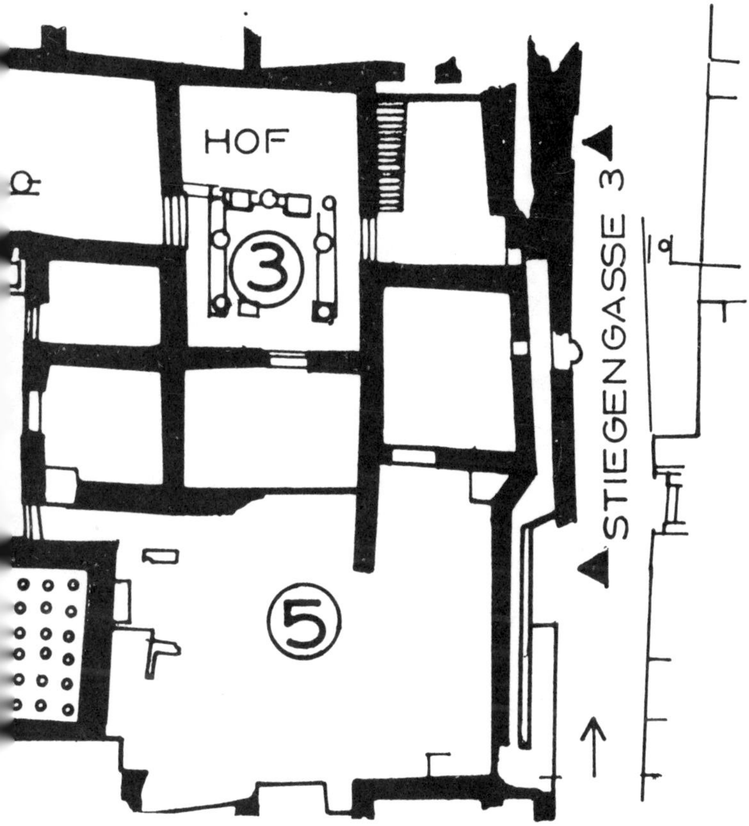
HOF
3
5
STIEGENGASSE 3

aus den Ziegelgrößen hervorgeht[45]. Danach entstanden die Wohnungen 1 und 2 auf der oberen Terrasse des Hanghauses 2 in augusteischer Zeit (Z 18), ihr erhaltener Fußboden aber im 2. Jh. n. Chr. Wandmalereien der Mitte des 1. Jh.s n. Chr. finden sich ebenfalls in der Wohnung 2 (Girlandenmalereien), aber auch in der Wohnung 4 auf der mittleren Terrasse (Z 19) (Sokrates). Benutzungsspuren lassen darauf schließen, daß Wohnung 1 und 2 noch nach der Mitte des 4. Jh.s n. Chr. bewohnt waren. In Wohnung 4 und 6 (auf der unteren Terrasse) enden sie in der Mitte des 4. Jh.s (Z 19, 20), und Wohnung 5 und 7 wurden überhaupt nur bis zur Mitte des 3. Jh.s benutzt, dann zugeschüttet (Z 20). Erst in der Spätantike wurden sie neu verwendet, und zwar als Wohnungen und Werkstätten. Man fand eine Ölpresse und für die Steinsäge vorbereitete Steinplatten. In dieser Zeit wird die rechts an den Wohnungen entlang laufende Stiegengasse 3 zum Zuflußkanal für das Wasser umgebaut, das die Säge betrieb. Auch die Tabernen an der Kuretenstraße wurden bis ins 5.–7. Jh. n. Chr. verwendet (Z 21).

Viele Mosaiken und Wandmalereien wurden in das 4. Jh. n. Chr. datiert. Diese Datierung wurde schon von C. Foss[46], F. Baratte[47] und G. v. Salis-Hellenkemper[48] angezweifelt. Auf dem Boden eines Raumes mit diesen in Frage stehenden Mosaiken wurde eine Münze Galliens gefunden. Durch diesen Fund steht die Spätdatierung der Mosaiken und auch der Wandmalereien auf sehr wackeligen Füßen. Ob allerdings diese Einschüttung aus der Zeit Galliens mit einem Erdbeben im Jahre 262 n. Chr. zu tun hat[49], ist eher fraglich, denn die Nachricht über dieses Erdbeben stammt aus der Historia Augusta, einer eher dubiosen Quelle aus dem 4. Jh. n. Chr. C. Foss hat sich mit guten Gründen überhaupt gegen die Verknüpfung von Einschüttungen und Erdbeben gewandt. So bezweifelt er auch, daß ein Erdbeben im Jahre 614 die Ursache für die Zerstörung und das Verlassen der Hanghäuser sein soll[50].

Die Totalität des Wohnens

Eine moderne Archäologie des Wohnens ist mit Hilfe systemtheoretischer Überlegungen möglich. Komplexe Systeme kommen in allen lebendigen Strukturen vor und auch in an sich nicht lebendigen, aber durch den Energiekreislauf in Bewegung gehaltenen Formen der Erdoberfläche. Archäologische Überreste sind gewissermaßen Abdrücke, Stempel von lebendigen Systemen. Daher können und müssen sie auch als Systeme verstanden und behandelt werden. Gerade vergangene Formen des Wohnens eignen sich für diese Denkweise besonders, weil sie für uns leichter als andere nachvollzogen werden können. Daher wird einfaches, mechanistisches Ursache-Wirkung-Denken zu keinem Erfolg führen, wenn etwa nur die Wandmalereien oder nur die Mosaiken in Wohnhäusern behandelt werden, wie dies in Ephesos geschehen ist. Sicher hat der Reduktionismus gerade in den Naturwissenschaften zu deren Erfolg beigetragen, und das scholastische Prinzip der Stilforschung aus der Kunstgeschichte hat erhebliche Fortschritte auch in der Archäologie erbracht, aber je wirklichkeitsorientierter die Archäologie ist, umso mehr ist ganzheitliches Systemdenken notwendig.

In diesem Sinne ist anzunehmen, daß beim Verlegen eines neuen Fußbodens oder beim Einbau einer Stiege zugleich auch andere notwendig gewordene Änderungen in einer Wohnung durchgeführt werden, wie zum Beispiel die Neubemalung der Wände. Gerade die Alltagspraxis[51] ist auf eine einfache Weise systemorientiert. Konkret auf die Hanghäuser bezogen, dürften viele der Wandmalereien und Mosaikfußböden zu spät datiert sein. Die Kleinfunde und Münzen sprechen dafür, daß eine bedeutende Umbauphase bereits im 3. Jh. n. Chr. stattfand und nicht erst später.

Eine Untersuchung der einzelnen Wohnungen müßte vom Verhältnis der einzelnen Räume zueinander, die nach ihrer Funktion geordnet werden müßten, ausgehen. Aus der quantitativen Auswertung dieser Beziehungen könnten Hinweise auf die sozialen und wirtschaftlichen Verhältnisse ihrer Benutzer gewonnen werden[52].

Ein Hindernis ist, daß die Wohnungen bereits von ihrem produktionsspezifischen Kontext abgeschnitten sind. Wir kennen zwar den Namen des Besitzers der großen Wohnung 6 (untere Terrasse), C. Flavius Furius Aptus (Z 20), wir wissen aber nicht, welche Berufe die Besitzer der übrigen Wohnungen hatten, woher sie ihr Einkommen bezogen, ob sie über Landbesitz verfügten etc. Eine erkenntnisleitende Beobachtung der Funde und des Inventars könnte aber vielleicht auch dafür Hinweise erschließen.

Wohnungen mit Peristylen[53] waren in Ephesos offenbar sehr häufig oder, genauer gesagt, bei den wohlhabenderen Schichten sehr

EPHESOS, HANGHAUS 2
1. TERRASSE

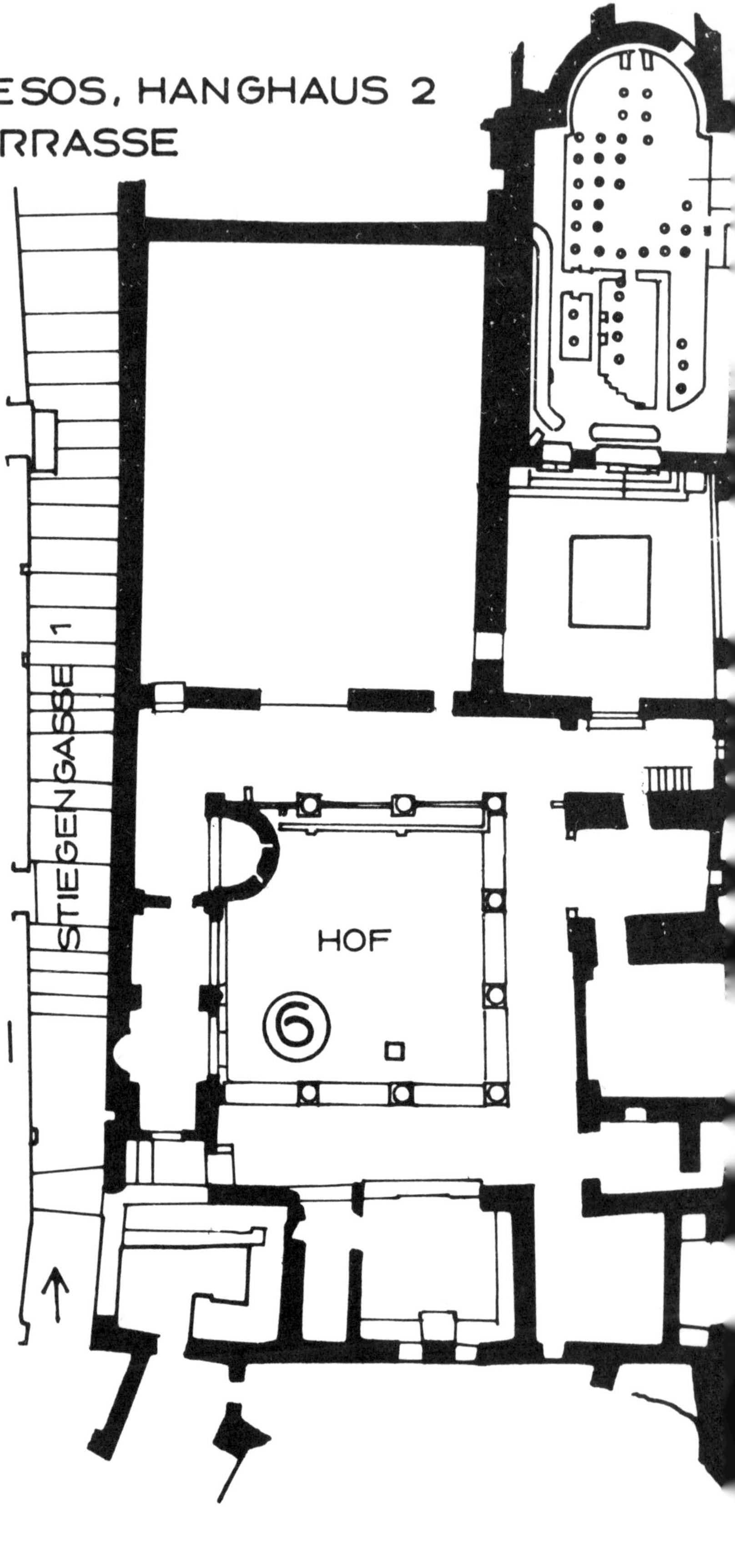

Z 20 Hanghaus 2, die Wohnungen 6 und 7 der unteren bzw. 1. Terrasse, nach H. Vetters, G. Wiplinger und F. Steiner

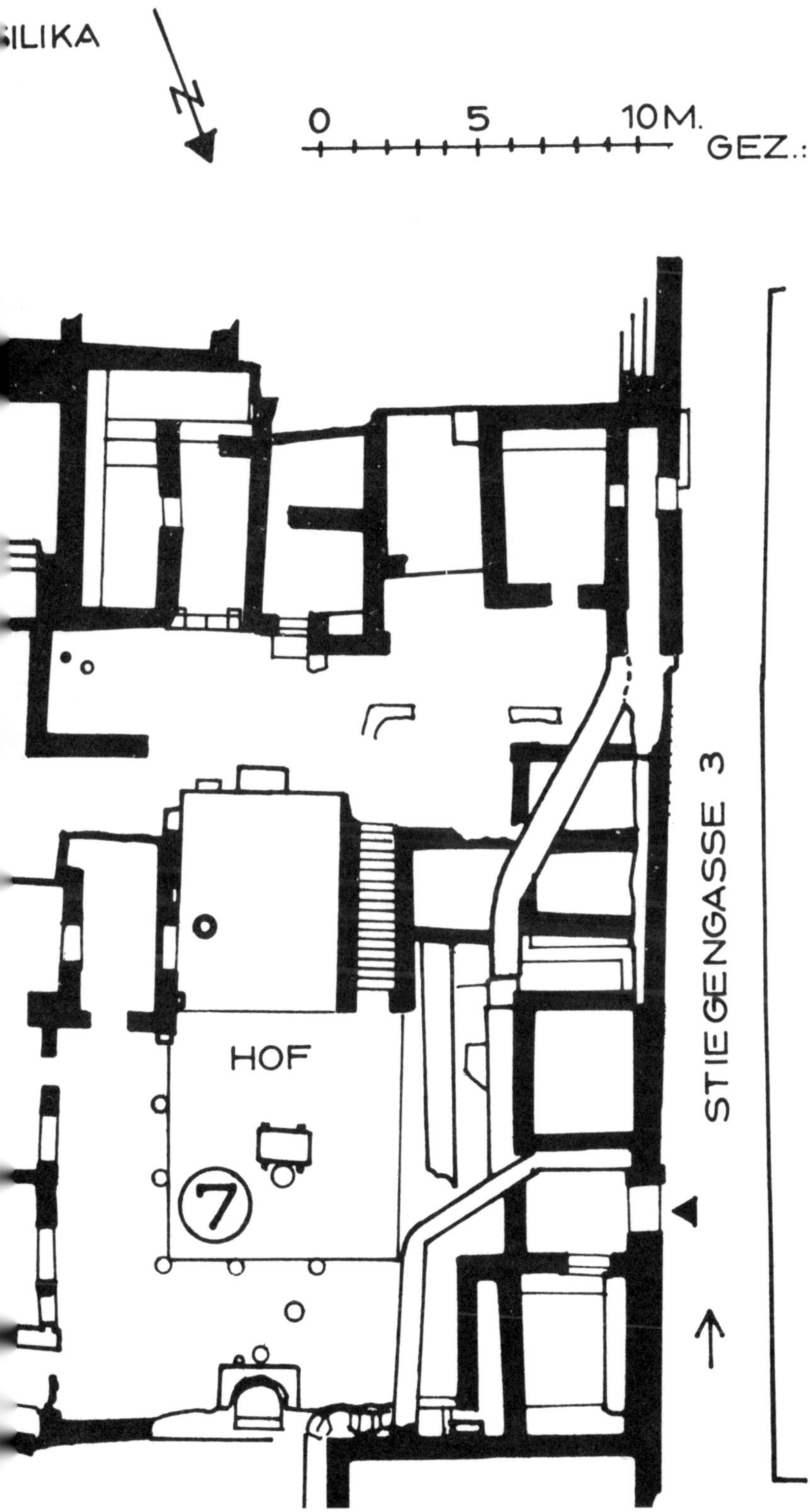

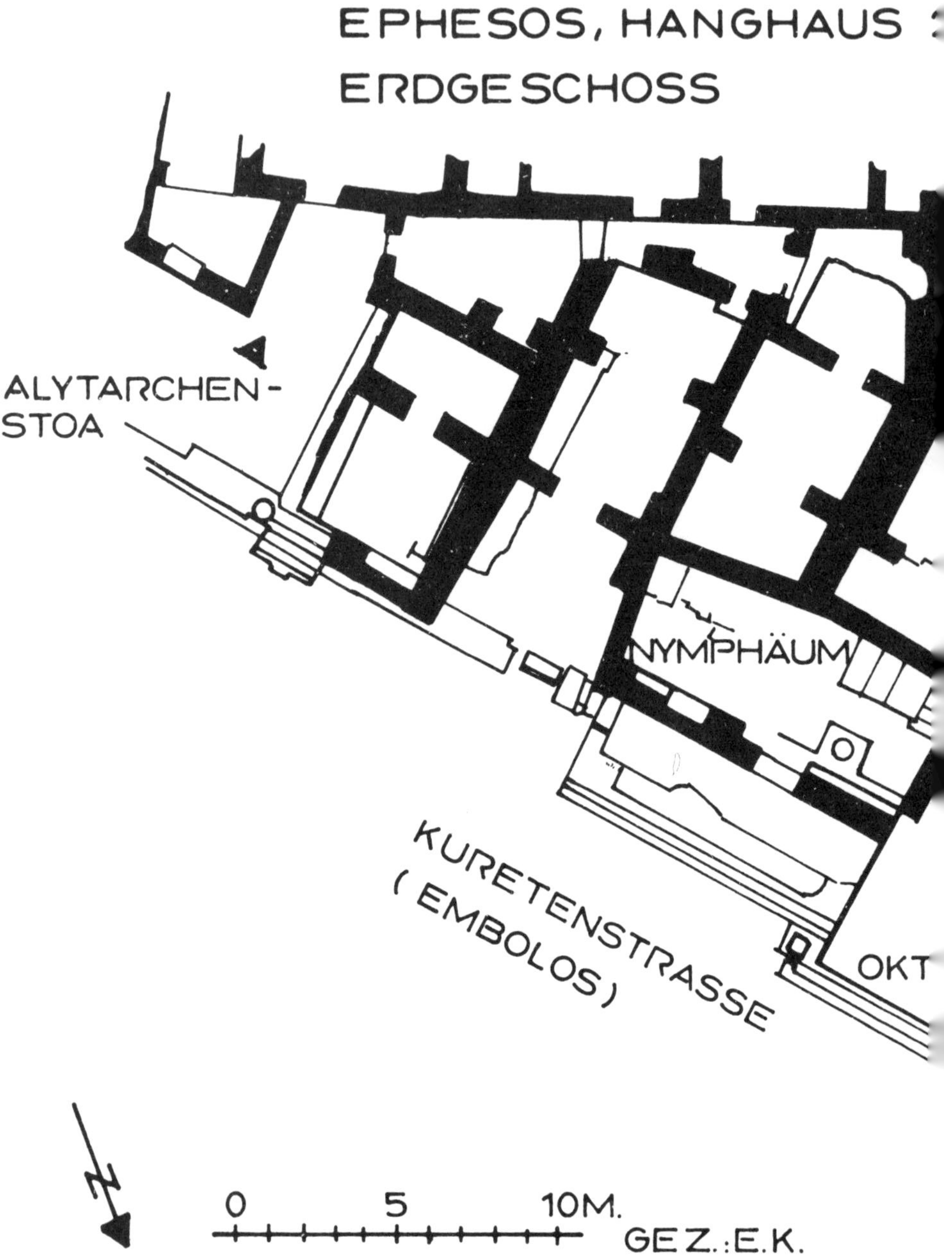

Z 21 Hanghaus 2, Erdgeschoß und Kuretenstraße mit Läden, Magazinen, Werkstätten, Brunnen, Ehrengräbern

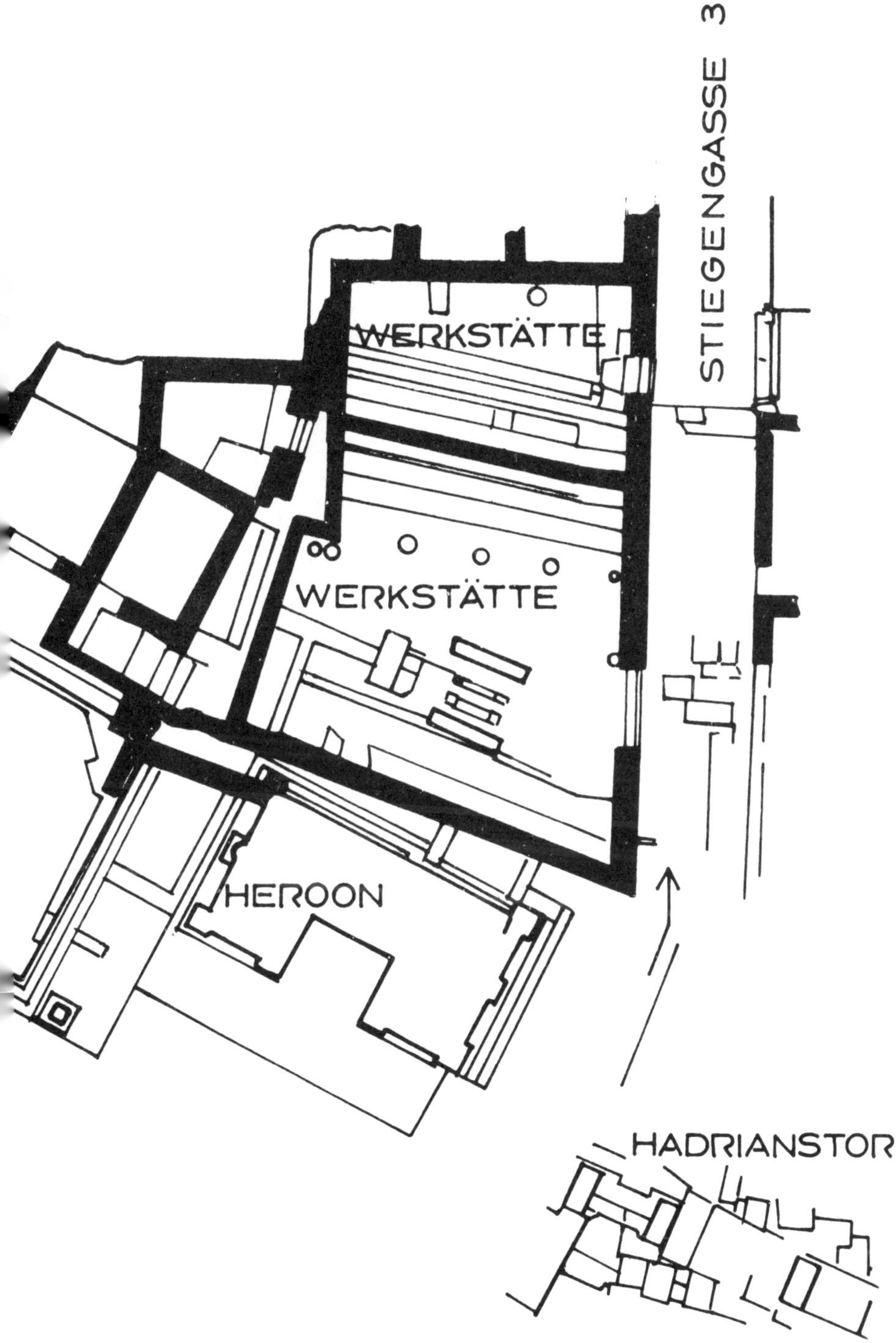
STIEGENGASSE 3
WERKSTÄTTE
WERKSTÄTTE
HEROON
HADRIANSTOR

EPHESOS UND UMGEBUNG, WOHNBAUTEN

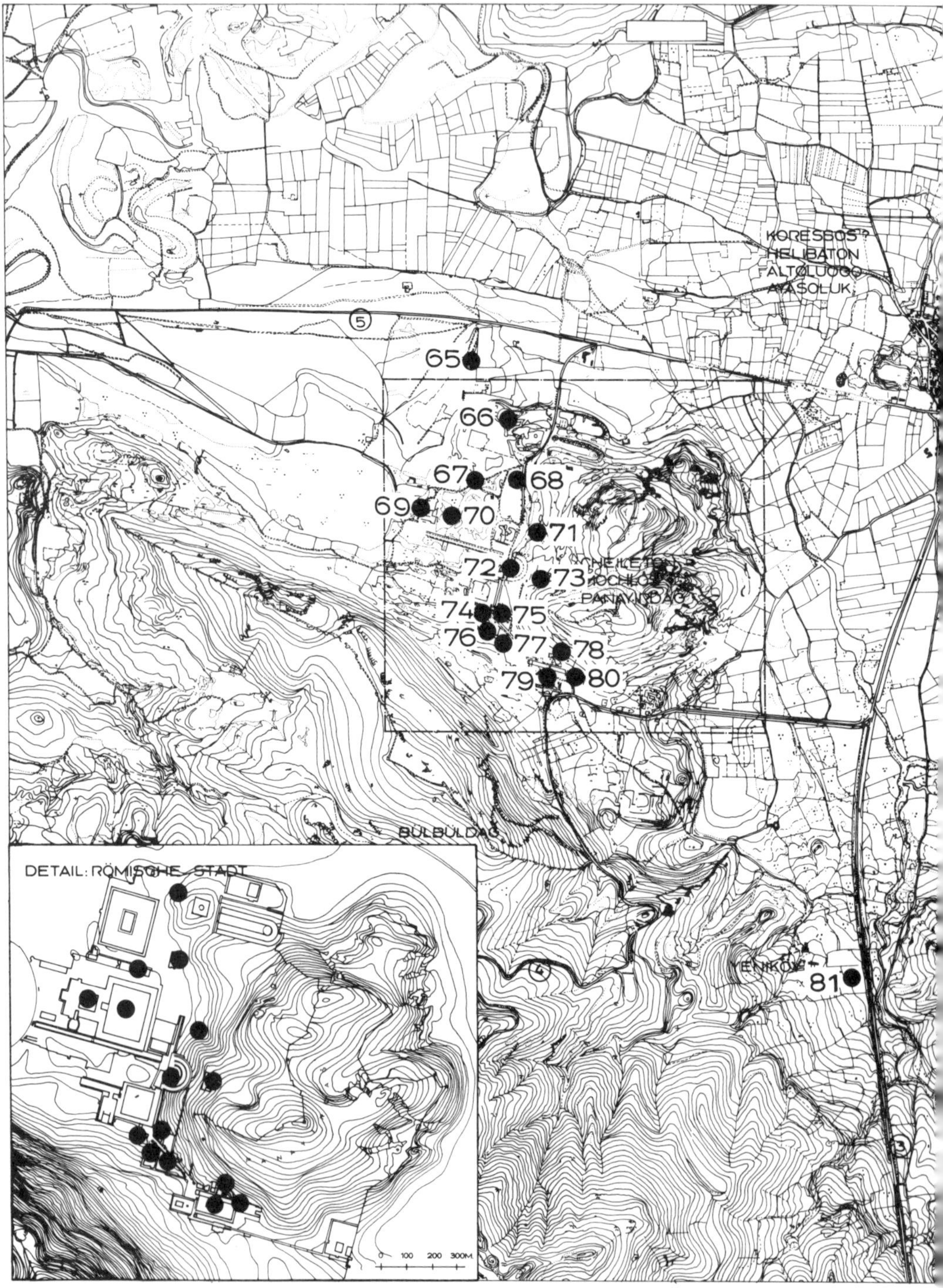

Z 22 Wohnbauten in Ephesos, Verteilungskarte der bislang ausgegrabenen Objekte

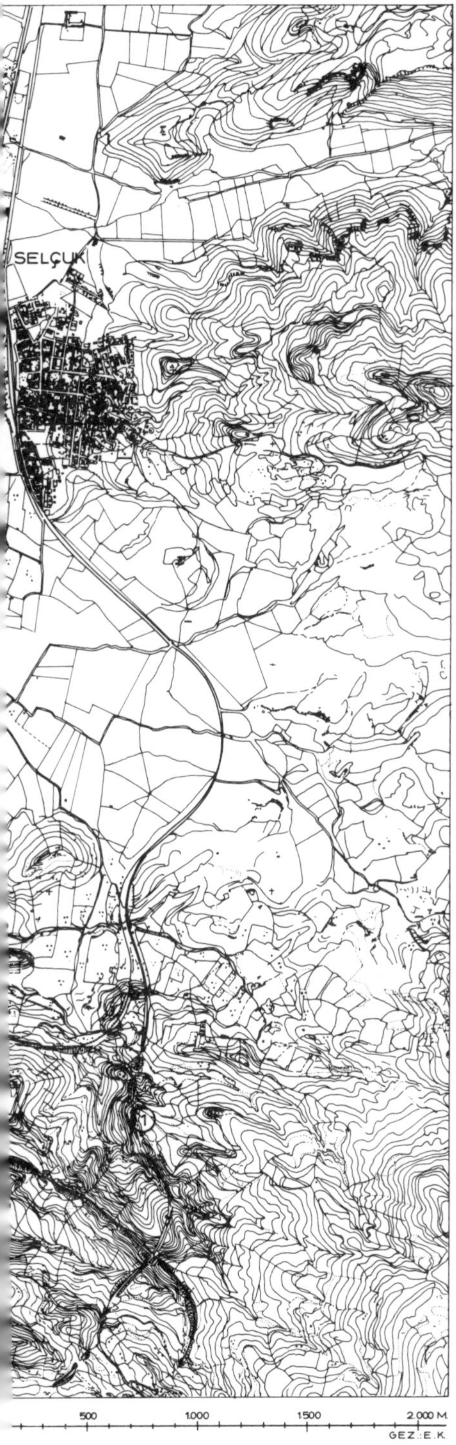

65 Villa außerhalb der Stadtmauer beim Felsspalttempel
66 Peristylhaus auf Hügel westlich des Stadions
67 Haus des Bischofs in der Marienkirche
68 byzantinischer Palast
69 byzantinische Wohnhäuser in den Hafenthermen (Konstantiusthermen)
70 byzantinische Wohnhäuser in den Verulanushallen
71 Villa nördlich des Theaters
72 byzantinische Wohnhäuser im Theater
73 Wohnhaus über dem Theater (Banketthaus)
74 Wohnhaus östlich der Celsusbibliothek
75 Insula an Ecke Marmorstraße–Kuretenstraße (sog. Freudenhaus)
76 Hanghaus 2
77 Hanghaus 1
78 Wohnhaus über dem Odeion
79 byzantinische Wohnhäuser auf der oberen Agora
80 Peristylhaus im Ostende der Basilika
81 Villa (?) an der Straße nach Aydin

beliebt. So ist auch die von Miltner als „Freudenhaus" bezeichnete Räumlichkeit ein mehrfach umgebautes Wohnhaus mit Peristyl und schönen figuralen Mosaiken[54]. Auch ein nur teilweise ausgegrabenes Wohnhaus am Hügel westlich des Stadions weist ein Peristyl auf, und der Ostabschluß der Basilika der oberen Agora wurde in der Spätantike in ein Peristylhaus umgebaut. Während die erwähnten Peristyle aber nur wenige Säulen an jeder Hofseite aufwiesen, ist das Peristyl eines römischen Hauses oberhalb des Theaters riesig, weil das ganze Straßengeviert dort nicht wie sonst üblich mehrere, sondern nur eine einzige Wohnung umschließt.

Bemerkenswert ist der Ausstattungsluxus der oben beschriebenen Peristylhäuser südlich des Embolos. Die Wandmalereien mit ihren mythologischen Darstellungen und Szenen aus antiken Theaterstücken sollten die Bewohner als gebildet ausweisen, die Musen mit Apoll sollten den Kunst- und Musiksinn der Bewohner verkünden[55], und in den Gartenszenen sollte die Harmonie mit der Natur angedeutet werden. Die Mosaiken auf den Fußböden und Gewölben zeigen wilde Tiere, Meerpferde, Tritone und Pfaue[56]. Hier beginnt bereits die Parzellierung der Umwelt als eine dem Besitzer untertane Natur. Natur wird zur Naturalie, aus Handlungsszenen werden bildliche Oppositionen[57]. Es gibt ein Gewölbe mit Stuckreliefs[58] und auch Reste von Einrichtungsgegenständen wie Bronzetische mit Boxern. Besonders bemerkenswert sind Möbel aus Elfenbein mit einer Darstellung aus dem römischen Soldatenleben[59]. Auch Rundplastiken aus Elfenbein sind erhalten[60], ferner viel Marmorskulptur, Privatportraits[61], Portraits von Kaisern und der kaiserlichen Familie[62], Idealplastik, mythologische Darstellungen, und nicht zuletzt, soziologisch nicht uninteressant, schriftliche und bildliche Wandkritzeleien[63].

Im Hanghaus 2 wurde auch eine hohe Privatbasilika ausgegraben[64]. Sie gehörte zur Wohnung des C. Flavius Furius Aptus[65] (Z 20). Dieser Bau durchbricht das Prinzip der den Wohnungen zugeordneten Terrassen und geht über mehrere Wohnebenen. Ihr Beispiel zeigt deutlich eine Entwicklung der römischen Architektur, in der ursprünglich öffentliche Anlagen langsam in geschlossene Räume von Privathäusern der Mächtigen integriert wurden[66]. In Rom ist dies am Tribunal ablesbar, aber auch an Sakralräumen[67]. In der Insula des Hanghauses 2 wurde auch ein Hospitium, eine Herberge, freigelegt[68].

Anhand dieser am Hang ausgegrabenen Insulae läßt sich der Versuch römischer Privatleute ablesen, öffentliches Gut ihrem privaten Hausbesitz einzugliedern[69].

Gesucht: Villa mit Aussicht

Zahlreich sind die Villen, Wohnhäuser, Klöster und Kirchen, die in spätantiker, frühchristlicher und byzantinischer Zeit außerhalb des eigentlichen römischen Stadtgebietes entstehen. So wurde bei Straßenarbeiten eine große Villa bei Yeniköy gefunden (Z 22). Von dort stammt ein großes Mosaik mit Pfauendarstellungen (Abb. 18), welches sich heute im Museum in Selçuk befindet[70]. Eine Kirche oder eine Villa befindet sich an der Küste neben dem Strand des Tusanhotels auf dem Weg nach Kuşadası. Dieses Hotel liegt vor einer Winterlagune. Es gibt aber auch Hafenanlagen zwischen dem Tusanhotel und dem Feriendorf Kuştur[71] und Wohnhäuser und Mosaiken auf dem Hügel des Kuştur über prähistorischen Resten[72] (Z 1). Weitere Reste von Mosaiken befinden sich am Strand des Club Méditerranée südlich von Kuşadası. In christlicher Zeit entstanden ein Baptisterium und eine Kapelle auf dem Berg von Meryemana, ebenso eine Kirche mit einem Konchenraum auf einem Hügel von Arvalia. Auch die spätantiken und byzantinischen Siedlungen zeichnen sich dadurch aus, daß neue Gebiete erschlossen wurden, wenn dabei auch gelegentlich prähistorische oder archaische Orte neu besiedelt wurden, wie etwa der Hügel des Kuştur, Ayasoluk (Abb. 21) oder Arvalia.

In der römischen Stadt Ephesos wurden alte Gebäude neu adaptiert, aber auch bislang wenig benutzte Gebiete dichter verbaut. So ist das sog. byzantinische Bad ein großes Wohnhaus, der sog. Bischofspalast in der östlichen Verlängerung der Marienkirche ein großes Haus mit Peristyl. Ein weiteres großes Wohnhaus ist auf dem Panayırdağ bekannt. Vor nicht allzu langer Zeit wurde damit begonnen, eine große byzantinische Villa am Strand von Pamucak auszugraben. Sie liegt auf einem kleinen Fels, der etwa 200 m vom Meer entfernt etwas aus der Ebene herausragt. Ihre Lage zum Hafenkanal ist günstig, sie liegt nämlich knapp hinter seinem südlichen Ufer. Auf dem ebenen Felsrücken befindet sich ein großes Peristyl mit Mosaiken. Im Untergeschoß umschließen Arkaden den Fels. In den Mauern waren zahlreiche spätklassische Architekturteile als Spolien verbaut. Dieses Material konnte

UMGEBUNG VON EPHESOS

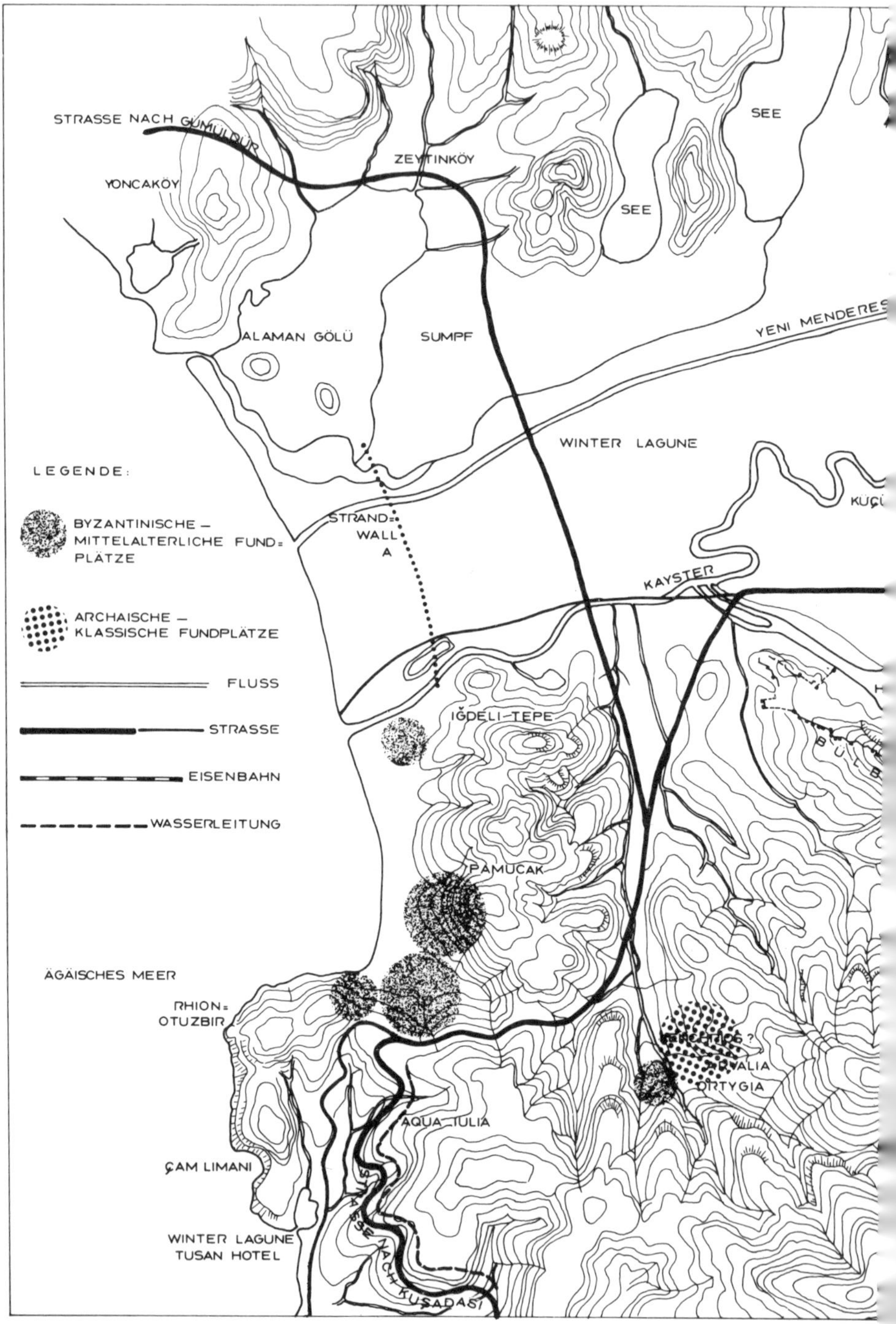

Z 23 Archaische und mittelalterliche Siedlungsplätze in der Umgebung von Ephesos

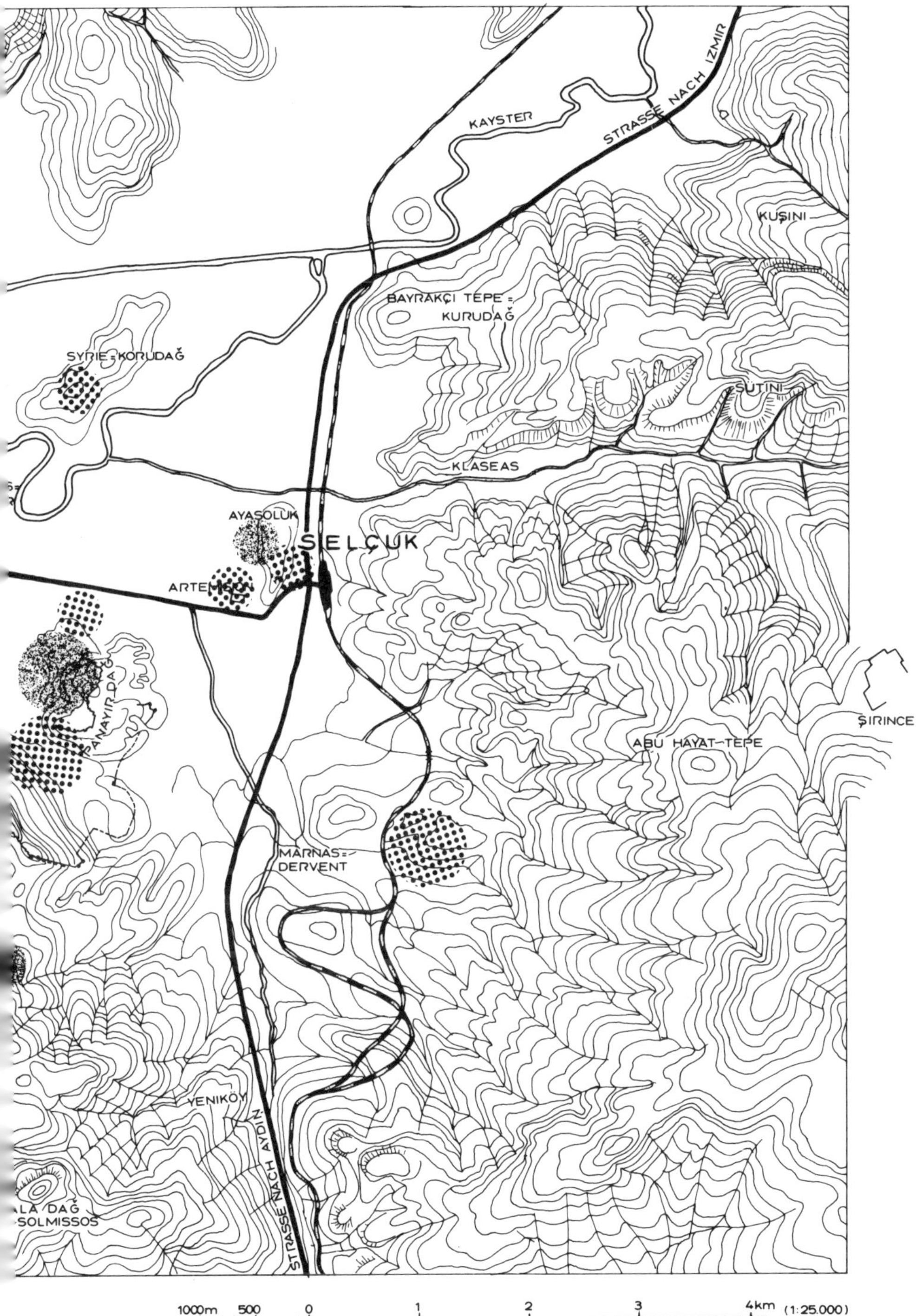

GEZ.: E.KARHAN nach A.SCHINDLER

AÖI. / INV.NR. 2010

auf dem Hafenkanal, der auch den alten Kaysterverlauf bezeichnet, sehr leicht zur Villa gebracht werden (Z 23).

Die Wohnstruktur ändert sich von der Antike zur Spätantike in folgender Hinsicht:

- Verkleinerung des Stadtareals im engeren Sinne,
- Anlegen großer Wohnpaläste und Villen auch außerhalb der Stadt,
- Anlegen eines dichten Netzes von christlichen Heiligtümern, oft kleiner Kirchen und Kapellen, auch in Gebieten, in denen es vorher keine heidnischen Sakralbauten gab[73],
- Verengung und Krümmung der Straßen,
- gelegentlich abweichende Orientierung von Neubauten vom alten Straßenraster,
- Überbauung alter repräsentativer Anlagen mit kleinen, unregelmäßig angelegten Wohnhäusern,
- Vorrang des Ziegelbaus vor der Steinbauweise.

Im Mittelalter verlagert sich das Leben stärker zur neuen Küste hin, also in den Bereich des Pamucak, wo eine neue Siedlung entsteht[74]. Ferner entstehen neue Kastelle, die von Italienern, Byzantinern oder Seldschuken erbaut werden, so in Kadıkale, Kuşadası[75], Ayasoluk[76] und Keçikalesi[77] (Z 24).

Die Veränderungen der Siedlungsstrukturen im ephesischen Gebiet von der Bronzezeit bis ins Mittelalter lassen sich wie folgt charakterisieren:

Bronzezeit: Große Wohnhügel in der Ebene und an der Küste.

Mykenische Zeit: Gleichmäßige Verteilung von Siedlungen und Burgen sowohl im Landesinneren als auch an der Küste.

Archaische Zeit: Die Siedlungstätigkeit erstreckt sich auf das Innere der ephesischen Bucht, erschließt aber auch neue Plätze am Meer und besiedelt erneut prähistorische Orte.

Hellenismus: Wiederbesiedelung der Kaysterebene. Geometrisch konzipierte Neustadt von Ephesos, unabhängig von der natürlichen Bodenkonfiguration. Anlage zahlreicher Kastelle außerhalb der Stadt, Wasserversorgung des Hinterlandes mit Zisternen.

Römische Zeit: Eigentliche Wohnbarmachung der hellenistischen Stadt, Ausbau mit luxuriösen Peristylhäusern, Entstehen großer Villen auf dem Lande.

Spätantike: Zentralisierung in der alten Stadt, Entstehen kleiner dezentralisierter Einheiten außerhalb der römischen Stadt.

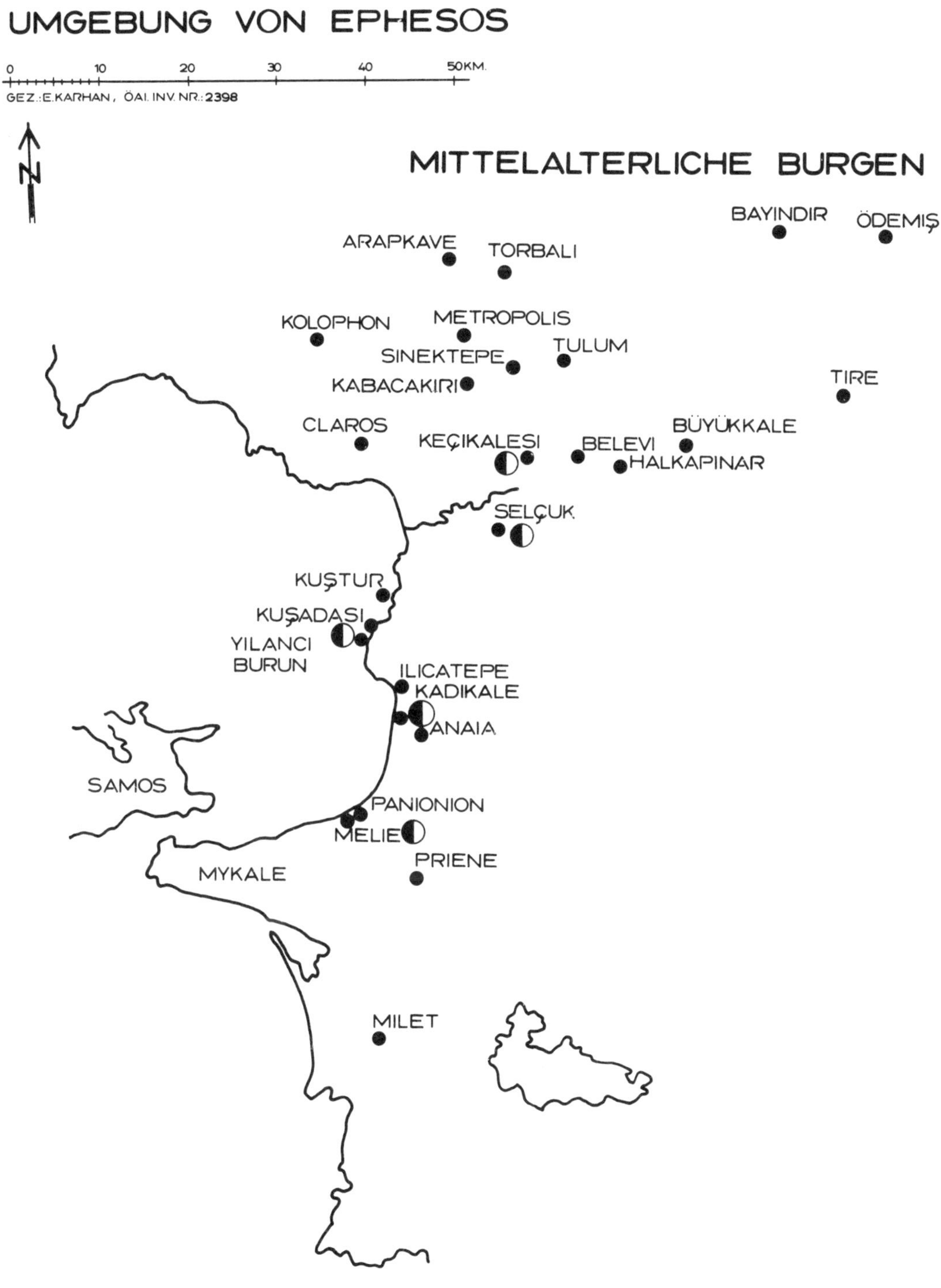

Z 24 Mittelalterliche Burgen in der Umgebung von Ephesos

Mittelalter: Totale Verlagerung des städtischen Lebens auf Gebiete außerhalb des römischen Ephesos, Trend zur neuen Küste.

[1] J. Bouzek, in A. Harding, Climatic Change in Later Prehistory (1982) 186 ff.

[2] G. Barker, J. Lloyd, D. Webley, BSR 46, 1978, 35 ff.

[3] Die Lage einer Wasserstelle bezüglich einer Siedlung kann die Form des Transportgefäßes für das Wasser beeinflussen. Findet der Archäologe eine Veränderung der Gefäßform vor, so kann er daraus auf eine Verlagerung der Wasserstelle schließen. Auch die Bebauungsdichte wird nicht unabhängig von der Lage der Häuser zur Wasserstelle sein.

[4] Hierbei wird die Häufigkeit aller in einem Raum auftretenden Dekorationselemente zu jener der anderen Räume gesetzt. Somit können die Beziehungen der Räume unter sich nach der Häufigkeit aller definierten Verzierungselemente in diesen Räumen bestimmt werden, vgl. W. A. Longacre, in S. R. Binford, L. R. Binford, New Perspectives in Archaeology ([6]1979) 89 ff.; – J. H. Hill ebenda 105 ff.; – M. K. Eggert, PZ 53, 1979, 50 ff.; – zur Analyse der Raumform in quantitativer Hinsicht vgl. R. Ciolek-Torello, JFieldA 12, 1985, 41 ff.

[5] O. Benndorf, FiE 1 (1906) 73 ff.; – J. Keil, ÖJh 21/22, 1922/24, 96 ff., 113 ff.; – Bammer, ÖJh 47, 1961/63, 136 ff.; – dazu L. Robert, RevPhil 41, 1967, 73 ff.; – W. Alzinger, Festschrift Eichler (1967) 1 ff.; – ders., ÖJh 56, 1985, 59 ff.; – F. Brein, ÖJh 51, 1976/77, 65 ff.; – dazu H. Engelmann, ZPE 36, 1976, 90; – G. A. Lehmann, ZPE 26, 1977, 191 ff.; – S. Karwiese, Festschrift Kenner (1986) 214 ff.; – R. Merkelbach, ZPE 10, 1973, 70; – R. Meriç, Festgabe Vetters (1985) 30 ff.

[6] Vgl. K. Flannery (Hrsg.), The Early Mesoamerican Village (1976); – V. A. Walsh, P. C. Patton, in Studies in Honour of W. A. McDonald (1985) 245 ff.

[7] R. Meriç, Metropolis in Ionien (1982) 40 ff.

[8] Die Grabung wurde 1977 von H. Gürcay durchgeführt. C. Içten fand dort auch einen mykenischen Scherben.

[9] T. Wiegand, H. Schrader, Priene (1904) 28, Abb. 14; – J. Keil, ÖJh 11, 1908, Beibl. 154.

[10] J. Mellaart, AnatSt 18, 1968, 188.

[11] Gefunden von einem Einwohner von Halkapinar; – in einem Pithos befand sich eine Oinochoe, ausgest. im Museum Selçuk.

[12] M. Baran, H. Gültekin, TürkArkDerg 13, 1964, 125 ff.

[13] A. J. Bridge, Hesperia 43, 1974, 264 ff.

[14] R. Meriç a.O.

[15] Von R. Meriç wurden Scherben aus dem 7. Jh. v. Chr. gefunden.

[16] G. Kleiner, P. Hommel, W. Müller-Wiener, Panionion und Melie, JdI Erg.-H. 23 (1967).

[17] Kleiner/Hommel/Müller-Wiener a.O. 118, Abb. 62 und Plan 2.

[18] E. Akurgal, Altsmyrna 1 (1983) 15 ff.; – wenig in Milet: Müller-Wiener, Milet 1899 bis 1980, 101.

[19] A. Ramage, Lydian Houses and Architectural Terracottas (1978).

[20] D. Fusaro, DArch 4, 1982, 6 ff.

[21] Bammer, AnatSt 32, 1982, Pl. XI b.

[22] O. Aurenche, La maison orientale (1981); – I. Warner, AJA 83, 1979, 133 ff.; – F. Braemer, L'Architecture domestique du Levant à l'âge du fer (1982).

[23] K. Flannery, in J. P. Ucko, R. Tringham, D. W. Dimbleby, Man, Settlement and Urbanism (1972) 23 ff.

[24] Keil, ÖJh 23, 1926, Beib. 247 ff.

[25] Strabo erwähnt in Ortygia ältere und jüngere Tempel. Falls die Gleichsetzung des

Dorfes Arvalia mit Ortygia durch Benndorf richtig ist, wären hier noch wichtige Ergebnisse zu erwarten.

26 Langmann, Festschrift Eichler (1967) 103 ff.; – Vetters, AnzWien 115, 1978, 269; – ders., AnzWien 116, 1979, 125 f.

27 Grabung Museum Selçuk u. Museum Aydin, unpubliziert.

28 Bammer, Das Heiligtum der Artemis von Ephesos (1984) Abb. 50 ff.

29 Vgl. dazu R. Chapman, I. Kinnes, K. Randsborg (Hrsg.), The Archaeology of Death (1983).

30 Bammer, ÖJh 49, 1968/71, 32.

31 Die Türme sind bei Meriç, in Festgabe Vetters (1985) Taf. 6/1 eingetragen.

32 W. Jobst, Festschrift Dörner (1978) 447 ff.

33 Meriç, Metropolis in Ionien (1982); – G. M. A. Hanfmann, Festschrift L. Mildenberg (1984) 85 ff.

34 Bammer, ÖJh 46, 1961/63, 136 ff.; – M. Coppa, Storia dell'urbanistica 1 (1981) 585 ff.

35 W. Jobst, R. Meriç, ÖJh 52, 1978/80, Beib. 45 ff.

36 Vgl. Kap. „Ephesos in der Bronzezeit".

37 C. Foss, Ephesus after Antiquity (1979) 65 ff.; – W. Jobst, ÖJh 54, 1983, Beib. 149 ff.; – ders., ÖJh 51, 1976/77, 61 ff.

38 Zu Wohnhauskomplexen im Ägypten der Kaiserzeit vgl. H. Machler, in Aegyptiaca Treveriana 2 (1983) 119 ff.

39 Vetters, AnzWien 123, 1986, Abb. 14.

40 Vetters, AnzWien 123, 1986, Abb. 28a. Vgl. dazu auch die Lagepläne der beiden „Hanghäuser" in den vorhergehenden Grabungsberichten in AnzWien, FiE 8/1 u. 2. Durch das steil ansteigende Gelände bedingt, waren auch die älteren Grundrißpläne lagemäßig ungenau, was jetzt im Zuge der Mitarbeit des Architekten G. Wiplinger und des Geodäten F. Steiner berichtigt wurde.

41 G. Wiplinger, Festgabe Vetters (1985) 204 ff.

42 Zur archäologischen Auswertung von wertvollen Funden zur Sozialstruktur vgl. G. Bawden, JFieldA 9, 1982, 165 ff.

43 H. Mielsch, AA 1980, 550 ff.

44 Vetters, AnzWien 1981, 149 ff.; – L. Robert, CRAI 1982, 126 ff.

45 Bammer, ÖJh 47, 1964–65, Beib. 293 ff. Für Auskünfte danke ich C. Lang, U. Outschar und D. Parrish.

46 Foss a.O. 75 Anm. 55 f.

47 F. Baratte, Gnomon 52, 1980, 553 ff.

48 BJb 180, 1980, 772 ff.

49 Karwiese, Festgabe Vetters (1985) 129 ff.; – ders., Litterae Numismaticae Vindobonensis 2, 1983, 281 ff.

50 Foss a.O.; – Zur Problematik der Datierung der Bauarbeiten in den Hanghäusern anhand der Mosaiken vgl. die Besprechung der von W. Jobst vorgelegten Mosaiken, FiE 8/2 (1977) durch K. M. D. Dunbabin, AJA 83, 1979, 246 ff. Heute wird die archäologische Beurteilung durch Außenstehende dadurch erschwert, daß der ursprüngliche Befund „zerrestauriert" ist.

51 P. Bruneau, BCH 100, 1976, 103 ff.

52 So kann ein Zusammenhang von Verzierungselementen der Keramik und deren Häufigkeit in den verschiedenen Räumen, in denen sie gefunden wurde, hergestellt werden. Dies ist bei Pueblos in Arizona durchgeführt worden. Das Ergebnis ist eine Gruppierung bestimmter Räume je nach der Häufigkeit bestimmter Dekorationselemente. Können diese Dekorationen dann noch mit denen der Keramik von zugehörigen Begräbnisplätzen verknüpft werden, so lassen sich Aussagen über Bestattungs-

gebräuche machen. Vgl. W. A. Longacre, in S. R. Binford, L. R. Binford, New Perspectives in Archaeology (⁶1979) 89 ff.; – J. N. Hill, ebenda 105 ff.; – M. K. Eggert, PZ 53, 1978, 50 ff.; – G. Bawden, JFieldA 9, 1982, 165 ff. – Diese Untersuchungen wurden erweitert, indem man die Funktion der Räume selbst in die Analyse miteinbezogen hat. Die Raumfunktion läßt sich durch die Raumform, Lage im Bauwerk und Kleinfunde bestimmen. Es ist schade, daß der Zusammenhang von sozialer Organisation und Keramik bislang für prähistorische Strukturen besser untersucht ist als für antike. Studien dieser Art können Einsichten in den Botschaftscharakter der Dekoration und die Dichte der wirtschaftlichen und sozialen Organisation bewirken. Interessanterweise nimmt bei zunehmender sozialer Vernetzung die Varianz der bildlichen Botschaften ab. Vgl. R. Ciollek-Torelli, JFieldA 12, 1985, 41 ff.; – J. A. Voss, Berichte van de Rijksdienst voor het Oudheidkundig Bodemonderzoek 32, 1982, 9 ff.

53 Zu Säulenhallen: G. Kuhn, JdI 100, 1985, 176, 307 ff.

54 Jobst, ÖJh 51, 1976/77, 61 ff.

55 V. M. Strocka, FiE 8/1 (1977) 45 ff., 74 ff.

56 Jobst, FiE 8/2 (1977) Abb. 123, 107, 103.

57 L. A. Schneider, Die Domäne als Weltbild (1983).

58 Vetters, Festschrift Kenner 2 (1986) 335 ff.

59 M. Dawid, P. G. Dawid, ÖJh 50, 1972/75, Beib. 541 ff.

60 M. Dawid, Festschrift Kenner 1 (1982) 49 ff.; – R. Fleischer, AA 1983, 439 ff.

61 M. Aurenhammer, ÖJh 54, 1983, Beib. 133 ff.

62 Aurenhammer a.O. 105 ff.; – Jobst, Festschrift B. Neutsch (1980) 197 ff.

63 Jobst, Wiener Studien 6, 1972, 235 ff.; – P. Weiss, Chiron 3, 1973, 451 ff.

64 Vetters, Classica et Provincialia, Festschrift E. Diez (1978) 211 ff.; – ders., RömHistMitt 23, 1981, 209 ff. Auch im Hanghaus 1 gibt es eine derartige.

65 IvE 502, 502a, 675, 3064.

66 J.-L. David, in Architecture et Société, Collection de l'Ecole Française de Rome (1983) 215 ff.

67 F. Coarelli, ebenda 191 ff.

68 W. Jobst, Festgabe Vetters (1985) 200 ff.

69 Vetters, Festschrift B. Neutsch (1980) 477 ff.; – ders., in Paris communis, Studia in hon. C. M. Danow, Ann. de l'Université de Sofia 76/2, 1984, 445 f. – Der Zusammenhang zwischen wertvollen Funden und den Bewohnern der Behausungen ist quantitativ untersucht worden bei G. Bawden, JFieldA 9, 1982, 165 ff.

70 F. Miltner, ÖJh 43, 1956–58, Beib. 58 f.

71 L. Hopfgartner, Studi Genuensi 4, 1962/3, 17 ff.

72 W. Jobst, R. Meriç, ÖJh 52, 1978/80, Beib. 45 ff.

73 Zu den Siebenschläferkirchen: F. Miltner, FiE 4 (1937); – W. Jobst, ÖJh 50, 1972/75, Beib. 171; – E. Honigmann, Patristic Studies (1953) 125 ff.; – zur Marienkirche: F. Fasolo, Palladio 6, 1956; – W. Jobst, ÖJh 49, 1968/71, 297 ff.

74 Hopfgartner a.O. 57 ff.

75 T. Wiegand, H. Schrader, Priene (1904) 490 f.; – Kadikale war seit 1261 n. Chr. ein Fondaco der Genuesen, vgl. Müller-Wiener, IstMitt 11, 1961, 65 ff., 77 ff.; – ders., IstMitt 25, 1975, 399 ff.

76 Müller-Wiener, IstMitt 11, 1961, 90 ff.

77 Müller-Wiener, IstMitt 11, 1961, 112 ff.

La mort nous affecte plus profondément
sous le règne pompeux de l'été
Baudelaire

Apasa und Mursili Ephesos in der Bronzezeit

Die Archäologie ist heute zu einer der wichtigsten Quellen der Alten Geschichte geworden. Das Material aber, das die Archäologie als historische Quelle liefert, ist stets fragmentarischen Charakters. Daher wird die Geschichte auch heute immer mehr archäologisiert, am ehesten demonstriert in den großen modernen Ausstellungen. Von der Ideologie geht der Weg zur Idologie und Imageologie. Aber solange man in der Geschichte von einer aus isolierbaren historischen Momenten zusammengefügten Zeitvorstellung ausgehen konnte, deren wesentliche Eigenschaften abstrahiert und auch auf diese Weise repräsentiert werden können, war die Fragmentiertheit der Einzelphänomene für die Begrifflichkeit der Geschichte kein Problem. Hiervon kann aber nicht mehr ausgegangen werden, weil das quantitativ riesige unübersichtliche Material, wie Scherben, derartig fragmentiert ist, daß sich seine visuelle und gedankliche Faßlichkeit dem Verstand entzieht. Daher muß von dem Begriff der Geschichte Abstand genommen werden, und es tauchen neue Positionen auf, die bislang von den herkömmlichen Vorstellungen verdeckt waren[1].

Es ist hier nicht notwendig, die Geschichte von Ephesos darzustellen. Es soll aber auf einige Epochen kurz eingegangen werden, die in den üblichen Darstellungen weniger Beachtung finden, und anhand dieser auf die Dialektik der Aneignung kultureller Phänomene hingewiesen werden. Denn jedes Nehmen ist auch ein Geben. So wie jedes Kunstwerk für sich vollendet ist, die Kunst aber nicht, da sie sich ständig weiterentwickelt, genauso sind Ereignisse für sich abgeschlossen, die Geschichte aber nicht. Denn Kunstwerke und Ereignisse sind Realitäten, Kunst und Geschichte aber sind Begriffe[2]. Aber auch Begriffe gehen in die Definition des Ereignisses bzw. des Werkes ein und heben somit partiell deren Vollendung auf, weil eben ein Kunstwerk bzw. ein

Ereignis ein Bestandteil der Kunst bzw. der Geschichte ist und nicht nur das Werk eines Künstlers bzw. die Handlung einer Person.

In einer Stadt wie Ephesos, wo die griechische und römische Antike so stark vertreten ist, ist verständlich, daß ihre Erforschung von einem deutlichen Klassizismus geprägt ist, der die vor- und nachantiken Perioden vernachlässigt. Damit ist auch die Verschwommenheit und Verstreutheit der Relikte aus der Bronzezeit, die sich gewissermaßen nur in Spurenelementen zeigen, erklärbar. Außerdem muß der archäologische Aktionsradius über den antiken Bereich von Ephesos vergrößert werden, will man die Bronzezeit archäologisch zum Sprechen bringen, nach Norden hin bis etwa Torbali, nach Osten hin bis Tire, nach Süden bis zur Mykale.

Die archäologisch erfaßbare Geschichte des Mäander- und Kaystertales setzt im Spätchalkolithikum (5000 bis 3600 v. Chr.) und der älteren Bronzezeit (ab etwa 3600 bis 1700 v. Chr.) ein. In dieser Zeit existierte eine einigermaßen homogene Kultur, die nach dem Grabungsplatz im oberen Mäandertal Beycesultankultur benannt wurde[3]. Sie ist an mehreren Plätzen im Mäander- und Kaystertal[4] und unweit des Feriendorfes Kuştur südlich von Ephesos[5] nachgewiesen und dehnte sich bis Samos hin aus (Z 14). Der am besten erforschte Siedlungsplatz in der Nähe von Ephesos ist der Geyrehüyük in Aphrodisias[6]. Ein anderer wichtiger Fundplatz ist von H. Gürçay 1977 auf dem Hügel westlich des Feriendorfes Kuştur entdeckt worden (Z 1). Der Hügel liegt direkt am Meer. Die dort gefundenen Geräte stammen aber nicht aus einem Grab. Sie stehen der Kultur von Samos näher als den kleinasiatischen Funden. Der Hügel wurde erst wieder im Hellenismus verbaut. An seinem Ostabhang steht ein Tumulus mit einer Rustikamauer[7] (Abb.19). Die prähistorischen Funde befinden sich im Museum von Selçuk, die abgehobenen Mosaiken im Museum von Aydin. Scherben des Beycesultantyps kommen im unteren Kaystertal auf dem Arapkahvehüyük bei Torbali vor[8]. Dort gibt es auch spätchalkolithische Scherben des Typus Kumtepe 1 b[9]. Auch frühbronzezeitliche Überreste sind auf dem Hügel nachgewiesen, aber noch viel mehr auf dem Gräberfeld von Kabacakiri südlich von Metropolis bei Torbali[10]. Auch der Sinektepe war schon in prähistorischer Zeit besiedelt, die Ansiedlung wurde jedoch erst seit der subgeometrischen Epoche größer[11].

Im zweiten Jahrtausend war West- und Südwestkleinasien bereits von den Minoern besiedelt. Dies geht aus den mittel- und spätminoischen Funden beim Athenatempel von Milet[12] und aus Iasos hervor[13]. Nach 1450 v. Chr. beginnen die Mykener, die minoischen Siedlungsplätze zu okkupieren[14].

Eine besonders aufschlußreiche Quelle für die ephesische Topographie der Spätbronzezeit sind hethitische Texte. In ihnen treten mehrere geographische Schlüsselbegriffe auf, nämlich Ahhiyawa, Arzawa und Apasa. Während früher die Gleichsetzung von Ahhiyawa mit Achaia, also dem festlandgriechischen Mykene, wenig Anklang fand, scheint sie sich heute immer mehr durchzusetzen[15]. Auch Arzawa, das auch in Nordwestkleinasien[16] und Südkleinasien[17] lokalisiert worden ist, wird m.E. richtig immer nachdrücklicher in Westkleinasien angesetzt[18] (Z 25). Es ist dabei zwischen Arzawa im engeren Sinne, mit der Hauptstadt Apasa, und den Arzawa-Ländern im weiteren Sinne, zu denen auch das Mira-Land und das Seha-Flußland gehörten, zu unterscheiden. Arzawa im engeren Sinne dürfte dann etwa mit dem späteren Lydien zusammenfallen[19], das Seha-Flußland am ehesten mit dem Großen Mäandertal[20]. Wenn also Arzawa an der ionischen Küste lag, so mußte auch die Residenzstadt Apasa in Küstennähe sein und kann daher durchaus im Gebiet von Ephesos liegen[21]. Für die Lage von Apasa im ephesischen Raum spricht auch der geographische Zusammenhang, der in den Annalen des Hethiterkönigs Mursili II. mit Millawanda (Milet) hergestellt wird[22]. Geschildert wird sein Kriegszug gegen Arzawa[23]. Mursili II. regierte etwa von 1340 bis 1309 v. Chr. Er war der Sohn des Suppiluliuma und Bruder des Arnuwanda. Beide waren an der Pest gestorben.

Der große Bruder läßt schön grüßen

Arzawa war in jenen Jahren ein mächtiges Land in Westkleinasien. Es lag in der Mitte zwischen Ahhiyawa und dem Hethiterreich. Kulturell und ökonomisch dürfte es aber damals anfangs von Kreta, später von den Mykenern abhängig gewesen sein. An den hethitischen Einfluß erinnern die Felsreliefs vom Berge Sipylos[24] und von Karabel bei Izmir[25]. Während es minoische Überreste vor allem in Milet und Iasos gibt[26], finden sich mykenische allenthalben im Küstenbereich[27]. Das Nebeneinander hethitischer und mykenischer Funde mit einer Dominanz letzterer ist auch ein Spiegel des politischen Doppelverhältnisses von

HETHITISCHE TOPOGRAPHIE SÜD-WEST KLEINASIENS

Z 25 Landkarte Südwestkleinasiens mit einer versuchsweisen Eintragung der hethitischen Orts- und Landschaftsnamen

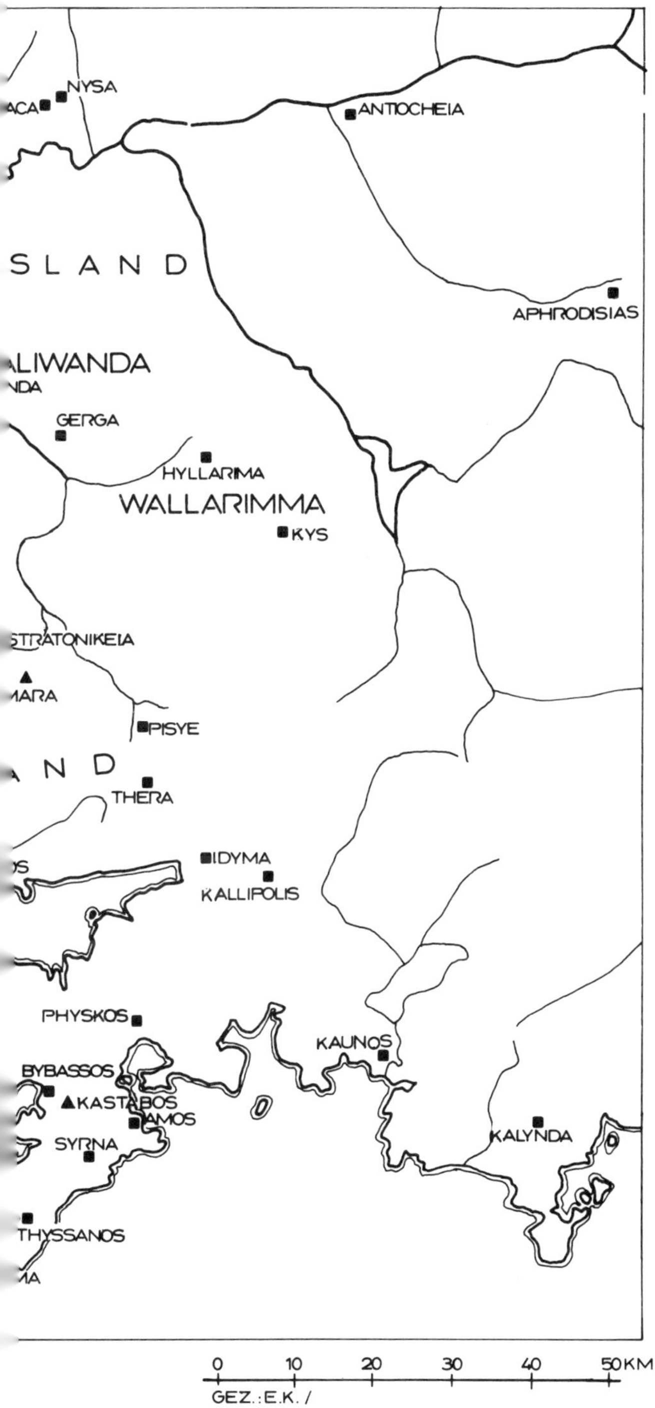

NYSA
ANTIOCHEIA
S L A N D
APHRODISIAS
ALIWANDA
GERGA
HYLLARIMA
WALLARIMMA
KYS
STRATONIKEIA
PISYE
A N D
THERA
IDYMA
KALLIPOLIS
PHYSKOS
KAUNOS
BYBASSOS
KASTABOS
SYRNA
KALYNDA
THYSSANOS
0 10 20 30 40 50 KM
GEZ.: E.K. /

Arzawa[28]. Man kann sich vorstellen, daß die Hethiter das Liebäugeln Arzawas mit den Mykenern argwöhnisch beobachtet haben. Der plötzliche Tod der hethitischen Herrscher durch die Pest scheint Uhhazitis[29] oder Uhha-Lu[30] ermuntert zu haben, Millawanda und den Herrscher Manapa-Dattas des Seha-Flußlandes zu einem Komplott gegen die Hethiter zu überreden[31]. Außerdem verweigerte Uhhazitis dem Mursili die Auslieferung von Flüchtlingen, den sog. NAM.RA-Leuten. Dies war auch der offizielle Grund für die Kriegserklärung Mursilis: „Meine Untertanen, die zu dir hereinkamen, als ich die von dir zurückforderte, hast du sie mir nicht zurückgegeben. Du hast mich ein Kind gescholten und mich mißachtet. Nun auf denn! Wir werden miteinander kämpfen! Und der Wettergott, mein Herr, soll uns den Rechtsstreit entscheiden!"[32]

Im dritten Jahr seiner Herrschaft zog Mursili gegen Arzawa. Auf dem Anmarschweg sah das hethitische Heer über Arzawa bei Apasa ein Himmelsereignis oder eine Wetterkatastrophe, welche Uhhazitis, den König von Arzawa, erkranken ließ: „Während ich aber marschierte, als ich da zum Gebirge Lawasa gelangte, zeigte der mächtige Wettergott, mein Herr, sein göttliches Walten. Einen ^{GIS}kalmisana schmetterte (?) er hin. Den ^{GIS}kalmisana sah mein Herr, und das Land Arzawa sah ihn. Nun ging der ^{GIS}kalmisana hin, und er traf das Land Arzawa, und Apasa, die Stadt des Uhha-Lu, traf er. Und den Uhha-Lu zwang er in die Knie (wörtl.: den Uhha-Lu, seine Knie, setzte er hin), und er erkrankte."[33]

Schon an der Ostgrenze von Arzawa stellten sich dem hethitischen Heer die Truppen von Arzawa unter der Führung von Sumadkal, einem Königssohn, entgegen[34]. Die Hethiter gewannen aber die Schlacht. Sumadkal mußte fliehen. Die hethitischen Generäle Gullas und Malazitis dürften die Verfolgung aufgenommen haben und direkt nach Apasa gezogen sein. Es existiert folgender Text, der dazu eine Schlüsselrolle einnimmt:

„Als es aber Frühling wurde, Uhha-Lu . . . . /
Das Land Millawanda (Akk.) dem König von Ahhiuwa . . . . /
Den Gulla, den Mala-Lu, Truppen und Wagenkämpfer / entsandte?
. . . . /
schlugen sie. Sie nahmen es mit NAM.RA, Rindern und Schafen auf /
. . . . . / "[35].

Uhhazitis scheint aber Apasa nicht verteidigt zu haben, sondern er floh „übers Meer hinüber", „und dort drinnen hielt er sich auf"[36].

Seine Frau und seine beiden Söhne Sumadkal und Tapalazunawali befanden sich bei ihm. Uhhazitis starb auch „im Meer", also vermutlich auf einer Insel, wahrscheinlich an den Folgen seiner Krankheit[37].

Gleichzeitig mit der Königsfamilie hatte auch die Bevölkerung von Apasa und wohl auch teilweise die aus Arzawa die Flucht ergriffen. Ein Teil konnte dem König auf das Meer folgen, ein anderer Teil verschanzte sich im Gebirge. Wenn ein Teil der Bevölkerung sich einschiffen konnte, so mußte die Flotte von Apasa recht bedeutend gewesen sein[38]. Die nächste größere Insel gegenüber einem ephesischen Apasa ist Samos[39], und dorthin dürfte Uhhazitis entkommen sein. Da die Entfernung nach Samos sehr gering ist, besonders zwischen der Mykale und Samos, können natürlich auch kleinere Boote zur Evakuierung gedient haben (Abb. 3, 80).

Wir können jedenfalls davon ausgehen, daß Apasa direkt am Meer liegen mußte, denn der kranke König hätte mit seinen Leuten nicht lange auf dem Landweg fliehen können, bis er zum Hafen gelangte. Die wartenden Schiffe vor seinen Augen schienen seine Sicherheit überzeugender zu gewährleisten als die noch so hohen Festungsmauern seiner Residenz[40].

Die beiden wichtigsten spätbronzezeitlich-mykenischen Siedlungsplätze in der Umgebung von Ephesos/Selçuk sind der Ilıcatepe (Abb. 34) und Büyükkale. Büyükkale liegt im Kaystertal etwas östlich von Halkapinar. Es ist auf einer Stichstraße von der Straße von Belevi nach Tire zu erreichen. Die Festung selbst liegt auf einem malerischen steilen Felsen. Der Großteil der Burg ist heute von hellenistischen Mauern umschlossen, nur an seiner West- und Nordseite sind große Teile der Kyklopenmauer erhalten[41].

Der Ilıcatepe (Abb. 34) ist als befestigter Siedlungsplatz schon seit Kiepert bekannt, der ihn mit dem von Strabon erwähnten Neapolis identifizieren wollte[42]. Dies scheint mir aber aus naheliegenden Gründen wenig wahrscheinlich. Auch Th. Wiegand und H. Schrader[43] sowie später J. Keil[44] haben von dem befestigten Hügel gewußt, ihn aber als altkarisch bezeichnet. Wiegand und Schrader berufen sich dabei auf die Ähnlichkeit des Festungsmauerwerks mit jenem von Melie[45]; jenes ist aber viel kleinteiliger. Unlängst hat aber R. Meriç (mündlich) eine mykenische Datierung befürwortet. Meiner Meinung nach kann an dem spätbronzezeitlichen, kyklopischen Charakter der Burgmauer des Ilıcatepe kein Zweifel bestehen (Abb. 34).

Der Hügel liegt gleich an der Straße von Kuşadası nach Söke, knapp vor der Abzweigung nach Davutlar. Die Mauern sind von der Straße aus zu sehen. Sie umschließen vor allem die Nord- und die Westseite der Hügelkrone. An mehreren Stellen ist der Mauerring doppelt erhalten. Er hat zumindest ein Tor an der Nordseite besessen, der Hauptaufgang dürfte aber an der Westseite gewesen sein. Der Durchmesser des Mauerrings betrug etwa 320 m (Z 1).

Während Büyükkale bis in die türkische Zeit immer befestigt und besiedelt war, wurde der Ilıcatepe in nachmykenischer Zeit nie mehr bewohnt (Z 26).

Da Apasa sicher befestigt war, muß einer der beiden Hügel für das mykenische Apasa in Betracht gezogen werden. Büyükkale scheidet meiner Meinung nach aus, weil die Felskrone und die Festung für eine Herrscherburg zu klein sind und diese außerdem etwa 30 km vom Meer entfernt liegt. Viel eher kommt der Ilıcatepe für Apasa in Betracht. Der Hügel und die Befestigung sind größer, innerhalb der Mauern liegt ein flaches Gelände, das sich besiedeln läßt, vor allem aber befindet sich dieser Hügel in unmittelbarer Nähe des Meeres. Auch sonst lag er günstig: Nach Osten öffnete sich ein fruchtbares kleines Tal, der Hafen war durch die hohe Mykale am gegenüberliegenden Ende der Bucht vor den starken Winterstürmen aus dem Süden geschützt. Ich halte daher den Ilıcatepe (Abb. 34) für am besten geeignet zur Lokalisierung von Apasa. Der Büyükkale stellt meiner Meinung nach dagegen eine Festung dar, die Arzawa bzw. das Hinterland von Apasa gegen Einfälle von Osten schützen sollte (Z 26).

Sowohl auf dem Ilıcatepe als auch auf dem Büyükkale fehlen bis heute Surveys oder gar Grabungen. Nur aufgrund von Funden (z.B. datierbarer Keramik) könnte das Entstehungsdatum dieser Burgen bestimmt werden.

Nach der versuchsweisen Identifizierung des Ilıcatepe mit Apasa können wir darangehen, einige hethitische Ortsbegriffe neu zu fassen. Atriya hielt Garstang[46] für Tralleis, Abbawiya für Milasa[47]. Schachermeyr nimmt an, daß Abbawiya (Apawija) ein Gebiet südlich der Mykale sei[48]. Er hält es auch für möglich, daß Millawata nicht nur eine andere Schreibweise von Millawanda sei, sondern auch den späteren Ort Milasa bezeichnet. Ich selbst dagegen möchte eher annehmen, daß mit Millawata Iasos gemeint ist (Z 25).

Z 26 Mykenische Fundplätze in der Umgebung von Ephesos

Ein Gebirge ist keine Arche Noah

Schon Garstang und O. Gurney[49] hatten für ein Gebirge Arinnanda entweder die Berge nördlich von Selçuk oder die südlich davon zwischen Ephesos und Milet in Betracht gezogen; jedenfalls kann das Arinnanda-Gebirge nicht weit von der Hauptstadt entfernt gelegen sein, denn weit konnte die Zivilbevölkerung nicht vor einem schnellen Heer fliehen. Im Gebirge Arinnanda hatten sich die NAM.RA-Flüchtlinge verschanzt, derenthalben der Krieg überhaupt ausgebrochen war.

Mursili berichtet: „... Besagtes Gebirge Arinnanda aber ist (zugänglich). Es geht ins Meer hinaus. Ferner (ist es) sehr hoch und unwegsam, ferner felsig, und mit Pferden hinaufzureiten ist unmöglich. Die NAM.RA aber hielten es insgesamt (besetzt), und die Fußtruppen waren insgesamt oben. Weil mit Pferden hinaufzureiten unmöglich war, ging ich, meine Sonne, zu Fuß dem Heer voran und zog in das Gebirge Arinnanda hinauf. Die NAM.RA [trieb] ich durch Hunger und Durst in die Enge. Als es ihnen durch Hunger und Durst drückend wurde, kamen die NAM.RA herab, fielen mir zu Füßen (und sprachen): ‚Unser Herr! Vernichte uns nicht! Nimm uns, unser Herr, zur Untertanenschaft, und bring uns nach Hattusa hinauf!' "[50]

Einer der Söhne des Uhhazitis, der Tapalazunawali, war wieder auf das Festland zurückgekehrt und hatte sich mit Leuten und eigenen Kriegern auf die Festung Puranda zurückgezogen, wo er aber auch belagert wurde. Während seine Leute gefangengenommen wurden, entkam er allein[51]. Daher kann nach meiner Ansicht das Gebirge Arinnanda nur die Mykale sein. Die Mykale (heute Samsun Daği) ist sehr gebirgig, reicht weit ins Meer hinaus, ist sehr unzugänglich und bietet gute Fluchtmöglichkeiten nach Samos. Das Wichtigste aber ist ihre Lage in bezug auf die Festung Apasa-Ilıcatepe. Die Mykale liegt nämlich in unmittelbarer Nähe des Ilıcatepe, direkt auf der anderen Seite der Bucht von Davutlar. Sie bot die ideale Rückzugsmöglichkeit für Flüchtlinge aus Apasa (Abb. 3).

Weniger leicht ist die topographische Identifikation von Puranda. Tapalazunawali kehrte erst nach einiger Zeit von einer ägäischen Insel, vermutlich Samos, auf das Festland zurück und verschanzte sich auf einer steilen Burg, wo ihm Mursili offenbar leicht das Wasser abschneiden konnte[52]. So schreibt Mursili: „Tapalazunawali ging oben in die Stadt Puranda hinauf. – Als ich aber das jährliche Fest vollendet hatte,

14 Tumulus auf der ehemaligen Insel Syrie (Koru Tepe)

15 Domitiansgasse mit Kamelkarawane; wo heute nur mehr Touristen wandern, zogen früher noch die Kamele
16 Scholastikiatherme, vermutlich ehemaliges Bad des Varius

17 Beim Hausbau in Selçuk freigelegtes Grab klassischer Zeit, Sarg aus Steinplatten
18 Pfauenmosaik von einer Villa bei Yeniköy, jetzt im Museum Selçuk

19 Tumulus beim Feriendorf Kuştur
20 Mykenisches Gefäß vom spätmykenischen Grab beim Tor der Verfolgung in Selçuk (Ayasoluk)

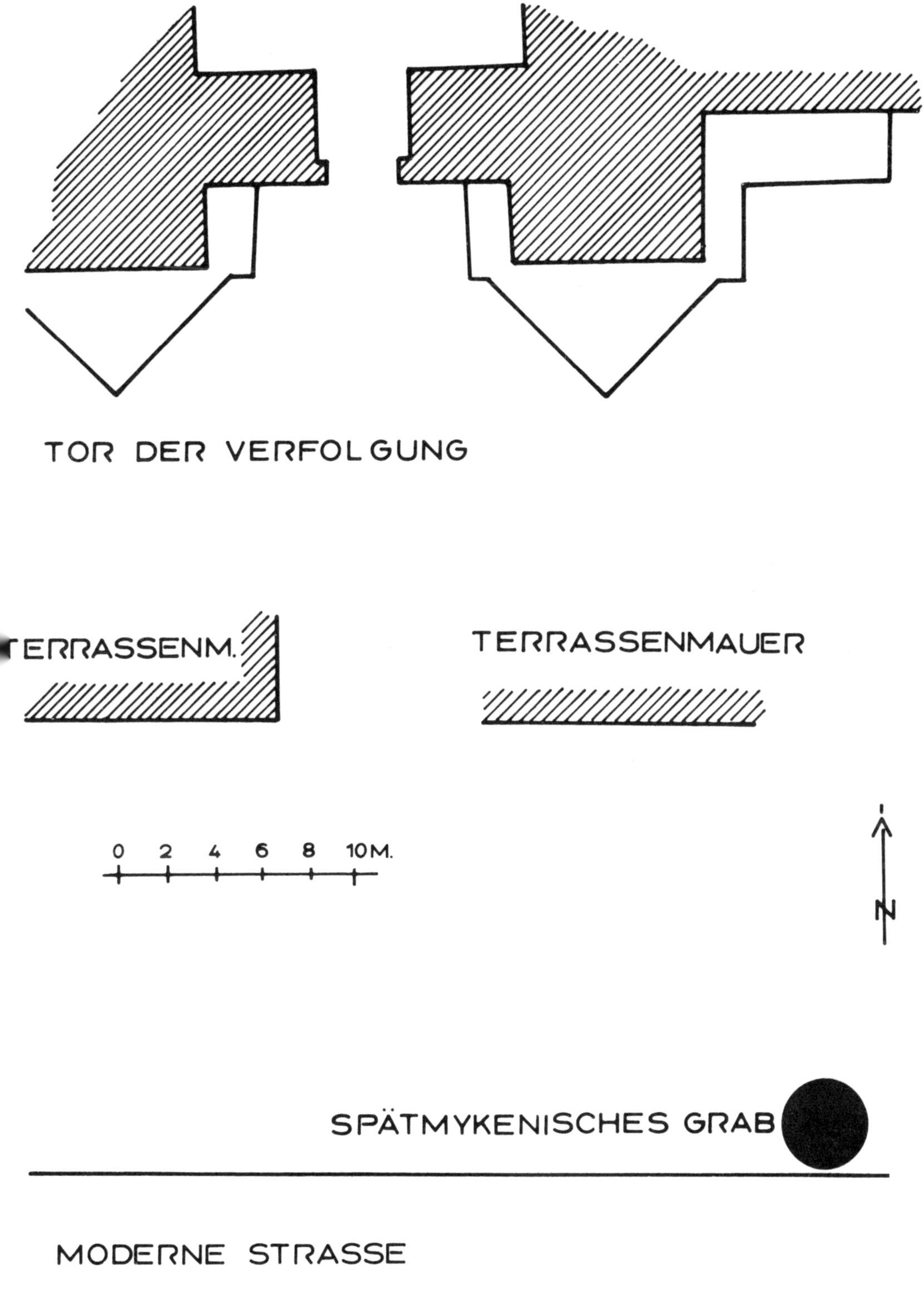

Z 27 Lageskizze des spätmykenischen Grabes beim Tor der Verfolgung

zog ich in den Kampf gegen Puranda. Tapalazunawali kam mit Fußtruppen (und) Wagenkämpfern aus Puranda herab ... ich besiegte Tapalazunawali [mit] seinen Fußtruppen (und) Wagenkämpfern ... dann zog ich los, umschloß Puranda, bedrängte [es] und schnitt ihm das Wasser ab ... ich [er]oberte Puranda, und die NAM.RA-Leute, [die ich in den Palast brachte,] waren 15[×]00 NAM.RA-Leute; die [NAM.RA-Leute aber], Rinder und Schafe, welche [die hethitischen Herren, Fußtruppen] und [Wagenkämpfer von ihnen mitnahmen, waren unzählig]"[53].

Die einzige bekannte mykenische Burg, die auf einem sehr steilen Felsen und zudem im Nahbereich von Apasa liegt, ist Büyükkale. Solange keine anderen, überzeugender gelegenen Burgen bekannt sind, möchte ich Büyükkale mit Puranda identifizieren (Z 26).

Außer diesen beiden Burgen existieren noch zahlreiche andere archäologische Überreste aus mykenischer Zeit im ephesischen Gebiet. Aus Kolophon ist ein Kuppelgrab bekannt[54], mykenische Scherben wurden auf der Halbinsel Yılancı Burun (das spätere Marathesion?) bei Kuşadası gesammelt[55]. Beim Tor der Verfolgung auf dem Ayasolukhügel wurde ein spätmykenisches Grab mit Knochen und Gefäßen gefunden[56], die heute im Museum von Selçuk ausgestellt sind (Abb. 20) (Z 27). Im Dorf Halkapınar östlich von Belevi hat ein Bauer eine mykenische Oinochoe in einem Pithos entdeckt, welche ebenfalls im Museum Selçuk zu sehen ist[57] (Z 25).

Die Grabbeigaben von Ayasoluk stammen aus derselben archäologischen Epoche wie jene eines Brandhorizontes aus Milet, der in der Siedlung um den Athenatempel anzutreffen ist, nämlich späthelladisch III A (Abb. 20). In die damit bezeichnete Zeit fällt auch der Kriegszug des Mursili II., der um 1337 v. Chr. stattfand[58]. Es ist nicht auszuschließen, daß das Grab von Ayasoluk (Z 27) mit den Kriegswirren dieser Zeit zu tun hat. Offenbar hatte Mursili große Teile der Bevölkerung von Arzawa nach Hatti verschleppt[59]. Im Gegensatz dazu wurde Millawanda gleich nach der Zerstörung wiederaufgebaut[60].

Welche Ursachen lassen sich für das Vordringen der Hethiter aus dem Zentrum Anatoliens in das luwische Arzawa an der Küste angeben? J. Yakar nahm an, daß die entscheidende Motivation die Gewinnung neuer Rohstoffbasen wie Erzlager gewesen sei[61]. Dies bestreitet aber R. T. Marchese mit dem Hinweis, daß gerade in Westanatolien in dieser Zeit kaum Lagerstätten erschlossen waren[62].

Durch die Systemtheorie in der Archäologie wird die Bedeutung ökologischer und klimatischer Veränderungen für die kulturelle Dynamik immer bewußter[63]. Schon die allmähliche Klimaverschlechterung in der Bronzezeit und die rapide in der Spätbronzezeit[64] hatte einen Einfluß auf die Veränderung der Produktivkräfte. Die Völker aus den kalten Zonen wie Zentralanatolien drängten in die wärmeren Küstengebiete. Durch den Landzuwachs in den Küstengebieten[65] konnten auch nicht-seefahrende Gesellschaften über neue Landbrücken in fruchtbare Gebiete gelangen.

Zu einem Zusammenbruch des Sozialsystems und der Sozialstruktur kann andererseits auch eine Destabilisierung des ökologischen Gleichgewichts führen, wie dies offenbar in dieser Zeit[66] mit der mykenischen und auch mit der hethitischen Kultur erfolgt ist[67].

1 S. Benhabib, in A. Huyssen, K. R. Scherpe (Hrsg.), Postmoderne (1986) 103 f.

2 H. Belting, in K. C. Faber, C. Meier (Hrsg.), Theorie der Geschichte 2 (1978) 98 ff.

3 S. Lloyd, J. Mellaart, Beycesultan, Middle Bronze 2 (1965); – J. Yakar, The Later Prehistory of Anatolia 1 (1985) 161 ff.; – R. T. Marchese, The Lower Maeander Flood Plain (1986) 56 ff.

4 Marchese, A History of Urban Organization in the Lower Maeander River Valley (Diss. N. Y. 1976) 62 ff.; – P. E. Pecorella, BdA Suppl 31/32, 1987, 19 ff.; – ders., La Cultura preistorica di Iasos in Caria (1984).

5 Bammer, ÖJh 57, 1986, Beibl.

6 B. Kadish, AJA 73, 1969, 49 ff.; – dies., AJA 75, 1971, 121 ff.; – Yakar a.O. 161; – M. Joukowsky, AJA 85, 1981, 200 ff.; – dies., Prehistoric Aphrodisias (1987); – dies., in Recueil J. Deshayes (1985) 147 ff.; – Marchese, The Lower Maeander Flood Plain (1986) 69 ff.

7 L. Hopfgartner, Studi Genuensi 4, 1962/63, 66 ff.; – W. Jobst, R. Meriç, ÖJh 52, 1978/80, Beib. 45 ff.

8 R. Meriç, Metropolis in Ionien, Beitr. Klass. Phil. 142 (1982) 10 f., 40 f.

9 D. French, AnatSt 11, 1961, 99 ff.; – ders., AnatSt 19, 1969, 41 ff.; – J. W. Sperling, Hesperia 45, 1976, 350 ff.; – Yakar a.O. 147 f.

10 Meriç a.O. 43 ff.; besonders Pithos- und Plattengräber.

11 Meriç a.O.

12 W. Schiering, in R. Hägg, N. Marinatos (Hrsg.), The Minoan Thalassokracy (1984) 187 ff.; – ders., in Milet 1899–1980. IstMitt Beih. 31 (1986) 11 ff.; – W. Voigtländer ebenda 17 ff.; – ders., IstMitt 32, 1982; – C. Mee, AnatSt 28, 1978, 133 ff.; – A. Papagiannopoulou, AnatSt 35, 1985, 86 ff.

13 C. Laviosa, in Hägg/Marinatos a.O. 183 ff.; – dies., Proceedings of the 10th Int. Congress of Class. Arch. (1978) 1093 ff.; – Papagiannopoulou a.O.; M. Benzi, BdA Suppl. 31/32, 1987, 29 ff.

14 M. J. Mellink, AJA 87, 1983, 139; – C. Mee a.O. 148 ff.; – J. Bouzek, The Aegean, Anatolia and Europe, Cultural Interrelations in the Second Mill. B. C. (1985); – wichtig auch Müsgebi bei Bodrum: G. F. Bass, AJA 67, 1963, 353 ff., vgl. auch W. Voigtländer, AA 1986, 613 ff.

[15] Vgl. jetzt F. Schachermeyr, Mykene und das Hethiterreich (1986) 7 f.; – zur Literatur: G. F. del Monte, J. Tischler, Die Orts- und Gewässernamen der hethitischen Texte, TAVO 7 B (1978) (Répertoire géogr. des textes cunéiformes); – Schachermeyr, in Philia epe eis Georgion E. Mylonan (1986) 99 ff.; – H. G. Güterbock, AJA 87, 1983, 133 ff.; – Mellink a.O. 138 ff.; – E. T. Vermeule, AJA 87, 1983, 141 ff.; – indirekt S. Heinhold-Krahmer, Orientalia 52, 1983, 96; – anders J. Mellaart, zuletzt in Philia epe eis Georgion Mylonan (1986) 74 ff., wo er zwei Varianten, nämlich Millawanda = Milet und Millawanda = Troas, diskutiert. Vgl. auch Mellaart, AnatSt 18, 1968, 187 ff.; – ders., 19. Beiheft AfO (1982) 321 ff.; – ähnlich J. G. Macqueen, AnatSt 18, 1968, 169 ff.

[16] Macqueen a.O.; – Mellaart, AnatSt 18, 1968, 187 ff.; – ders., 19. Beih. AfO, 1982, 371 ff.

[17] J. Garstang, AJA 47, 1943, 44 ff.

[18] Schon Garstang, O. R. Gurney, The Geography of the Hittite Empire (1959) 83 ff.; – zur Lit.: del Monte, Tischler a.O. 43 ff.

[19] Auch Schachermeyr a.O. 304 ff., in Mykene . . .

[20] Garstang, Gurney a.O. 93 ff.; – Marchese, The Lower Maeander, a.O. 84 ff.

[21] Mellink a.O. 140; – I. Singer, AnatSt 33, 1983, 206; – F. Cornelius, Geschichte der Hethiter (1973) 177 ff.

[22] Abgesehen von Mellaart, der die Lokalisierung von Millawanda in der Troas in Erwägung zieht (s.o. Anm. 15), wird von den meisten Autoren Millawanda mit Milet gleichgesetzt. Zur nach wie vor nicht beweisbaren Argumentation in der wissenschaftlichen Literatur: del Monte, Tischler a.O.

[23] A. Götze, Die Annalen des Mursilis, Mitt. der Vorderas.-Ägypt. Ges. (1933).

[24] Güterbock, R. L. Alexander, AnatSt 33, 1983, 29 f.

[25] E. Akurgal, Die Kunst der Hethiter (1961) Taf. 22.

[26] Vgl. Anm. 12 und 13.

[27] Mee a.O. 121 ff.; – darunter auch Müsgebi, Bass, AJA 67, 1963, 353 ff.

[28] Von Schachermeyr als Doppeluntertänigkeit bezeichnet, a.O. 19 f., in Mykene . . .

[29] Güterbock a.O. 135.

[30] S. Heinhold-Krahmer, Arzawa, Texte der Hethiter 8 (1977) 385 f.

[31] Mellink a.O. 140.

[32] Heinhold-Krahmer a.O. 96.

[33] Heinhold-Krahmer a.O. 104.

[34] Heinhold-Krahmer a.O. 109, zu Sumadkal: 383.

[35] Heinhold-Krahmer a.O. 98.

[36] Heinhold-Krahmer a.O. 111; – Keilschrifttexte aus Bogazköy III 4 II 29 f.; – Götze a.O. 50 f., 216 f.

[37] Keilschrifttexte aus Bogazköy III 4 II; – Heinhold-Krahmer a.O. 111.

[38] Heinhold-Krahmer a.O. 113.

[39] F. Cornelius, Orientalia 27, 1958, 395.

[40] Zur Identifikation von Ephesos mit Apasa vgl. bereits F. Cornelius, Anatolica 1, 1967, 62 ff.; – ders., Geschichte der Hethiter (1973) 177 ff. m. Anm. 33.

[41] IvE VII 1, Karte des Kaystertales.

[42] Nach H. Kiepert, Spezialkarte des westlichen Kleinasien Bl. 10; – Neapolis nach Strabon X, 639.

[43] Priene (1904) 28, Abb. 14 und Taf. I und II.

[44] Keil, ÖJh 11, 1908, Beib. 154.

[45] W. Müller-Wiener, in G. Kleiner, P. Hommel, W. Müller-Wiener, Panionion und Melie (1967) 100 ff.

46 AJA 47, 1943, 41 m. Anm. 22; – anders Mellaart, vgl. hier Anm. 15.
47 Garstang, AJA 47, 1943, 41.
48 Schachermeyr a.O. 310; – zu Apawija: del Monte, Tischler a.O. 27
49 a.O. (s.o. Anm. 18) 86 f.
50 Heinhold-Krahmer a.O. 114.
51 Heinhold-Krahmer a.O. 117.
52 Zu Arinata, Puranda: del Monte, Tischler a.O. 36; – Schachermeyr a.O. 317; – Heinhold-Krahmer a.O. 117; – del Monte, Tischler a.O. 323.
53 Nach del Monte, Tischler a.O. 323.
54 A. Robert, J. Bridges, Hesperia 43, 1974, 264 ff.
55 J. Mellaart, AnatSt 18, 1968, 188. In diesem Zusammenhang ist nicht uninteressant – wenn es auch kein Beleg ist –, daß Strabon 10, 693 berichtet, daß in Pygela ein Tempel der Artemis Munychia von Agamemnon gegründet worden sei und ein Teil seiner Truppen dort gewohnt habe. Unter dem späteren Pygela ist das heutige Kuşadası zu verstehen (vgl. C. Foss, Ephesus after Antiquity [1979] 123), aber immerhin könnte dieser Hinweis eine Andeutung einer ehemaligen mykenischen Besiedelung darstellen.
56 M. Baran, H. Gültekin, TürkArkDerg 13, 1964, 122 ff.; – Mee a.O. 127; – R. Fleischer, in Bammer, Fleischer, D. Knibbe, Führer durch das Archäologische Museum in Selçuk – Ephesos (1974) 87 ff.
57 Bammer, ÖJh 57, 1986, Beib.
58 s.o. Anm. 12; – Mellink a.O. 139 ff.
59 Heinhold-Krahmer a.O. 136 f.
60 s.o. Anm. 12.
61 J. Yakar, AnatSt 26, 1976, 125 ff.; – aufgrund der Untersuchungen von P. S. De Jesus, AnatSt 28, 1978, 97 ff. immerhin möglich; – vgl. auch J. D. Muhly, R. Maddin, T. Stech, E. Özgen, AnatSt 35, 1985, 67 ff.
62 Marchese, The Lower Maeander Flood Plain, a.O. 84 f.; – dazu aber De Jesus a.O. und Muhly u.a. a.O.
63 H. Flohn, Das Problem der Klimaschwankungen in Vergangenheit und Zukunft (1985); – vgl. Kap. 3.
64 D. L. Donley, Analysis of the Winter Climate Patterns at the Time of the Mycenean Decline (1971).
65 Zum Problem s.o. Kap. 3, aber auch P. M. Master, N. C. Flemming (Hrsg.), Quaternary Coastlines and Marine Archaeology (1983); – F. A. Thompson (Hrsg.), Archaeology and Coastal Change (1982); – G. Rapp, J. A. Gifford (Hrsg.), Archaeological Geology (1985); – J. A. Clark, C. S. Lingle, Quaternary Research 11, 1979, 279 ff.; – J. J. Lowe, M. J. C. Walker, Reconstructing Quaternary Environment (1984) 56 ff.
66 B. A. Fever, Towards an Explanatory Model for the Mycenean Collapse (1977); – E. C. Zeeman, Catastrophe Theory: Selected Papers 1972–1977 (1977); – C. Renfrew, in Renfrew, K. L. Cooke, Transformations, Mathematical Approaches to Culture Change (1979) 481 ff.; – Renfrew, in Renfrew, M. J. Rowlands, B. A. Segraves, Theory and Explanation in Archaeology (1982) 459 ff.; – Zeeman, ebenda 325 ff.; – J. Friedman, ebenda 175 ff.
67 Dieses Kapitel ist eine gekürzte Version meines Aufsatzes in ÖJh 57, 1986, Beib.

Wie aus Tempeln Kirchen wurden

Unser Bild von der Vergangenheit wird heute immer mehr archäologisiert. Man ist vielfach nur dann bereit, Kunst und Geschichte wahrzunehmen, wenn sie in archäologischer Form, d.h. unvergänglich dargebracht werden[1]. Dies stellt eine Umkehrung der Schwierigkeiten der Archäologie dar, sich im akademischen Bereich als autonome Wissenschaft zu artikulieren; hier wird sie oft als bloße Illustration für Geschichte und Philologie verstanden. Die Archäologie stellt sich aber als Aufgabe, die materiellen Reste vergangener Kulturen zu erforschen[2]. Mit welchen Methoden das derzeit geschieht, sei anhand eines panoramahaften Überblickes über in neueren archäologischen Studien behandelte Kunstgegenstände in Ephesos gezeigt.

Die wenigen Beispiele griechischer Reliefs wie das Urkundenrelief vom Ende des 5. Jh.s[3] werden durch hellenistische Beispiele, etwa durch ein Grabrelief[4], einen Galaterschlachtfries[5] und einen zweireihigen Fries mit einer Götterszene und einer Opferszene[6] vermehrt. Hinzu kommen ein Reiterschlachtfries von einem republikanischen Triumphalmonument[7] und ein Waffenfries derselben Zeit, der lange im Museum in Selçuk ausgestellt war und in verschiedenen Bauwerken in Ephesos verbaut war[8]. Die zahlreichen Portraitköpfe, die in Ephesos gefunden wurden, beginnen mit einem hellenistischen des Lysimachos[9], es folgen zahlreiche Kaiserportraits, darunter ein Kopf des Tiberius[10], und schließlich spätantike Portraits[11] sowie ein Kinderkopf[12]. Auch von der Kolossalstatue des Domitian (?) vom Domitianstempel (Abb. 38) wurden neue Fragmente gefunden, welche nahelegen, daß es sich um eine Sitzstatue handelte[13]. Dem Partherdenkmal (Abb. 37) konnten weitere Köpfe zugewiesen werden[14]. Des weiteren wurden neuerdings zwei eklektische Statuen vom Nymphäum Traiani[15] (Abb. 26) publiziert, außerdem ein archaistischer Reliefpinax[16] und ein Sophistensarkophag[17], der zwischen Südtor und Kuretenstraße gefunden wurde. Eine offenbar vorläufig nicht angefochtene Spätdatierung des Frieses vom Hadrianstempel[18] (Abb. 44) ist für die Umbauten im Bereich der Scholastikiathermen (Abb. 16) von Bedeutung. Die vielleicht interessanteste, wenn auch spekulative Zuweisung der letzten Jahre ist jene einer Polyphemgruppe[19] von einem Tempel auf der oberen Agora (Abb. 23, 27), eventuell einem Tempel für Augustus[20], in nachträglicher Anbringung in der Nische des Domitiansbrunnens[21] (Abb. 9, 28). Vielleicht eines der künstlerisch bedeutendsten Denkmäler der römischen Kunst ist der im Hanghaus gefundene Elfenbeinfries, von dem einige zugehörige rundplastische Schnitzereien vorgelegt worden sind[22]. Die Barbarengalerie vom Domitiansplatz (Abb. 31, 32) wurde zuletzt mit der Verherrlichung des Lucius Verus und seinem Sieg über die Parther in Verbindung gebracht[23]. Auffallend an der ephesischen dekorativen Skulptur ist der starke Bezug zu Dionysos[24], den der Fries des Hadrianstempels, Statuen im Nymphäum Traiani, der Polyphemgiebel und gedrehte Weinlaubsäulen[25] aufweisen.

Die Antike mit den Augen der Antike suchen

Die Fragestellungen dieser aktuellen Arbeiten lassen sich häufig auf zwei reduzieren, auf die Chronologie und die Typologie. In vielen anspruchsvollen Aufsätzen geht es letzten Endes nur um die Frage, welches Relief älter oder jünger ist als das andere. Es ist, als würde ein Besucher, der in ein Haus eingeladen ist, alle Bilder und Gegenstände, die er zu Gesicht bekommt, nur nach ihrem Alter beurteilen: Ist das Klavier älter oder jünger als der Stuhl?

Wenn Archäologen in einem etruskischen Grab Gefäße entdekken, so reden sie dabei von attischer und ionischer Keramik. Es besteht aber nicht der geringste Grund zu der Annahme, daß die damaligen Benutzer des Grabes in derselben Weise von diesen Gefäßen geredet hätten[26]. Daher ist eine Forderung der modernen Archäologie die, von einer Archäologie für Archäologen zu einer Archäologie durch die Brille der antiken Benutzer zu kommen[27].

Es soll hier nicht behauptet werden, daß die Datierung eine unwichtige Fragestellung wäre, aber wenn sie das alleinige Ziel der Erforschung der Vergangenheit wird, so verdinglicht sie damit die Vergangenheit, d.h., die Geschichtsforschung lenkt von der eigentlichen Fragestellung ab und reduziert das vergangene Leben auf etwas Abstraktes.

Eine ähnliche Position nimmt die typologische Forschung ein. Hier werden gewisse archäologische Objekte, etwa Basiliken nach ihren

Grundrißformen, in verschiedene Typen zerlegt und anschließend zu Typenreihen zusammengestellt. Unter Typus versteht man ein langlebiges Gestaltmerkmal, das in einem gewissen Rahmen zeitunabhängig sein kann oder sich im Laufe der Zeit graduell verändert, wobei man dann von einer typologischen Reihe spricht. Verschiedene Motive können Kriterien bei verschiedenen Typen sein. Es zeigt sich aber, daß der Typus nichts Absolutes darstellt, vergleichbar einem festen Rahmen, in welchen Objekte eingeordnet werden, sondern etwas Subjektives. Der Forscher kann je nach seinem Bewußtsein genauso viele Typen erfinden, wie er will[28].

Die Chronologie hat aber eine wichtige Funktion, denn sie ist die Voraussetzung zur Herstellung von Kausalitätsbezügen, in dem Sinne, daß das Ältere für das Jüngere verantwortlich gemacht werden kann. Und Kausalität stellt neben der Analogie das wichtigste Mittel archäologischer Argumentationen dar[29].

Mit der Gültigkeit von archäologischen Schlüssen hat sich J.-C. Gardin ausführlich beschäftigt. Anhand eines selçukischen Reliefs weist er auf die Fehler hin, die bei der Umkehrung von Schlüssen gemacht werden. Man kann nicht von einer Jagd sprechen, weil man einen auf dem Relief dargestellten Vogel als einen Falken interpretiert, und dann umgekehrt den Vogel als Falken identifizieren, weil man die ganze Reliefdarstellung als Jagdszene deutet[30], wenn es hierfür nicht auch weitere Hinweise gibt.

Die Neue Archäologie versucht, Hypothesen, die eine gewisse Allgemeingültigkeit haben *sollen, ausdrücklich* als Modelle zu formulieren. Die Archäologie steht nämlich vor der einzigartigen Situation, daß sie menschliches Verhalten über einen beträchtlich längeren Zeitraum beobachten kann, als den Sozialwissenschaften zur Verfügung steht. Dieses menschliche Verhalten ist nicht willkürlich, und seine Regelmäßigkeiten sind oft in den archäologischen Strukturen ablesbar. Die Kompliziertheit archäologischer Vorgänge macht aber den Gebrauch von Modellen notwendig. Modelle vereinfachen die Wirklichkeit und besitzen dabei gewisse Eigenschaften, welche der Wirklichkeit vergleichbar sind. Diese Eigenschaften sind zwar nicht identisch mit denen der Realität, stellen aber eine gewisse Auswahl aus diesen dar[31].

21 Blick vom Westen auf Ayasoluk, im Vordergrund selçukisches Bad, im Hintergrund Zitadelle

22 Felsheiligtum der Kybele mit Kultnischen an der Straße entlang der Nordseite des Panayırdağ

23 Blick vom Bülbüldağ auf die obere Agora mit Prytaneion und Odeion, davor Domitiansplatz und im Vordergrund Terrasse des Domitianstempels

24 Blick vom Hanghaus 1 auf den Embolos (Kuretenstraße) mit Scholastikiatherme und Hadrianstempel

25 Kuretenstraße (Embolos), Blick von der Scholastikiatherme nach Osten

26 Nymphäum Traiani, Architekturcollage, geschaffen von H. Pellionis und W. Mach

Alte Häuser sterben nicht – Überleben durch Veränderung

Eine tausendjährige Stadt wie Ephesos zeigt ein völlig anderes Gesicht als eine Stadt mit kurzer Lebensdauer, selbst wenn diese sehr gut erhalten ist. An einem Ort, an welchem Menschen über Jahrhunderte leben und bauen, verändert sich die architektonische Landschaft ständig. Häuser gehen zugrunde, an ihrer Stelle entstehen neue, oder sie bleiben in ihrer Substanz erhalten, werden aber ständig umgebaut. In einer tausendjährigen Stadt ist daher von den ältesten Perioden wenig, von den jüngsten mehr erhalten. Ältere Bauten überleben aber teilweise als wiederverwendete Bausteine (Spolien) in jüngeren Anlagen. So steht Jüngeres neben Älterem, Jüngeres über Älterem. Der Prozeß der Veränderung ist unmittelbar räumlich-ästhetisch ablesbar, aber auch der Ausdruck sich ändernder Bedürfnisse, gewandelter Machtverhältnisse, Umweltfaktoren und der großen Politik.

Das Studium der Umbauten bietet einen guten Spiegel dieser Prozesse. Umbauten lassen sich sowohl architekturwissenschaftlich als auch durch Inschriften nachweisen.

Während in der traditionellen Archäologie die Ereignisgeschichte eine dominante Rolle spielte und man den archäologischen Befund gewissermaßen historisierte, hat die neue Theoriendiskussion gezeigt, daß für die Archäologie eher historische Prozesse von Bedeutung sind. Ereignisgeschichte befaßt sich vor allem mit Oberschichten, während Prozesse auch Probleme von Unterschichten zum Tragen bringen.

Wenn auf einer römischen Bauinschrift die Namen des Proconsuls, des Bauherrn, des Kaisers, dem das Werk gewidmet ist, genannt sind, so ist eine derartige Information von großem Wert. Auch die Umbauten und Erneuerungen von Gebäuden, Wasserleitungen und Straßen wurden in Ephesos häufig mitgeteilt. Inschriften auf Marmor beziehen sich aber meist auf die öffentliche Bautätigkeit. Die private wird kaum erwähnt[32]. Was auch im öffentlichen Leben stehende Personen für ihre privaten Häuser bzw. Wohnungen taten, bleibt anonym.

Straßen und Gebäude der Innenstadt von Ephesos bieten sich dem Besucher in einem Zustand der Spätantike dar, ausgenommen jene Bauwerke, die von den Archäologen wieder aufgestellt worden sind und dem 1. und 2. Jh. n. Chr. angehören wie der Memmiusbau

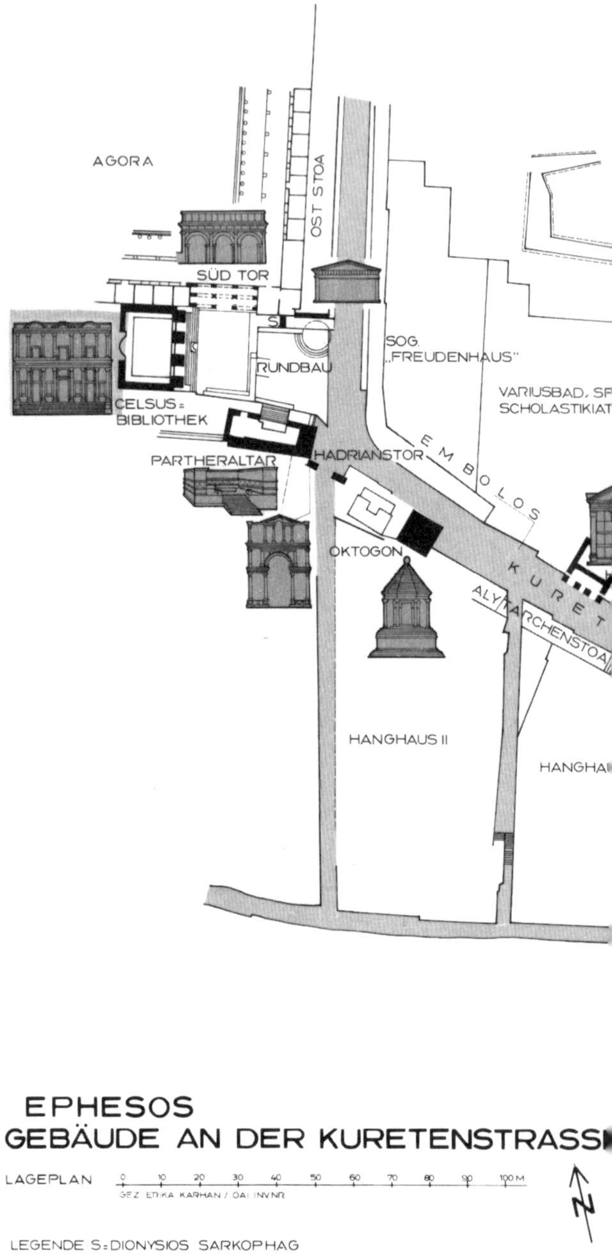

Z 28 Denkmäler an der Kuretenstraß

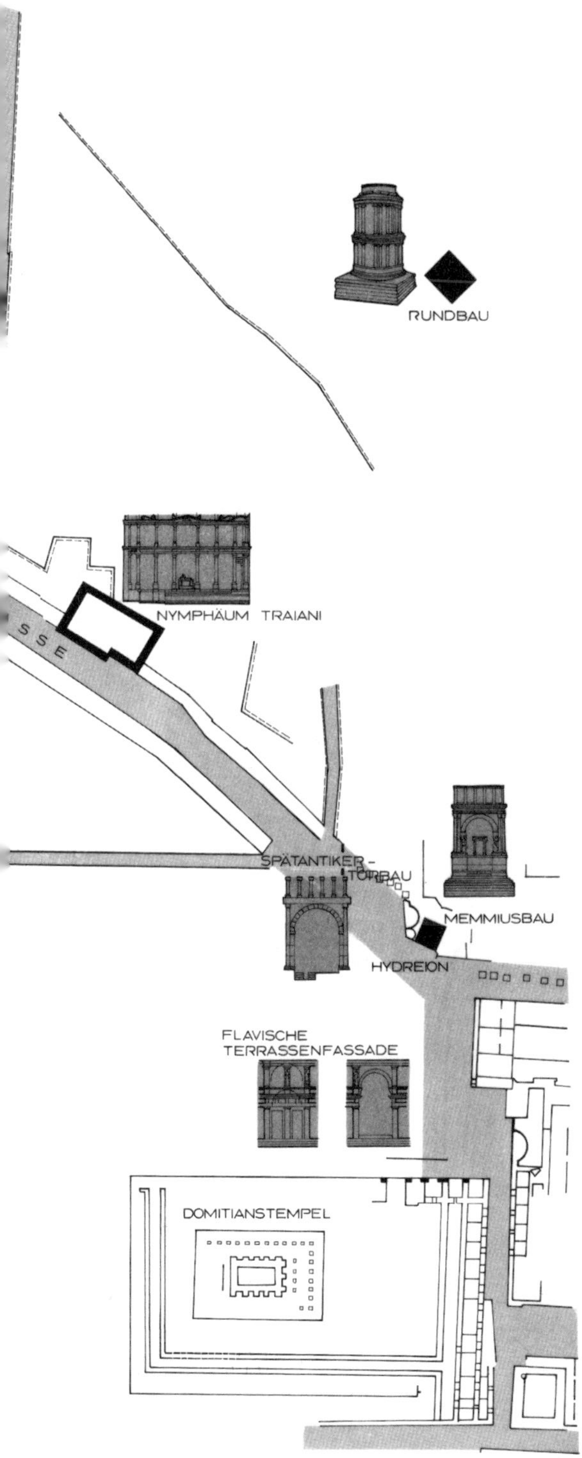
RUNDBAU
NYMPHÄUM TRAIANI
SSE
SPÄTANTIKER-TORBAU
MEMMIUSBAU
HYDREION
FLAVISCHE TERRASSENFASSADE
DOMITIANSTEMPEL

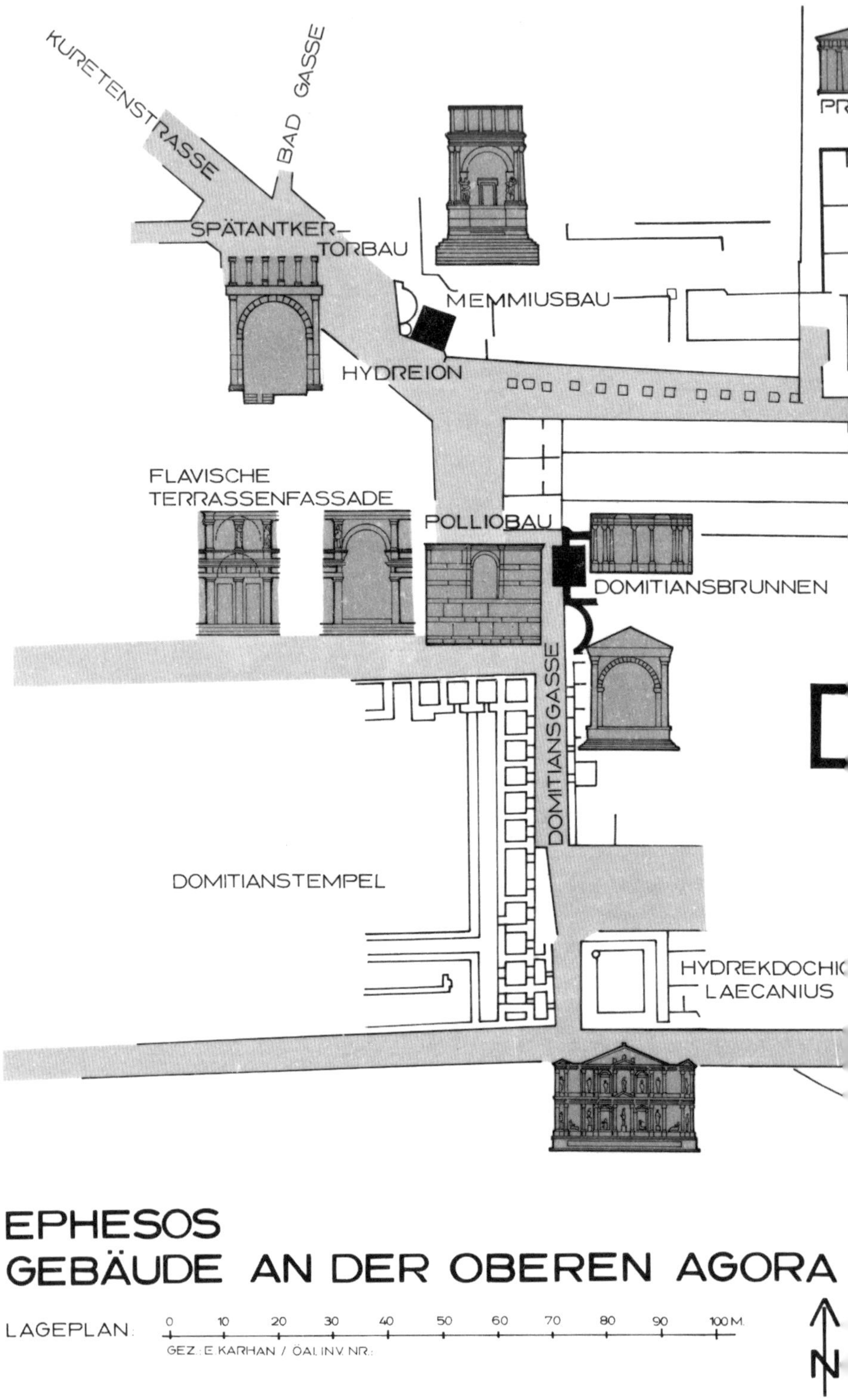

Z 29 Denkmäler um die obere Agora

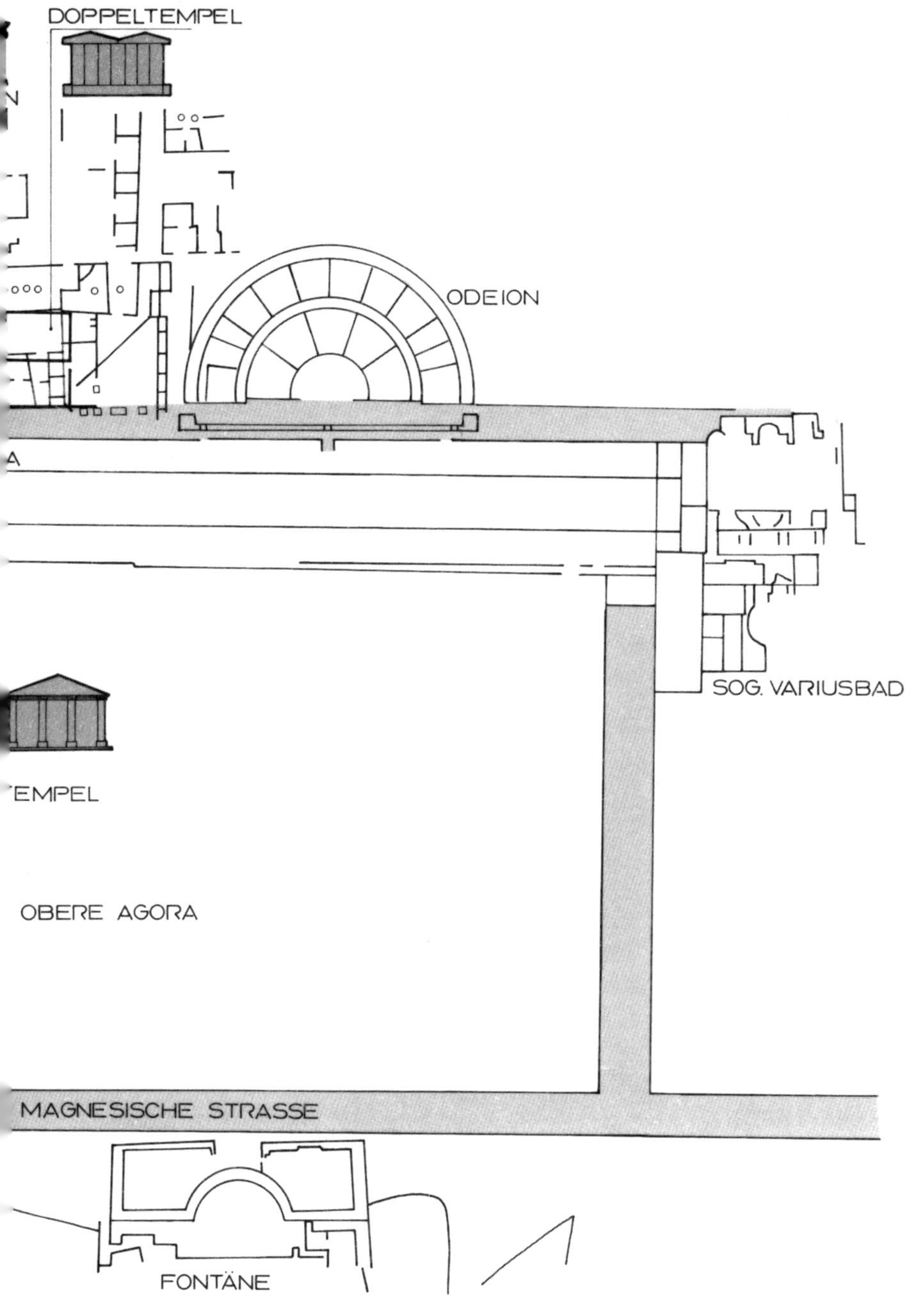
DOPPELTEMPEL
ODEION
SOG. VARIUSBAD
EMPEL
OBERE AGORA
MAGNESISCHE STRASSE
FONTÄNE

(Z 28, 29) (Abb. 7, 46, 47, 72, 73) und der trajanische „Hadrianstempel"[33] (Abb. 44). Die Straßenpflaster wie z.B. das der ›Marmorstraße‹ zwischen Oktogon und Theater oder das der Arkadiane vom Theater zum Hafen sind alle sehr späten Datums. Im Pflaster stecken überall Marmorspolien von älteren Gebäuden, die mit der glatten Rückseite nach oben verlegt worden sind. Auch die Säulenarchitektur der großen Hallenstraßen wie der Kuretenstraße (Abb. 25), der Theaternordstraße[34] (Abb. 42) oder der Arkadiane sind Produkte des 4. und 5. Jh.s n. Chr. und bilden ein Sammelsurium wiederverwendeter Säulen aus allen Zeiten und Stadtteilen. Auch die heute wieder an ihrem ursprünglichen Platz im Prytaneion (Z 29) aufgestellten dorischen Säulen standen vor dem vermutlichen Variusbad[35] (Abb. 16, 24), das von der Christin Scholastikia renoviert wurde[36]. Auch für deren Sitzstatue wurde eine ältere Figur wiederverwendet. Interessant ist, daß auch Frauen als Bauherren genannt werden. Außer der Scholastikia kennen wir eine Potentilla als Erbauerin des Pflasters des sog. Auditorium vor der Celsusbibliothek (Abb. 36), die Flavia Papiana mit ihrem Mann Vedius als Erbauerin des Bouleuterions (Abb. 23) und Ophilia Bassa mit Pollio (Tabelle 2).

Die Ausgräber und Restauratoren haben also gelegentlich die Geschichte umgedreht und da und dort einen Zustand wiederhergestellt, der in der Spätantike nicht mehr existierte.

Rohstoffmangel und Recycling

Spolien sind vor allem aus Marmor. Bei anderem Material lohnte sich die Wiederverwendung nicht. Marmor war auch in der Antike ein sehr kostbares Material. Sein Abbau im Steinbruch und seine Bearbeitung vor Ort waren nicht nur langwierig, sondern auch teuer, denn da Marmor sehr hart ist, benötigte man zu seiner Bearbeitung Werkzeuge aus Stahl. Daher setzte sich die Verwendung von Marmor bei Bauwerken erst langsam durch. Die Verwendung von Spolien beginnt sehr früh. Bereits die Säulenfundamentplatte des Kroisostempels, des archaischen Großtempels der Artemis, ist vor allem im Südwestbereich damit durchsetzt. Im Nordwesten herrschen Blöcke aus Glimmerschiefer vor. Die Bautechnik mit behauenen Marmorquadern begünstigte den Einsatz von Spolien, denn die baukastenartige Verwendung der fast unbegrenzt haltbaren Blöcke und ihre Verklammerung ermöglichten ein einfaches Zerlegen und leichten Wiedereinbau. Außerdem behielt ein einzelner Marmorquader auch nach der Zerstörung des Gesamtgebäudes seine Brauchbarkeit. Besonders im Bereich der byzantinischen Johanneskirche (Abb. 66) lassen sich Blöcke finden, die nicht nur einmal, sondern gleich mehrfach wiederverwendet worden sind: z.B. archaische Werkstücke des Artemistempels, die nach dem Brand des archaischen Tempels im 4. Jh. v. Chr. bereits als Spolien für die Fundamente des neuen spätklassischen Tempels dienten, nach dessen Zerstörung im Zuge seiner Verwendung als Steinbruch in die Johanneskirche gelangten[37].

Obwohl in der Spätantike das aufgewendete Bauvolumen kaum nachließ, wurden Marmorquader immer weniger verwendet. Während bis zum Ende des 2. Jh.s in Ephesos Marmorblöcke noch immer an den Sichtflächen massiver Pfeiler und Wände angebracht wurden, setzte sich später das Ziegel- oder Bruchsteinmauerwerk durch, das außen meist mit einem anderen Material verkleidet wurde. Die bei Abbrucharbeiten frei werdenden Marmorblöcke boten sich aber als billiges Baumaterial an und wurden in mannigfaltiger Weise verwendet, wenn auch nicht immer ihrem ursprünglichen Sinn gemäß.

Besonders oft wurden Inschriften als Spolien eingesetzt. Es gibt nur ganz wenige Inschriften in situ, über 90 Prozent wurden nicht an ihrem ursprünglichen Verwendungsort gefunden. Dies hängt damit zusammen, daß Inschriftsteine eine glatte Fläche besitzen und sich daher besonders gut als Bausteine eignen. Dabei sind Spolien nicht als Zeichen wirtschaftlicher Krise zu werten, sondern vielmehr Ausdruck rationeller Bauwirtschaft und damit auch von Prosperität.

Der Besucher von Ephesos stößt an großen Sichtquaderwänden wie an der Marmorstraße oder am Theater auf nachträglich eingehauene Löcher an den Fugen der Sichtquader. Diese Einarbeitungen entstanden, um an das Metall der Klammern und Dübel heranzukommen. Klammern und Dübel waren meist aus Eisen und wurden mittels eines Gußkanals mit flüssigem Blei vergossen. Beide Metalle waren in nachantiker Zeit teuer und schwer zu beschaffen, und so begann man, als viele dieser Bauten herrenlos und verwendungslos dastanden, sich des kostbaren Metalls zwischen den Quadern zu bemächtigen.

Stadterneuerung – nicht erst heute

Schon in römischer Zeit fanden Ausbauten an archaischen und klassischen Gebäuden statt. Das Artemision erhielt einen umlaufenden Kanal, und viele römische Inschriften und Architekturfragmente zeugen von der Bautätigkeit in römischer Zeit. Auch ein großes Gebäude entstand in seinem Temenos: Westlich des Artemision in einem Pfirsichgarten ist ein theaterähnlicher Bau erhalten, dessen Zuschauerraum nach Osten geöffnet ist. Darunter liegen zwei schräge Tonnengewölbe.

Eine andere Ebene des architektonischen Prozesses betrifft jene Bauten oder Gebäudeteile, die einen Funktionswandel durchmachten. Oft steht dieser in Zusammenhang mit einem breiten Religionswechsel. So wurde eine römische Basilika zur „Marienkirche" und das „Serapeion", das Artemision und ein römisches Grabmal, das sog. „Lukasgrab", ebenfalls zu Kirchen umgewandelt. Noch später wurde der Ostteil des römischen Vorgängerbaus der „Marienkirche" in einen Bischofspalast und ein weiterer Teil in ein Bad umgebaut. Die Johanneskirche wurde zu einer Moschee (Z 30).

Der Polyphemgiebel[38], dessen ursprünglicher Standort unbekannt ist – B. Andreae weist ihn einem Dionysostempel zu[39] –, wurde als Apsisdekoration des Domitiansbrunnens (Abb. 9, 28) verwendet. Auch das Polliodenkmal[40] (Abb. 10) wurde in diesen Brunnen einbezogen. Andere Gebäude, die zu Brunnen umgestaltet wurden, sind die Celsusbibliothek[41] (Abb. 36), ein Grabbau westlich des Oktogons und der Fries des Partheraltares[42]. Dessen ursprünglicher Standort ist umstritten; vielleicht lag er auf einem Fundament östlich der Celsusbibliothek. Sicher ist, daß seine Reliefs zweimal wiederverwendet worden sind, zuletzt als Brunnenbecken vor der Bibliothek. In diesem Bereich kam es 1965 zu einem Neufund einer wichtigen Friesplatte, die sogar an eine in Wien befindliche Platte anpaßt (Abb. 37): Fritz Eichler hatte sich während seines ganzen Lebens als Archäologe für den Partherfries und seinen Standort interessiert. Kurz vor seinem Tode schrieb er noch eine Entgegnung zu einer neu erschienenen Arbeit von C. C. Vermeule[43]. Dennoch war es der neue Ansatz von Vermeule, der den Bau des Partherfrieses als einen Altar identifizierte. Alle neueren Arbeiten hierzu folgen diesem Vorschlag.

Am Tag vor unserer Abreise ging Eichler noch mit einigen von uns

27 Obere Agora, Detail aus dem Modell der Ephesosausstellung im Kunsthistorischen Museum Wien, Photo Kunsthistorisches Museum Wien
28 Domitiansplatz, Blick von der Domitiansgasse auf die Architekturcollagen des Domitiansbrunnens und des Polliobaues

29 Altar des „Domitianstempels" in situ, derzeit im Museum Selçuk
30 Spätantiker Torbau an der Kuretenstraße mit den aufgestellten Heraklidenpfeilern

31 Barbar und Barbarin vom Obergeschoß der Nordterrasse des „Domitianstempels".

32 Detail, Barbarin der Nordterrasse des „Domitianstempels“
33 Stichbogen der Nordterrasse als Architekturprobe

jüngeren durch die Ruinen, um sich von Ephesos zu verabschieden. Er war doch schon recht betagt und wußte nie, ob er nochmals wiederkäme. Auf der unteren Agora hatte das Museum Selçuk begonnen, den antiken Schutt abzutragen. Auf einem kleinen Pfad auf einen noch unausgegrabenen Schutthügel war mir schon immer eine Stelle aufgefallen, die nach rundlichem Marmor aussah. Wir begannen, mit Eichlers Spazierstock ein wenig herumzustochern, und siehe da, bald zeigte sich ein Relief, das Eichler sofort als Partherrelief-Fragment erkannte. Mit einer Schaufel wurde es schnell noch vor Einbruch der Dunkelheit freigelegt. Am Morgen unserer Abreise fuhr ich nochmals zur Agora und photographierte den Fund[44] (Abb. 37).

In der Spätantike bestand offenbar die Tendenz, Gebäudeteile aus der Oberstadt in die Unterstadt zu transportieren. So geschah es mit der flavischen Tempelterrasse[45] mit ihren Stützfiguren (Abb. 31, 32), die auf die untere Agora gelangte[46], und mit den dorischen Säulentrommeln der Fassade des Prytaneions, die Ende des 4. Jh.s für die Hallen des Embolos vor der Scholastikiatherme verwendet wurden. Diese Prunkstraße, der antike „Embolos", heißt heute Kuretenstraße (Abb. 25, 36), weil die Ausgräber auf diesen dorischen Säulentrommeln Inschriften der Kureten, eines ephesischen Priesterkollegiums, fanden. Sie erhielt ihren Archäologennamen also aufgrund nur sekundär dort lesbarer Inschriften.

Durch eine unlängst erschienene Arbeit von R. M. Schneider[47] sind der sogenannte Domitianstempel und die große Terrasse, auf welcher er steht, erneut in die Diskussion geraten. Während bislang offen war, ob der Komplex Domitian oder Titus gewidmet war[48], erhebt Schneider die Frage, ob die beiden erhaltenen Stützfiguren des Obergeschosses zur flavischen Nordfassade gehören können. Er spricht sich aus stilistischen Gründen für eine antoninische Datierung aus, also etwa in die Mitte des 2. Jh.s n. Chr., und bringt die Figuren in unmittelbaren stilistischen Zusammenhang mit dem Partheraltar[49] (Abb. 37). Es scheint ihm auch nicht bewiesen zu sein, daß die auf der unteren Agora gefundenen Architekturteile ursprünglich zur Fassade der Domitiansterrasse gehörten[50] (Z 28, 29).

An der Zugehörigkeit der zweigeschossigen Fassade zum „Domitianstempel" kann aber nicht gezweifelt werden. An einer Stelle des Stylobates ist nämlich die Aufschnürung der Pfeiler des Untergeschosses mit den dorischen Halbsäulen erhalten[51]. Außerdem sind viele Teile

SAKRALBAUTEN EPHESOS

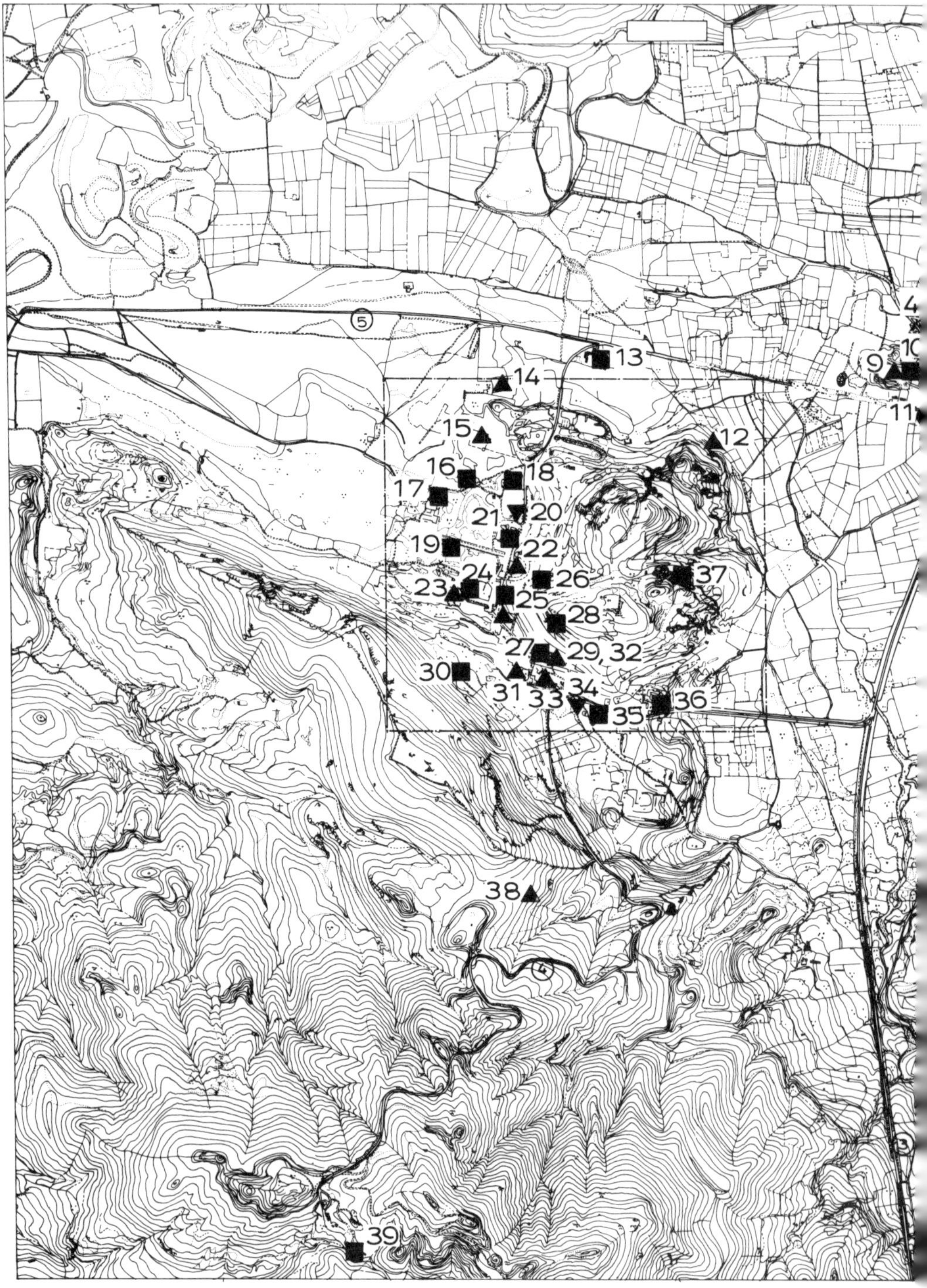

SAKRALBAUTEN:

▲ GRIECHISCH – RÖMISCH ■ CHRISTLICH ● ISLAMISCH – SELÇUKISCH ▼ JÜDISCH ?

Z 30 Sakralbauten in Ephesos, Verteilungsplan

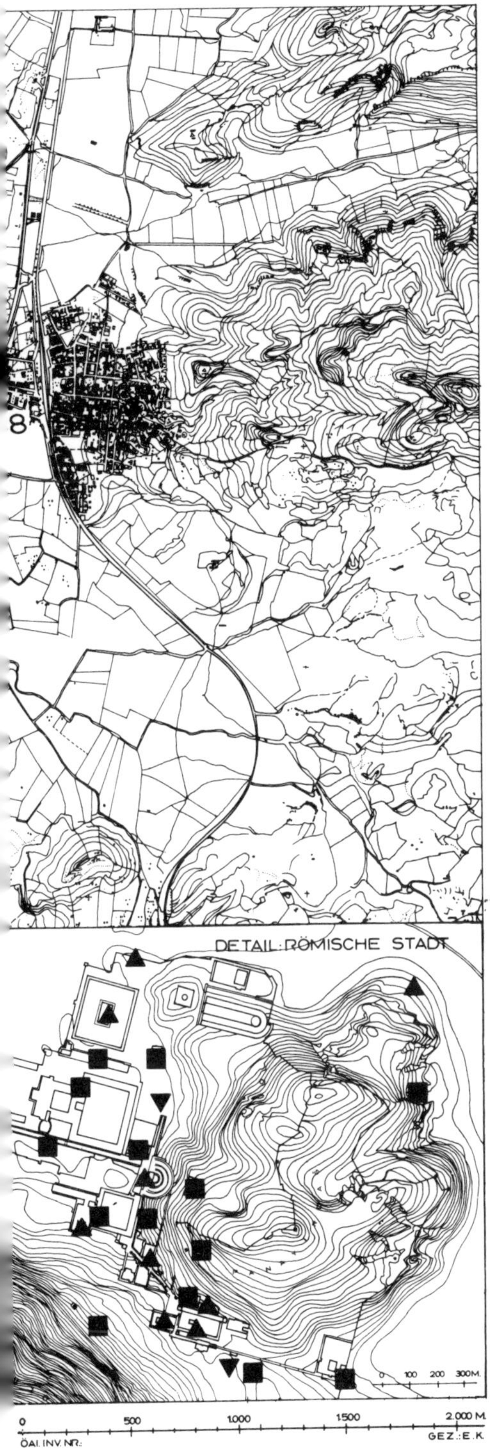

1 Moschee in der Zitadelle von Ayasoluk
2 Kapelle in der Zitadelle von Ayasoluk
3 Johanneskirche
4 Isa-Bey-Moschee
5–8 Seldschukische Moscheen
9 Kirche im Artemision
10 Artemistempel
11 Seldschukische Moschee
12 Felsheiligtum der Kybele
13 Kirche unter dem Tusan-Motel
14 Felsspalttempel
15 Römischer Ringhallentempel
16 Marienkirche
17 Kirche im Hafengymnasion
18 Kirche im byzantinischen Bad
19 Kirche an der Arkadine
20 Synagoge (?) beim „Taufbecken des Johannes"
21 Kirche
22 Nemesisheiligtum im Theater
23 „Serapeion"
24 Kirche im „Serapeion"
25 Kirche an der Marmorstraße
26 Kapelle im Haus über dem Theater
27 Hadrianstempel
28 Kirche auf dem Panyirdağ
29 Kapelle beim Prytaneion
30 Kirche am Bülbüldağ
31 „Domitianstempel"
32 Hestiaheiligtum im Prytaneion
33 Tempel auf der Agora
34 Synagoge (?) hinter dem Straßenbrunnen
35 Kirche über dem „Lukasgrab"
36 Kirche über der Stadtmauer beim Ostgymnasion
37 Siebenschläferkirchen
38 Altar auf dem Bülbüldağ
39 Kirche von Meryemana

der Fassade auf dem Domitiansplatz, also direkt vor der Fassade gefunden worden. Für ihre Erbauungszeit müssen aber auch andere Datierungen als die in flavische Zeit erörtert werden. Stilistisch fällt die Nordfassade aus der übrigen flavischen Architektur heraus. Es gibt aber in Ephesos nur wenige sicher flavisch zu datierende Denkmäler. Architektur und Ornamentik dieser Zeit sind hier sehr uneinheitlich[52]. Die Architektur des Tempels wiederum ist zu schlecht erhalten, als daß sie eine genauere Datierung zuließe, ihre derbe schwammige Ausführung läßt sich kaum mit anderen flavischen Beispielen vergleichen. Die Reliefs und Ornamente des Altares (Abb. 29) können sicher auch in die Mitte des 2. Jh.s n. Chr. gehören. Ihre flavische Datierung ist jedenfalls schwer beweisbar. Gegen eine Einordnung des gesamten „Domitianstempels" in das mittlere 2. Jh. n. Chr. spricht vor allem aber die Kolossalstatue des Kaisers[53] (Abb. 38). Sie ist nun einmal in byzantinische Mauerreste der Domitiansterrasse verbaut gefunden worden. Natürlich kann man auch einwenden, daß sie nicht ursprünglich auf der Terrasse gestanden haben muß, sondern von woanders hergebracht worden sein kann.

Schneider kann weiters mit guten Argumenten zeigen, daß es sich bei den erhaltenen Stützfiguren des Obergeschosses der ephesischen Tempelterrasse nicht um Attis und Isis handelt (Abb. 31, 32), wie ich ursprünglich angenommen hatte[54], sondern schlicht um Barbarendarstellungen.

Ein weiteres Bauwerk, dessen Funktionsänderung offensichtlich ist, war die große Fontäne (Z 29, Tabelle 2). Hier wurde ein halbrundes Bauwerk, das vielleicht aus dem 2. Jh. stammte, nachträglich um zwei Risalite erweitert. Der Erweiterungsbau war sicher eine Brunnenanlage. Im 4. Jh. unter Constantius und Constans wurde das Bauwerk restauriert. In byzantinischer Zeit wurde der Westflügel als Mühle benutzt[55]. Man kann den Umriß der Sinterablagerungen des oberschlächtigen Mühlrades noch erkennen. Ebenfalls zu Mühlen wurden in byzantinischer Zeit Wohnräume des Hanghauses 2 umgebaut (Z 21). Sie betrieben die Sägen eines Steinmetzbetriebes[56] (Z 21). Aus einer Inschrift wissen wir, daß ein Leukios Mundikios eine Werkstatt in einem Gymnasium erbaute[57].

Auch für das sog. Heraklestor, einen spätantiken Torbau an der Kuretenstraße (Abb. 8, 30), wurden Teile eines älteren Tores wiederverwendet, dessen Standort nicht bekannt ist. Das Heraklestor wurde von

Tabelle 2 (Z 31)

Bauwerke und ihre Umbauten im Überblick[81]

Bau | Proconsul Gymnasiarch Asiarch | Bauherr | Erbaut | Renoviert | IvE
Bau | Proconsul Gymnasiarch Asiarch | Bauherr | Erbaut | Renoviert | IvE

Bau	Proconsul Gymnasiarch Asiarch	Bauherr	Erbaut	Renoviert	IvE
Pflaster Agora		Timon	etwa 66 v. Chr.		3004
Memmiusbau			vor 30 v. Chr.		403
Augustustempel			augusteisch	Ren. d. Umfassungs- mauer unter Titus	412
Polliobau		Pollio	4–14 . n. Chr.		405
Pollio- aquädukt		Pollio u. Ophillia Bassa	4–14 n. Chr.		3092
Augustustempel i. d. Stadt			augusteisch		902
Südtor		Mazäus u. Mithridates			3006
Basilika		Pollio u. Ophillia Bassa			404
Pflaster Domitians- gasse				augusteisch	459
„Sockelbau"			neronisch		410
Theater Zugang		Aristogeiton	um Chr.		2033
Umbau		Vedius		140–160	2034/35 2039
Umbau	Messalinus u. Ambrosius v. Mylasa	T. Fl. Montanus	traianisch	Mitte/ Ende 4. Jh.	498, 2061, 2062, 1307, 2043/44
Domitiansbrunnen	Calvisius Ruso		92/93 n. Chr.		419, 415/6
Hydrekdochion	Laecanius Bassus		80 n. Chr.		695
Domitianstempel			domitianisch?		232–42, 1498, 2048, 1245?
Fontäne	C. Montius			337–350 n. Chr.	1316

			Erbaut	Renoviert	IvE
Alte Gebäude			domitianisch		449
Embolos, 1. Pflasterung		M. Tigellius	94/95 n. Chr.		3008
Prytaneion					
	Vorhof		1. Jh. n. Chr.		437
	Gebäude				462
		Dionysodoros		104 n. Chr.	528, 1024
Altes Prytaneion	Demeterheiligtum				10
Nymphaium Traiani		Tib. Cl. Aristio	traianisch		424, 4249
Straßenbrunnen		Tib. Cl. Aristio	traianisch		424a
Celsusbibliothek		Celsus	117 n. Chr.		5101
	Stephanos			5. Jh. n. Chr.	5113, 5115
Hadrianstempel		P. Quintilius	traian./hadr.	Ende 3. Jh. (stilistisch)	429
Scholastikiatherme (= Variusbad)		Varius	Anfang 2. Jh.	Ende 4. Jh.	500 453
Vediusgymnasium		Vedius	140–160		431 438
Verulanushallen		Verulanus	130 n. Chr.		430
Hafennordtor	L. Egnatius V. Lollianus				3091
Artemisbezirk				160 n. Chr.	4327
Damianosstoa		Damianos	150 n. Chr.		
Bouleuterion		Vedius u. Flavia Papiana	140–160		460
Hafensüdtor	Fulvius Public. Nikephoros		unter Alex. Severus		3086
Straße in Koressos		Aur. Metrodoros	3. Jh.		3013
Auditorium		Iulia Potentilla	Anfang 3. Jh.		3009
Nemesis-Heiligtum		Iulia Potentilla			2042
Hydreion		Tib. Fl. Hierax, T. Fl. Menander	204–206		435, 436
Hafentherme	Phrugianos		domitianisch		1128, 1129
(Constantiusthermen)	C. Montius			nach 349 n. Chr. (unter Constantius)	1314–15
Secretum		Johannes	5. Jh.		495
Heraklestor	Fl. Constantinus		um 472		587
Theaterstraße	Eutropius		Ende 5. Jh.		1304
sog. Variusbad	Asclepius			5. Jh.	1313

einem Flavius Constantinus, der Präfekt und für die Errichtung und Erhaltung der öffentlichen Bauten des Oströmischen Reiches zuständig war, in der Mitte des 5. Jh.s n. Chr. errichtet[58].

Wichtig ist außerdem der Prozeß der Erneuerung innerhalb einer Bautengruppe. Bei Tempeln ist die Umbautätigkeit gering. Fast alle heidnischen Sakralbauten in Ephesos sind in christlicher Zeit in Kirchen umgewandelt worden (Z 30); dies hat sie vor der Zerstörung gerettet[59]. Die Kaisertempel sind offenbar im Zuge der Christianisierung geschleift worden[60]. Nur der Hadrianstempel (Abb. 44) entging diesem Schicksal[61]. Die christlichen Sakralbauten erlebten dagegen eine wesentlich dynamischere Entwicklung. Anstelle einer relativ großen Kirche des 5. Jh.s wurde bereits im 6. Jh. eine riesige Kirche für Johannes gebaut[62] (Abb. 66). Die Marienkirche machte innerhalb von zwei Jahrhunderten gleich drei große Erneuerungen durch[63]. Die neue christliche Religion hatte durch den einsetzenden Zulauf an Gläubigen einen sich rasch ändernden Raumbedarf, der diese explosionsartige Entwicklung zur Folge hatte[64]. Eine wichtige architektonische Entwicklung findet mit der Aufgabe der großen Plätze als städtische Zentren statt (Abb. 23, 48, 73). Die großen Plätze werden in der Spätantike mit Wohnhäusern überbaut. Die neuen Zentren der Spätantike sind die Hallenstraßen[65], die Emboloi[66] mit ihren Geschäften. Die heute noch sichtbaren Marmorpflasterungen der großen Straßen, der Theaterstraße (Abb. 42), der Kuretenstraße (Abb. 7, 25), der Arkadiane, sind alle spätantik, die der Marmorstraße (Theaterstraße) entstand im späten 5. Jh. unter Eutropius[67].

In der Spätantike fanden auch die Gymnasien keinen Zuspruch mehr, dagegen die Bäder umso mehr. So wurden in den Thermen zwar die Sportanlagen stillgelegt und die Palästren verbaut, die Badeanlagen selbst blieben aber erhalten. Es entstehen sogar neue kleinere Badeanlagen (Abb. 16), und in Paläste werden private Bäder eingebaut.

Weitere Umbauten, bei denen die ursprüngliche Funktion des Gebäudes im wesentlichen erhalten blieb, betrafen z.B. das Ostgymnasium; es erhielt in spätantiker Zeit einen riesigen Zubau im Osten. Im Unterschied zum restlichen Bau weist er eine Mauertechnik auf, die durch den Wechsel von Ziegelmauer und Bruchsteinmauerwerk charakterisiert wird[68]. Das Prytaneion wurde umgebaut[69], der große Saal erhielt Innensäulen. Das Theater (Abb. 41) wurde mehrfach verändert[70], die große Hallenstraße zum Hafen, die Arkadiane, wurde mehrfach

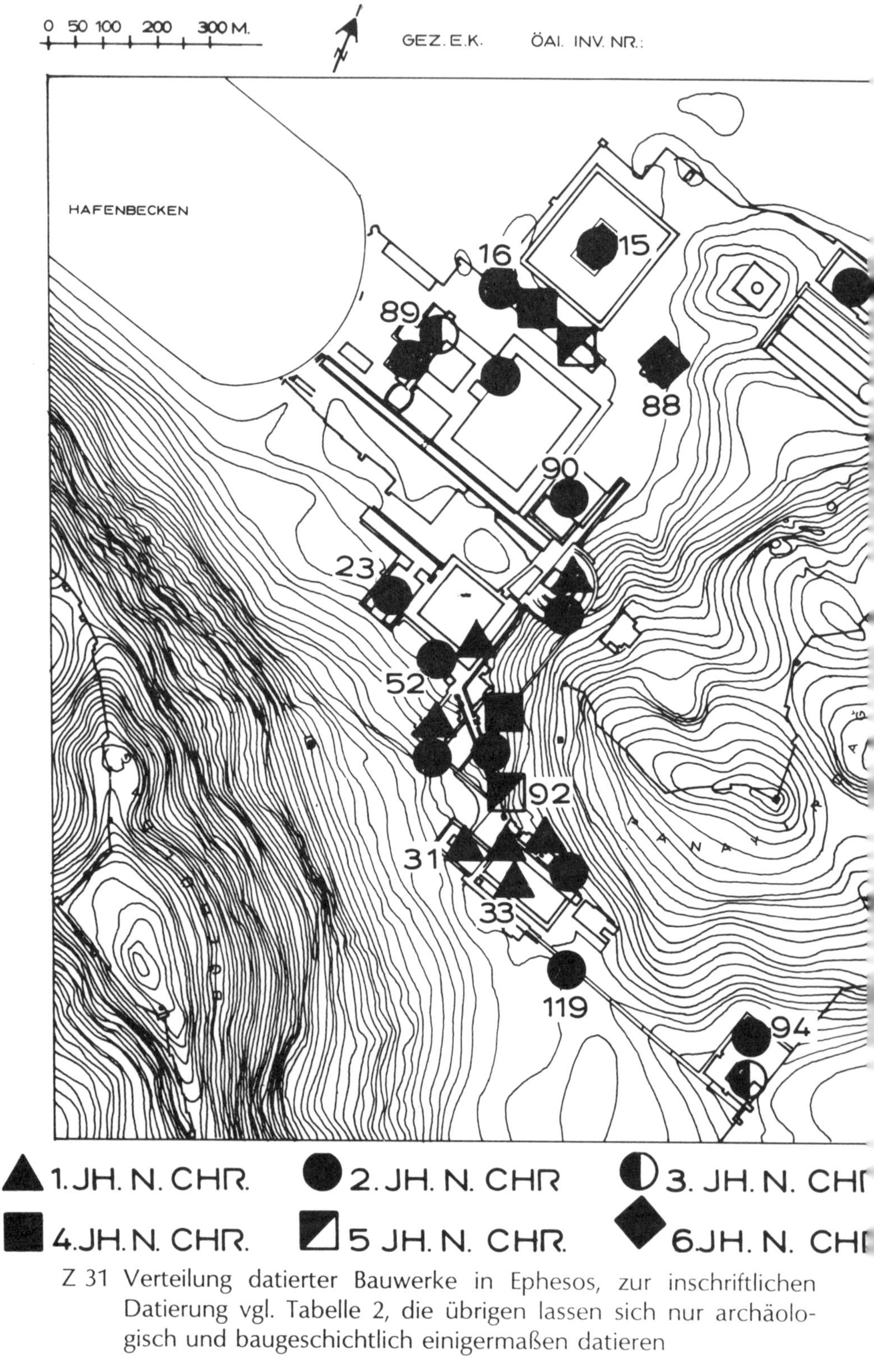

Z 31 Verteilung datierter Bauwerke in Ephesos, zur inschriftlichen Datierung vgl. Tabelle 2, die übrigen lassen sich nur archäologisch und baugeschichtlich einigermaßen datieren

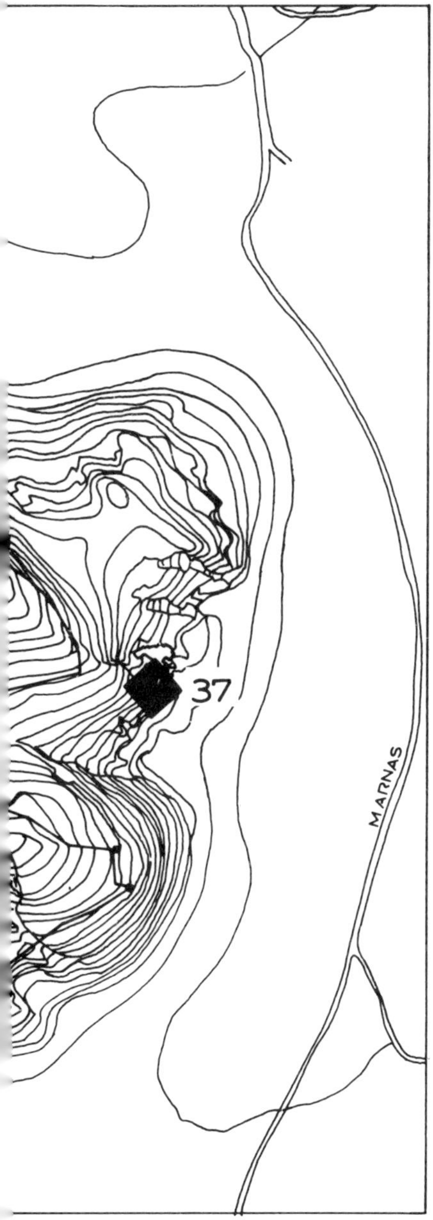

15 Römischer Ringhallentempel
16 Marienkirche
23 „Serapeion"
31 „Domitianstempel"
33 Tempel auf der Agora
37 Siebenschläferkirchen
52 Grab des Celsus
86 Vediusgymnasion
88 sog. byzantinisches Bad
89 Hafenthermen (Constantiusthermen)
90 Theatergymnasion
92 Scholastikiatherme (Bad des Varius)
94 Ostgymnasion
119 Straßenbrunnen

erneuert[71], ferner die großen Hallenstraßen am Theater[72] (Abb. 42) und die Agora-Osthalle[73] (Tabelle 2).

Dies alles ist nichts Besonderes für eine Stadt, sondern einfach die alltägliche Stadterneuerung.

Vom Staatsauftrag zur Privatisierung

Eine Reihe konventioneller historischer und archäologischer Darstellungen mündet in der Auffassung vom Niedergang der Bautätigkeit und der materiellen Kultur im 3. Jh. n. Chr. Es trifft zwar zu, daß die Bauinschriften zu Gebäuden des 3. Jh.s an Zahl geringer sind als jene des 2. Jh.s, dennoch sind es gerade Großbauten wie die großen Thermenanlagen, von denen aber wegen ihres Umfanges anzunehmen ist, daß ihre Fertigstellung erst im 3. Jh. erfolgen konnte[74] (Z 31).

Einen interessanten Einblick in die künstlerische Tätigkeit vermitteln die Statuenportraits. In Ephesos verteilen sich die jedem Jahrhundert zuzuordnenden Portraits, die bislang gefunden wurden, wie folgt auf Kaiser und Privatleute[75]:

	Kaiser	Private
1. Jh.	13	16
2. Jh.	5	16
3. Jh.	1	61
4. Jh.	0	7
5. Jh.	0	13
6. Jh.	0	8

Das bedeutet, daß im 3. Jh. die öffentliche Auftragstätigkeit zwar nachließ, dafür die private aber gewaltig zunahm. Die Zunahme der Privatportraits im 3. Jh. in Ephesos ist charakteristisch für die Auftragslage bei Bau- und Kunstwerken in dieser Zeit. Die politischen und wirtschaftlichen Veränderungen zu Beginn des 3. Jh.s n. Chr., die häufig als „Niedergang" oder „Krise" bezeichnet werden, bedeuten in keiner Weise einen Substanzverlust an sich, sondern sind einfach eine Umorientierung der gesellschaftlichen und wirtschaftlichen Interessen und Energien und damit auch der kulturellen Aktivitäten. Die Münzverschlechterung und die Inflation bewirkten, daß die Reichen ihr Geld wertbeständig anlegten, also in den privaten Bausektor investierten – in dieser Zeit entstanden viele große Privatvillen auf dem Lande –, und

Künstler mit der Darstellung ihrer eigenen Person beschäftigten, dafür aber ihre Hand von öffentlichen Aufwendungen zurückzogen. Auch aus den Hanghäusern geht hervor, daß gerade im 3. Jh. eine intensive Umbau- und Planungstätigkeit stattfand[76]. Es wurde also viel privates Geld investiert. Die Betreuung der öffentlichen Anlagen der Städte stagnierte dagegen. Erst durch die Wirtschafts- und Verfassungsreformen gegen Ende des 3. Jh.s entstand eine neue Konzeption für die öffentliche Bautätigkeit. In den Städten war hierfür jetzt der Staat verantwortlich und damit die vom Staat eingesetzten Beamten. Nicht die in den städtischen Gremien tätigen Reichen der Städte finanzierten die Kunst- und Bauwerke, sondern die Proconsuln mit Staatsgeld. Um ihre Karriere zu fördern, waren sie darauf bedacht, daß ihre Namen, nicht die der Kaiser, in die Bauinschriften gelangten. Es nützte auch wenig, daß dies durch Gesetz verboten wurde.

Der langsame architektonische Wandel ist sowohl auf dem wirtschaftlichen Gebiet, dem der Bedürfnisbefriedigung und auf ideologischem Sektor erkennbar. Der ideologische Faktor wird besonders durch die Christianisierung deutlich, damit also seit dem 4. Jh. n. Chr. Aber auch schon vor der Tolerierung der christlichen Religion gibt es in Ephesos bei den Sarkophagen christliche Symbole[77]. Umgekehrt berichtet Isidor von Pelisium[78] noch im 5. Jh., daß die Heiden noch immer Überreste im Tempel der Artemis ausgruben und sie verehrten. Das Eingravieren von Kreuzen, besonders auffallend auf der Stirn einer Augustus- und Livia-Statue[79], kann aber nicht als nachträgliche Taufe verstanden werden, denn auch anstelle einer Artemisstatue ließ ein Demeas ein Kreuz aufstellen[80]; Artemis aber konnte auch nicht getauft werden.

1 Bammer, Wohnen im Vergänglichen (1982) 7.
2 Vgl. auch die Rolle der archäologischen Auslandsinstitute, S. Cleuziou, J.-P. Demoule, A. et A. Schnapp, AnnEconSocCiv 28, 1973, 35.
3 V. M. Strocka, ÖJh 49, 1968/71, 41 ff.
4 E. Atalay, AA 1973, 231 ff.
5 W. Oberleitner, JbKSWien 77, 1981, 57 ff.
6 Atalay, RA 1985, 195 ff.
7 H. Lauter, Kongreß Ankara/Izmir (1978) 925 ff. m. Taf. 295–298.
8 F. Eichler, AnzWien 100, 1963, 58.
9 Atalay, S. Turkoglu, ÖJh 50, 1972/75, Beib. 123 ff.
10 Jobst, Festschrift B. Neutsch (1980) 197 ff.
11 M. Aurenhammer, ÖJh 54, 1983, Beib. 105 ff.; – Oberleitner, JbKSWien 69, 1973, 127 ff.
12 E. Pochmarski, Festschrift H. Kenner (1986) 295 ff.

13 R. Meriç, Festschrift H. Kenner (1986) 239 ff.; S. R. F. Price, Rituals and Power (1984) 255.

14 W. Oberleitner, Festschrift H. Kenner (1986) 257 ff.; – ders., in Ephesos und Samothrake, Führer Wien (1978); – ders., Ephesos (1978) Abb. 149 ff.; – T. Ganschow, AA 1986, 209 ff.

15 R. Fleischer, Festschrift Kenner (1986) 123 ff.

16 F. Harl, AA 1973, 133 ff.

17 Atalay, ÖJh 52, 1978/80, Beib. 52 ff.

18 Brenk, IstMitt 18, 1968/70, 238 ff.

19 B. Andreae, Festschrift Brommer (1977) 1 ff.; – ders., Festgabe Vetters (1985) 209 ff.; – ders., Odysseus. Archäologie des europäischen Menschenbildes (2 1984) 69 ff.

20 W. Jobst, IstMitt 30, 1980, 241 ff.; S. R. F. Price, Rituals and Power (1984) 254.

21 Bammer, ÖJh 52, 1978/80, 67 ff.

22 M. Dawid, Festschrift Kenner (1982) 49 ff.; – R. Fleischer, AA 1983, 539 ff.

23 R. M. Schneider, Bunte Barbaren (1986) 125 ff.

24 H. Engelmann, Festschrift A. Betz (1986) 249 ff.

25 M. Wegner, ÖJh 51, 1976/77, Beib. 49 ff.

26 Cleziou/Demoule/Schnapp a.O. 46.

27 P. Bruneau, BCH 100, 1976, 103 ff.

28 J. Gero, J. Mazzullo, JFieldA 11, 1984, 316 ff.; – M. Kunst, ActaPrHistA 13/14, 1982, 1 ff.

29 Zur hypothetisch-deduktiven Vorgangsweise auch J. A. Sabloff, BASOR 242, 1981, 1 ff.; – M. Eggert, PZ 53, 1978, 30 ff.

30 J. L. Gardin, Une Archéologie théorétique (1979) 185 ff.; – J.-P. Roux, Arts asiatiques 23, 1971, 41 ff.

31 F. W. Hamond, in I. Hodder (Hrsg.), Simulation Studies in Archaeology (1978) 1 ff.; – Bruneau a.O. spricht sich gegen Modelle in der Archäologie aus.

32 Engelmann a.O.

33 E. L. Bowie, ZPE 8, 1971, 137 ff.; – ders., Kongreß Ankara/Izmir (1978) 867 ff.; – H. Engelmann, ZPE 9, 1972, 91 ff.; – M. Wörrle, AA 1973, 470 ff.

34 D. Knibbe, ÖJh 56, 1985, 71 ff.

35 IvE 453, 500.

36 V. M. Strocka, Festgabe Vetters (1985) 225 ff.

37 In der Zitadelle über der Johanneskirche wurden zumeist römische Blöcke verbaut, so auch Startblöcke; – vgl. P. Roos, ÖJh 52, 1978/80, 109 ff. Die Verwendung des phrygischen Marmors ist inschriftlich bezeugt: IvE 661.

38 R. Fleischer, ÖJh 49, Beiheft 2 (1971) 137 ff.

39 s.o. Anm. 19.

40 Bammer, ÖJh 51, 1976/77, Beib. 77 ff.; – Engelmann, ZPE 10, 1973, 89 ff.

41 IvE 5101, 5113, 5115; – zu Bibliotheken allgemein: Archéologia 208, Dec. 1985, 58 ff.

42 W. Jobst, ÖJh 56, 1985, 79 ff.; – sowie die in Anm. 14 zit. Lit.

43 C. C. Vermeule, Imperial Art in Asia Minor (1968); – Eichler, ÖJh 49, Beiheft 2 (1971) 102 ff.

44 Eichler, AnzWien 103, 1966, 16.

45 Bammer, ÖJh 52, 1978/80, 67 ff.; – R. M. Schneider, Bunte Barbaren (1986) 125 ff., schlägt aus stilistischen Gründen eine antoninische Datierung vor.

46 W. Wilberg, FiE 3 (1923) 17 ff.; – zur Weihinschrift R. Merkelbach, ZPE 25, 1977, 280.

47 Schneider a.O. 125 ff.

48 Keil, ÖJh 27, 1932, Beib. 56; – G. Daltrop, in M. Wegner, Das römische Herrscherbild. Die Flavier (1966) 26, 60, 100.

49 T. Ganschow, AA 1986, 209 ff.

[50] Schneider a.O. 127.
[51] Bammer a.O. oben Anm. 45. Zur Problematik allg. Price a.O. 255 ff.
[52] H. Thür, Festgabe Vetters (1985) 181 ff.; – auch die gewundenen Säulen von der Kuretenstraße, vgl. Wegner (wie in Anm. 25), die ich aufgrund der Akanthusblätter am ehesten für flavisch halten möchte, sind nicht datierbar.
[53] R. Meriç, Festschrift H. Kenner (1986) 239 ff.
[54] Schneider a.O. 127 f.; – Bammer a.O.; – ders., Architektur und Gesellschaft in der Antike (²1985) 124 ff.
[55] IvE 1316; – Keil, Ephesos, ein Führer (1964).
[56] Vetters, AnzWien 123, 1986, Abb. 28a und ders., AnzWien 119, 1982, 72.
[57] IvE 443; – zu Werkstätten auch G. Zimmer, Römische Handwerkerdarstellungen (1982).
[58] Bammer, ÖJh 51, 1976/77, Beib. 93 ff.
[59] Zu den wirtschaftlichen Aspekten des Religionswandels vgl. D. Metzler, Hephaistos 3, 1981, 27 ff.
[60] So der sog. Domitianstempel und der große Tempel in der Hafenebene, den S. Karwiese für das Olympieion hält. Festschrift Kenner (1986) 220; – beider Zuweisungen an Domitian resp. an Hadrian (des Olympieions) sind ungewiß.
[61] B. Brenk, IstMitt 18, 1968/70, 238 ff.
[62] Bammer, ÖJh 50, 1972/75, Beib. 393 ff.; – M. Büyükkolanci, IstMitt 32, 1981, 236 ff.; – M. Castelfranchi, Actes du 15e Congrès int. d'études byz. Athènes 1976 (1981) 129 ff.; – H. Plommer, AnatSt 12, 1962, 115.
[63] F. Fasolo, Palladio 6, 1956; – P. Verzone, Corsi Rav., 12, 1965, 603 ff.; – W. Jobst, ÖJh 49, 1968/71, 297 ff.; – ders., Festschrift H. Kenner (1986) 195 ff.; – S. Karwiese, ÖJh 56, 1985, 105.
[64] Metzler a.O.; – vgl. auch Jobst, Festschrift Kenner (1986) 195 ff.; – F. W. Deichmann, Mélanges Mansel (1974) 549 ff.; – A. Cameron, JRS 76, 1986, 266 ff.
[65] Knibbe, ÖJh 56, 1985, 71 ff.
[66] Foss, Ephesus after Antiquity a.O. 65 m. Anm. 39; – F. Hueber, AntW 15, 1984, 3 ff.; – Jobst, C. Schwanzar, ÖJh 54, 1983, Beib. 149 ff.
[67] IvE 1304.
[68] Bammer, ÖJh 47, 1964/65, Beib. 289 ff.
[69] Engelmann, Festgabe Vetters (1985) 155 ff.
[70] IvE 498, 2061, 2062, 1307, 2043, 2044.
[71] IvE 1314–1317.
[72] Knibbe a.O.
[73] G. J. Lang, Festgabe Vetters (1985) 176 ff.; – Merkelbach, ZPE 25, 1977, 280.
[74] R. L. Vann, A Study of Roman Construction in Asia Minor, Diss. Cornell (1976) 130 ff.
[75] Hinweise M. Aurenhammer; – J. Inan, E. Rosenbaum-Alföldy, Römische und frühbyzantinische Portraitplastik aus der Türkei, Neue Funde (1979) 169–194.
[76] Bammer, ÖJh 47, 1964/65, Beib. 389 ff., unten S. 107 ff.
[77] ÖJh 24, 1929, Beib. 50 ff.; – FiE 4/1 (1932) 93, Nr. 15; – Foss, Ephesus after Antiquity a.O. 36. Es kann hier nicht die Beziehung von christlicher und heidnischer Ideologie zu den materiellen Denkmälern erörtert werden, vgl. dazu die Literaturdiskussion bei A. Cameron, JRS 76, 1986, 266 ff.
[78] Isidor von Pelisium, PG 78, 217; – E. Honigmann, Patristic Studies 1953, 141, Nr. 4; – Foss a.O. 32.
[79] Langmann, ÖJh 56, 1985, 65 ff.
[80] R. Heberdey, ÖJh 8, 1905, Beib. 69; – FiE 1 (1904) 103; – IvE 1351; – Foss a.O. 32.
[81] Die Liste wurde von H. Engelmann durchgesehen und ergänzt.

Restaurierung als Restauration? Postmoderne und Populismus in Ephesos

In einigen kurzen Szenen von Fellinis „Satyricon" wird auf die Witwe von Ephesos Bezug genommen[1]. Der Film hatte den gleichnamigen Roman des römischen Autors Petron zum Vorbild. In diesem Roman gibt es einen heruntergekommenen Dichter Eumolp und seine Zuhörer, den Schiffsherrn Lichas, seine Begleiterin Tryphäna und viele andere. Als Vorbild für die von Eumolp wiedergegebene Erzählung von der Witwe von Ephesos gelten die „Milesischen Geschichten" des Aristeides von Milet, der um 100 v. Chr. lebte. Petron war allerdings nicht der einzige, der sich diese pikanten hellenistischen Geschichten zu eigen machte, auch der Fabeldichter Phädrus machte davon Gebrauch[2]. In der modernen Literatur fand der Stoff der Witwe bei La Fontaine Eingang und als Komödie bei Christopher Fry: „A Phoenix Too Frequent".

Worum geht es also in der Geschichte?

Eine schöne junge Witwe will am Sarg ihres Mannes den Hungertod sterben. Ein in der Nähe bei drei Gekreuzigten Wache stehender Soldat überredet sie aber, vom Selbstmord Abstand zu nehmen, und erweckt wieder die Lust zum Leben in ihr. Als die Verwandten des einen Gekreuzigten wegen der Unachtsamkeit des Soldaten den Leichnam stehlen, will der Soldat Selbstmord begehen. Da liefert die Witwe sogar den Leichnam ihres eigenen Mannes als Ersatz für den Gekreuzigten, um das Leben ihres geliebten Soldaten zu retten.

Der von der Witwe selbstgewählte Tod als Tugend wird umgekehrt zur Erhaltung des Lebendigen durch einen Toten[3].

Im Gastmahl des Trimalchio, dem unfangreichsten Szenarium des Satyricon, spielt diese Aufhebung des Todes eine große Rolle. Die Lust am Leben wird mit ständigen Todesanspielungen in Waage gehalten[4]. Das Gastmahl wird zum Leichenschmaus, und der Vorgriff auf das Todesritual und das Scheinbegräbnis des Trimalchio sind als Todesabwehr zu verstehen. Trimalchio will das Leben retten, indem er seinen Tod inszeniert. Diese Ironie konnte der Schriftsteller Petron wahren, der selbst mit Gelassenheit seinem eigenen Tod entgegensah[5]. Bemerkenswert ist die moderne Mythenbildung im Film um antike Stoffe und insbesondere um das ephesische Sujet. Moderne Mythen über antike Genres entstehen aber vornehmlich durch die Archäologie und Denkmalpflege, wie wir noch sehen werden. Doch auch die moderne Aktionskunst kann um archaische Rituale moderne Mythen entwikkeln[6]. Dazu vorerst einiges zu Mythen und Ritualen selbst:

Rituale und Mythen sind keine Religion, ohne sie gibt es aber keine griechische Religion[7]. Mythen kann man erzählen, abbilden, untersuchen, aber nicht verehren[8]. Mythologien sind Erklärungstheorien des Mythischen[9]. Mythen können keine individuellen Erfindungen oder Phantasien sein, sondern bedürfen der kollektiven Verankerung. Mythen sind kein Gegensatz zur Rationalität, sondern besitzen eine alternative Logik[10]. Rituale und Mythen stehen in einer dialektischen Beziehung zueinander, indem Mythen eine Verständigung über Rituale betreiben[11]. Kunst selbst gehörte ursprünglich zum Ritual und kann sich selbst wieder als Mythos über Rituale der Vergangenheit offenbaren. Dazu ein Beispiel: Um 1900 hatten einige Wiener Schriftsteller eine lebhafte Auseinandersetzung mit der Antike eingeleitet, die auf Nietzsche zurückging. Bereits Nietzsche, der neue Referenzphilosoph der französischen Poststrukturalisten, hatte sich in „Die Geburt der Tragödie aus dem Geist der Musik"[12] gegen die humanistische Deutung der griechischen Kultur gewandt, und der Wiener Hermann Bahr fügt 1904 in seinem Aufsatz „Der Dialog vom Tragischen" hinzu, daß in der griechischen Tragödie immer Verbotenes dargestellt werde, dessen Sinn offenbar der sei, temporär von Gesetz und Sitte zu befreien[13]. Die Tragödie diene dazu, das Verdrängte hervorzuholen und durch seine Entladung den Menschen zu heilen. Dieser Gedanke, der schon auf Aristoteles zurückgeht, wurde auch von Richard Behr-Hoffmann in der Erzählung „Der Tod Georgs" aufgenommen[14], in der ein junger Ästhet von einem orgiastischen Tempelfest im Sinne Lukians träumt. Arnold Schönberg hat diese Festorgie als seelische Erfahrung in der Oper „Moses und Aaron" verwirklicht. Bahr erklärte auch Hofmannsthals Elektra, ein Stück über die Hysterie bei den Griechen, damit, daß Griechisch bedeute, aus Gräßlichem Schönheit zu holen[15].

Diese Tradition verfolgt auch der Wiener Aktionskünstler Hermann Nitsch[16], indem er seine blutigen Opferorgien als kollektive Abreaktion erklärt. Durch den Rückgriff der Wiener Kunstszene auf antike Rituale entstehen um diese Rituale moderne Mythen.

Ein neugeschaffener Mythos ist auch der von Meryemana, dem angeblichen Sterbeort der Maria, der Mutter Jesu. An diesem wasserreichen, kühlen Ort in den Bergen gibt es einige frühchristliche Überreste, ein Taufbecken etwa, aber keine Hinweise auf eine Bebauung im 1. oder 2. Jh. n. Chr. Trotz des Fehlens jeglicher archäologischer Evidenz genießt der Platz bei Mohammedanern und Christen große Verehrung, und dies mit Recht[17]. Denn im Vergleich zu anderen neuen Mythen rund um die Antike ist Meryemana um nichts mythologischer.

Zeit der Ruinen – Ruinen der Zeit

Es ist ein interessantes Phänomen, daß überall dort, wo archäologische Denkmäler wiederaufgebaut werden oder eine grundlegende Restaurierung erfahren, natürlich nirgends die Antike wirklich herbeigeholt werden kann. Man kann dies in Delphi, Olympia, auf der Agora in Athen oder in Pästum verfolgen. Was es gibt, sind Fragmente, die mehr oder minder wissenschaftlich getreu eine Assoziation vermitteln. Diese Fragmente aus antiken Originalsteinen und modernen Ersatzgebilden formen etwas Neues, nämlich einen modernen Mythos um etwas ansatzweise Vergangenes. Das Pastiche, das Simulacrum[18] sind der Sauerteig dieser zeitgenössischen Architekturmythen. Die moderne Archäologie hat mit der Denkmalpflege und dem Tourismus gemeinsam eine neue Landschaft entworfen, welche ein Bild von der antiken Vergangenheit vermittelt, das eine visuelle Alternative zur Rationalität von Geschichtsauffassung bildet, mit konkreter Vergangenheit selbst aber wenig zu tun hat.

Die naivsten und originellsten Kreationen boten die früheren Fremdenführer in den Ruinen von Ephesos. Sie erfanden die Antike neu, bezeichneten ein Gebäude als Krankenhaus, ein anderes als Freudenhaus, als Palast, und interpretierten antike Reliefs um, wie es ihnen gefiel. In literarischer Form machte der Fischer von Halikarnaß dasselbe: Er ging von verschiedenen griechischen Sagen aus, wandelte sie um und paßte sie anatolisch-türkischen Traditionen an[19]. Jedem klassischen Philologen würden sich die Haare sträuben ob des großzügigen Umgangs mit Achill und Kassandra.

Den denkmalpflegerischen Aktivitäten in Ephesos, die sich besonders in Rekonstruktionen und Anastylosen[20] äußern, eignet zwar nicht jene kulturtheoretische Problematik an wie denen auf der Akropolis von Athen[21], dennoch schimmern einige Phänomene durch. Dies ist einmal das Problem Norm und Form. Bei vielen ephesischen Gebäuden wurde versucht, einen Zustand zu rekonstruieren, der einer besonders glanzvollen, vorbildhaften Epoche entstammt, selbst wenn schon in der Antike verschleppte Bauteile dafür wieder von weither zurückgeholt werden mußten. Beispiele sind die dorische Vorhalle des Prytaneions oder die Nordfassade der Domitiansterrasse (Abb. 31, 32). Dieses Phänomen ist nur teilweise mit dem Argument zu rechtfertigen, daß eben aus einer bestimmten Bauphase, meist der ursprünglichen, besonders viel Architektur erhalten sei. Vielmehr wurde eine Epoche als übergeschichtlich gültige Norm empfunden. Dieser Anspruch auf eine ästhetische, übergeschichtliche Norm[22] steht aber in Widerspruch zu jener Historizität, in deren Namen die Rekonstrukteure angetreten sind.

Das andere Phänomen, das weniger für Ephesos, als vielmehr für die Akropolis von Athen bezeichnend ist, ist die kultische Überhöhung. Die dort wiedererrichteten Bauten werden aus dem rationalen ästhetischen und historischen Diskurs herausgezogen, ihre Behandlung geschieht nur mehr auf eine weihevolle, „geheiligte" Art[23]. Das europäische Bürgertum hat gewissermaßen die Aura des griechischen Heiligtums, von Christentum und Islam zerstört, wieder hervorgeholt. Dieses Phänomen steht in Ephesos bislang aus, denn das sich dazu anbietende Gebäude, das Artemision, ist so erbärmlich zerstört und liegt zudem unter Wasser, daß es sich einer kultischen Ästhetisierung entzieht.

Es war ein Problem der Moderne, sei es der bildenden Kunst oder der Architektur, die Gegenwart von der Vergangenheit zu trennen, sich abzusetzen von allem, was vorher war[24]. In der Denkmalpflege war dies damit zu vollziehen, daß eine genaue Trennlinie zwischen dem alten Bestand und der Ergänzung gezogen werden mußte. So wurde etwa zwischen der alten Steinmauer und der neuen eine dünne rote Ziegel- oder Putzschicht eingezogen. Diese Befürchtung, daß man das Neue vielleicht für alt halten könnte, kennzeichnet die ganze Moderne in ihrer Einstellung zur Vergangenheit. Dieser Abwehrmechanismus[25] gegenüber der Geschichte konnte sich entweder in einer Unterwürfigkeit oder in einer Abwertung der Vergangenheit äußern, jedenfalls aber in einem Verkennen ihrer wahren Werte.

Die Negation von Vergangenheit scheint jedenfalls nicht dazu beizutragen, mit ihr fertig zu werden. Im Gegenteil: Die erste Epoche, die bewußt daranging, die Antike wieder zu entdecken, die Renaissance, war diejenige Epoche, welche die Antike überwunden hat und über sie hinausgekommen ist[26].

Weil man die Vergangenheit nicht zerstören kann, soll man ihr mit Ironie begegnen

Zwei Mittel wurden in Ephesos vor zwanzig Jahren angewandt, um antiken Überresten angemessen zu begegnen: die Änderung des Maßstabes und die ironische Verzerrung. Indem man etwa die Säulenhöhen verkürzte oder nur Teile von Objekten aufstellte, wurde der Maßstab der ursprünglichen Gebäude verändert. Wenn man grobe Betonklötze (Abb. 33) oder Eisenstangen (Abb. 28) einschob und Kapitelle auf den Boden setzte (Abb. 26), so ergaben sich Verzerrungen, welche einen Zug von Ironie in das Verhältnis zur Antike brachten[27].

Kulturell aufeinander reagierende Phänomene treten nicht nur bei dem Schritt vom Klassizismus zur Romantik auf, sondern auch von der Moderne zur Postmoderne, womit nicht ausgedrückt werden soll, daß es sich bei der Postmoderne um eine romantische Strömung handle. So behandelt die Moderne alles, was nicht modern war, als Vergangenheit schlechthin, auch für den Klassizismus war die Antike Vergangenheit schlechthin, es gab für ihn nur die Antike als Vergangenheit[28]. Das Interesse der Postmoderne an der vernakularen Architektur ist allerdings in gewisser Weise romantisch, oder besser gesagt, hatte in der Romantik eine gewisse Parallele[29]. Der universelle Anspruch, den die Kunst der Moderne verkündete, wie dies zuletzt der Klassizismus getan hatte, wird in der postmodernen Kunst durch einen Polytheismus der Werte ersetzt[30]. Bereits der Historismus hatte durch die Ermöglichung der Gleichzeitigkeit des Ungleichzeitigen und der Wiederholbarkeit des Einmaligen die Vorstellung von der im Sinne der Zeitgenossen allein gültigen Kunst aufgehoben[31]. Von den in Ephesos durchgeführten Rekonstruktionen, die fälschlich oft als Anastylose bezeichnet werden[32], gehören einige der Moderne an, andere der Postmoderne. Das künstlerische Bestreben der Moderne, die Gegenwart radikal von der Vergangenheit zu trennen, ist beim Memmiusbau (Abb. 7, 46, 47, 72), Domitiansbrunnen (Abb. 28), der Domitiansterrasse (Abb. 31, 32, 73) oder dem Nymphäum Traiani (Abb. 26) eingehalten. Beim Hadrianstempel (Abb. 44) oder der Celsusbibliothek (Abb. 36) ist dagegen der postmoderne Ansatz versucht worden, Gegenwart als Teil von Vergangenheit zu sehen. Der Memmiusbau oder das Nymphäum Traiani gehören aber insofern bereits der Postmoderne an, als sie immerhin historische Architektur in das Zentrum des Interesses rücken, also bereits von der Strategie der Moderne, das Vergangene zu negieren oder zu verdrängen, Abstand nehmen.

Als mythenbildende Neuschöpfungen gehören aber die in Ephesos und sonstwo durchgeführten Rekonstruktionen der Postmoderne an. Auch dort, wo ein antikes Bauwerk quasi komplett wiederaufgebaut wurde, wie z.B. die Attalosstoa in Athen[33], ist der Bezug zu den nicht wiederaufgebauten Bauten der Umgebung aus dem Maßstab geraten. Es entsteht eine völlige visuelle Umwertung gerade durch eine völlige Wiederherstellung antiker Realität. Wo immer derartig rekonstruierte Gebilde entstehen, scheinbar realistischer oder weniger real realistisch, sie bilden neue Mythen von Vergangenheit auf visueller Grundlage.

Die geborgte Zeit

Wie konkret sich Aneignung von Geschichte abspielte, dokumentiert der Umstand, daß die ephesischen Funde heute auf fünf Museen verteilt sind: London, Wien, Istanbul, Izmir und Selçuk. Die Funde von J. T. Wood aus den Grabungen um 1870 sind in London im Britischen Museum, die Funde von Hogarth aus der Grabung 1904/5 in Istanbul, die Funde der österreichischen Grabungen von 1895 bis 1908 sind in Wien, die Statuenfunde der österreichischen Grabungen der Zwischenkriegszeit sind in Izmir und Istanbul, und erst die seit 1956 gemachten Funde sind in Selçuk.

Seit jene Länder, die ausländische Grabungen auf ihrem Gelände gestatten, mit der Genehmigung die Auflage verknüpfen, daß die ausgegrabenen Denkmäler auch restauriert werden, sind die Archäologen zunehmend gezwungen, sich mit einem Gebiet zu befassen, das zuvor eher Aufgabe der Architekten, Künstler und Denkmalpfleger war. In den letzten Jahren wurde eine Reihe von Versuchen unternommen, die daraus entstehende Problematik in irgendeiner Weise zu meistern, ohne daß es dabei aber gelungen wäre, eine auch nur einigermaßen tragfähige Theorie für diese Rekonstruktionen auszuarbeiten. Warum aber sind die in der Denkmalpflege seit jeher angewandten Methoden nicht auf das Gebiet der Archäologie übertragbar? Worin unterscheidet sich die Problematik bei der Restaurierung einer mittelalterlichen Kirche in Deutschland von der bei antiken Stätten in Westkleinasien? Damit gelangen wir zu unserer Kernfrage: Archäologische Denkmäler, also ausgegrabene Objekte, unterscheiden sich von anderen historischen Denkmälern in einer Hinsicht wesentlich: Sie sind in gewissem Sinne künstliche Objekte, „künstlich" hervorgeholt aus einem schlummernden, gewissermaßen „natürlichen" Zustand. Diese Künstlichkeit haftet ihnen auch dann an, wenn keinerlei Restaurierungsvorhaben an ihnen ausgeführt werden. Sie sind nämlich nicht mehr so, wie sie uns der historische Ablauf hinterlassen hat. Meist jedoch passiert mit ihnen noch etwas Zusätzliches, sie werden „rekonstruiert", d.h., es wird versucht, ihren einstigen Zustand mehr oder minder vollständig wiederherzustellen. Bereits diese einfache Darstellung zeigt den inneren Widerspruch: Es wird etwas „erschaffen", was bereits einmal vorhanden war, die Nachbildung wird gewissermaßen zum schöpferischen Prozeß gemacht, mit einem Wort: Wir haben es bei fast allen archäologischen Denkmälern mit künstlichen Ruinen zu tun.

Die Ruinenthematik ist keinesfalls neu. Die europäische Geistesgeschichte hat sich zu verschiedenen Zeiten sehr intensiv damit auseinandergesetzt. Es kann hier nicht der Ort sein, diese Problematik generell zu erörtern; was uns hier interessiert, ist zu zeigen, inwieweit einige der Konzepte heutiger archäologischer Rekonstruktionen in ihrer Problematik bereits im 18. Jh. bewußt gewesen sind.

Ich muß mich dabei auf Ephesos beschränken, obwohl es interessant wäre, sich in diesem Zusammenhang auch mit anderen antiken Stätten Kleinasiens, etwa Pergamon, Milet oder Sardis, zu beschäftigen; aber ohne detaillierte Kenntnis der jeweiligen Hintergründe kann dies hier nicht erfolgen[34].

In Ephesos wurde seit der Mitte der fünfziger Jahre wieder gegraben. Der damalige Grabungsleiter Franz Miltner hat sich vermutlich als erster nach dem Zweiten Weltkrieg den Problemen der Rekonstruktion gestellt. Mit einer Reihe von Mitarbeitern und oft an die 300 Arbeitern durchstieß er den Raum zwischen der oberen und unteren Agora und legte die sog. Kuretenstraße frei, an deren Seiten eine Reihe von repräsentativen Bauten zutage kamen (Z 28). Unter diesen war das auffälligste Denkmal, welches er auch bis zu seinem Tode mit großer Energie wiederaufbauen ließ, der sog. Hadrianstempel[35]. Dieser wiederaufgerichtete Tempel blieb für Jahrzehnte das Schaustück auf allen Postkarten (Abb. 44), die Ephesos zeigen. Nach dem Tod Miltners wollten seine Nachfolger offenbar nicht hinter ihm zurückstehen; sie sahen es als Verpflichtung an, die von ihm halb ausgegrabenen, aber meist als Trümmerberg zurückgelassenen Denkmäler sowohl theoretisch zu bearbeiten als auch optisch auf irgendeine Weise zur Geltung zu bringen. So entstanden die Rekonstruktionen des Memmiusbaues, des Domitiansbrunnens, des Traiansbrunnens, des spätantiken Torbaues (Abb. 30) und des Prytaneions.

Selbstverständlich haben alle diese Bauten vom Konstruktiven her unterschiedliche Gestaltung und sind auch unterschiedlich gut bzw. schlecht erhalten. Als weiterer Faktor sind die relativ geringen finanziellen Mittel, die dem Forschungsetat dafür abgezweigt werden konnten, zu berücksichtigen. Dieser Sachverhalt änderte sich aber grundlegend, als sich mehrere Mäzene zusammentaten – von denen zuletzt nur einer übrigblieb –, um die Rekonstruktion der Celsusbibliothek vorzunehmen. Hier standen plötzlich im Vergleich zu früher riesige Summen zur Verfügung, um das, was sich die Initiatoren und Ausführenden vorstellten, auch tatsächlich auszuführen[36]. Unterscheiden sich nun die Rekonstruktionen aus der Zeit vor dem Auftreten dieses Neomäzenatentums von den späteren auch in anderer Hinsicht als in der, daß sie in einer sparsamen Weise ausgeführt wurden? Drücken sich die veränderten ökonomischen Bedingungen auch in der „Ideologie" der Denkmalpflege aus?

Miltner hinterließ bei seinem Tode 1959 ein halb ausgegrabenes Bauwerk, das er als „Sullabau" bezeichnet hatte[37]. Bei den Nachgrabungen und archäologischen Untersuchungen 1961 stellte sich heraus, daß es sich in Wirklichkeit um ein Denkmal für einen gewissen Gaius Memmius, einen Enkel des Sulla, handelt. 1963/64 wurde in Zusammenarbeit mit dem Bildhauer Franz Öhlzant eine ›Wiederherstellung‹ versucht (Z 28, 29). Nach einigen Experimenten wurde das Objekt in der Weise fertiggestellt, wie es auch heute noch im wesentlichen sichtbar ist. Die wissenschaftliche Rekonstruktion wurde in der Zwischenzeit in „Forschungen in Ephesos, Band 7" veröffentlicht[38] (Abb. 7, 46, 47, 72, 73).

Der vierseitige Bau zeigt an drei Seiten ein Triumphbogenmotiv, das jeweils durch runde Nischen abgeschlossen wird. Das Denkmal dürfte gegen Ende der republikanischen Zeit erbaut worden sein; die Erwähnung Sullas, des Plünderers von Ephesos, in der Bauinschrift ist als Ermahnung bzw. Einschüchterung der nichtrömischen Ephesier zu verstehen[39]. Bei der Wiederaufstellung des Denkmals wurde nicht versucht, den ursprünglichen Zustand der Gesamtarchitektur wiederherzustellen. Die erhalten gebliebenen Marmorteile befinden sich zwar in Hinblick auf den Grundriß an der richtigen Stelle, nicht jedoch bezüglich des Aufrisses (mit Ausnahme einer Nischentür). Sowohl die Karyatide, die den Bogen trug, als auch das Gebälk und die Attika mit ihrem figuralen Schmuck sitzen wesentlich tiefer, als sie beim antiken Bauwerk angebracht waren. Der heutige Betrachter hat also kaum die Möglichkeit, sich unmittelbar das ursprüngliche Aussehen des Denkmals vorzustellen, falls ihm nicht andere Mittel wie Zeichnungen oder Modelle zu Hilfe kommen.

In ähnlicher Weise wurde das Problem bei der Wiederaufstellung des Nymphäum Traiani durch H. Pellionis und W. Mach gelöst. Von diesem Brunnen waren zwar große Teile der Gebälke und Kapitelle erhalten, es fehlten jedoch alle Säulen. Man setzte also die beiden Geschosse, nur durch kurze Betonsockel getrennt, direkt aufeinander[39] (Abb. 26). Hier fällt es zwar dem Betrachter nicht so schwer wie beim Memmiusbau, sich den antiken Zustand zu vergegenwärtigen; dennoch verändern die fehlenden Säulen der Geschosse den architektonischen Eindruck (Abb. 24, 26). Beim Domitiansbrunnen wurde zwar der erhaltene Bogen über der Brunnenapsis in der ursprünglichen Höhe angebracht, aber die ursprüngliche Stützkonstruktion wurde nicht nachgeahmt, sondern als abstraktes Betongerüst dargestellt[40] (Abb. 28, 33). Der 92/93 n. Chr. errichtete Domitiansbrunnen inkorporierte das Denkmal des Erbauers eines Aquäduktes, Pollio, aus augusteischer Zeit, in seine Anlage[41]. Ähnlich wurde bei der Terrasse für den flavischen Kaiser verfahren: Hier wurden die originalen Marmorteile in ihrer ursprünglichen Lage beibehalten, die fehlende Konstruktion jedoch als abstrakte Form im Kontrast dazu ausgeführt[42].

Die hier kurz beschriebenen Rekonstruktionen, ausgeführt zwischen 1963 und 1972, haben eines gemeinsam: Es wurde nie versucht, das ursprüngliche Gebäude wiederherzustellen. Die Darstellung ist analytisch.

„Festgemauert in der Erden"

Wie sieht im Vergleich dazu das Konzept für die Restaurierung des oben erwähnten Hadrianstempels und die von der Firma Kallinger finanzierte Rekonstruktion der Celsusbibliothek aus? Bezeichnenderweise kamen beide antike Gebäude ursprünglich ebenso wie auch in ihrem modernen Wiederaufbau durch private Initiative zustande[43]. Der wichtigste Gedanke für die architektonische Form der Rekonstruktion war hier der, dem Betrachter als Synthese eine Fassade zu vermitteln, die der originalen, antiken Silhouette weitgehend angeglichen ist. Man wollte sowohl dem Fachmann als auch den Touristen die antike Architektur so zeigen, „wie sie eben gewesen ist". Der Betrachter sollte die Chance haben, sich zurückzuversetzen in die Antike, gewissermaßen mit einer Zeitmaschine, und alles so sehen können, als ob die Zeit stillgestanden hätte. So wurde peinlich darauf geachtet, die antike Form naturgetreu nachzubauen oder, wo dies nicht möglich war, zumindest eine illusionistische Staffage auszubilden. Daher wurden die fehlenden Teile weitgehend in eingefärbtem Beton und der originalen Ornamentik ergänzt. Beim Hadrianstempel wurde der wiedergefundene Fries als „Kopie" in Weißzement eingebaut, die Originale befinden sich im Museum in Selçuk; bei der Celsusbibliothek wurden sogar die einst nach Wien gebrachten Skulpturen, die gar nicht zur ursprünglichen Ausführung des Baues gehörten, abgegossen und aufgestellt. Diese spezielle optische Präsentation spiegelt in ihrem Konzept die Methode des gewissenhaften, peniblen Archäologen wider. Außerdem wurde im Falle der Celsusbibliothek versucht, durch eine sich hinter der neuen „antiken" Fassade verbergende Stahlkonstruktion einer erneuten Einsturzgefahr durch Erdbeben oder sonstige Unbilden zu begegnen[44]. Der neuen Fassade sollte das Schicksal des antiken Baues erspart bleiben: Sie wird dieses Mal gewissermaßen für die „Ewigkeit" gebaut. Die Geschichte soll in diesem Vorgang zum Stillstand gebracht werden, eine historistische Denkweise, die mit den oben erwähnten Möglichkeiten, sich zeitlich zurückzuversetzen, identisch ist (Abb. 36, 48).

Miltner war es nach dem Zweiten Weltkrieg gelungen, neben den öffentlichen Subventionen auch private Unternehmer für das Ephesosunternehmen zu begeistern. Um sich Jahr für Jahr ihrer Gelder zu versichern, war er gezwungen, auch optisch wirksame Projekte in Angriff zu nehmen. Der wiederaufgebaute Hadrianstempel entsprach genau dem, was die privaten Spender erwarteten. In ähnlicher, aber noch verstärkter Weise entspricht das Ergebnis der Rekonstruktion der Celsusbibliothek den Vorstellungen der Mäzene Hoch-Tief Essen sowie Kallinger-Prskawetz[45]. Vom Bauunternehmer wird erwartet, daß seine Brücken und Hochhäuser stabil und dauerhaft sind. Diese Kennzeichen gelten als Gütezeichen für die Qualität seiner Bauten. Es ist daher verständlich, daß diese Qualitäten auch auf die kulturellen Projekte, die er finanziert, übertragen werden. Diese bieten ihm eine verständliche Identifikationsmöglichkeit.

Den Rekonstrukteuren des Hadrianstempels wurde damals vorgeworfen, daß sie die Ruine bereits wiederaufgebaut hätten, ehe die theoretisch wissenschaftliche Rekonstruktion erfolgt sei. Daher hätten sich angeblich auch einige Fehler eingeschlichen. Eine Publikation der Architektur kam auch bis heute nicht zustande. Diesen Vorwurf kann man den Erbauern der Bibliotheksfassade nicht machen, denn die wissenschaftliche Bearbeitung der Architektur und deren Publikation ist lange Jahre zuvor durch H. Wilberg erfolgt[46]. Allerdings gelang es F. Hueber, noch einigen „Bautricks" auf die Spur zu kommen[47]. Die Befürworter und Initiatoren ganzheitlich-synthetischer Fassadenrekonstruktionen können auch für sich verbuchen, daß ihre Aufstellungen von den Touristen viel bewundert werden, nicht zuletzt auf Ansichtskarten. Daraus wird geschlossen, daß dem Besucher ein möglichst vollständiges, harmonisches Bild antiker Kunst und Architektur zu präsentieren sei. Es wird somit unterstellt, daß diese „Ganzheitlichkeit" und „Harmonie" notwendig seien, um etwas von der Vergangenheit bzw. ihrer Schönheit zu verstehen. Der ganze Denkvorgang ist ein Paradebeispiel für Populismus[48].

Aber auch die Vollständigkeit kennt ihre ästhetischen Grenzen. Denn von den gleichen Befürwortern einer harmonischen Ruine werden vollständige, aber neu wiederaufgerichtete Bauten, wie die Stoa des Attalos auf der athenischen Agora, meist abgelehnt. Auch hier soll die Ruine, in der die Harmonie der antiken Bauteile erhalten bleibt, als ästhetisch selbständige Kunstform in Erscheinung treten.

Die Problematik wird deutlicher, wenn wir uns in diesem Zusammenhang mit der Sozialgeschichte der „Ruine" bzw. mit ihrer „Künstlichkeit" auseinandersetzen.

Das vorhandene Bewußtsein über das Ruinöse ist ein sehr sensibler Indikator für gesellschaftliche Veränderungen. Mit der Ruine können distanzbildende Faktoren ambivalenter Natur assoziiert werden. Einerseits weist die Ruine auf die Veränderbarkeit auch sehr dauerhaft scheinender Dinge hin, sie macht sozusagen optisch den Zeitbegriff bzw. das Geschichtliche sichtbar. Andererseits ist die Ruine ein Symbol für die Entfremdung an sich. Die Ruine spiegelt den Zustand, bei dem aus der ursprünglichen, ganzen Form nur mehr ein Gerippe oder Scherben übrigbleiben. Nicht umsonst wird im 18. Jh., wo sowohl Phänomene der Verzeitlichung als auch der Entfremdung mehr Menschen bewußt werden, das Interesse an Ruinen und ihrer Darstellung in der Kunst vertieft. Außerdem war und ist aber auch die Ruine für alle jene, die ein Interesse an der Beständigkeit und an der Dauerhaftigkeit haben, ein Symbol für eben diese Werte, um Zeiten großen Glanzes und Herrschaft ständig in Erinnerung zu rufen und wachzuhalten. Die Ruine erinnert an die Mächtigen vergangener Zeiten, die imstande waren, Bauten von solcher Pracht zu errichten. Die Ruine, ihrem ursprünglichen Zweck entfremdet, zur ästhetischen Erinnerung geworden, isoliert von den einstigen gesellschaftlichen Zuständen, kann so nichts mehr aussagen über die Unterdrückung derer, die sie gebaut haben, und über die Herrschaft, die in ihren Räumen ausgeübt wurde.

Im letzten Jahrzehnt ist aber die Maxime, Fortschritt bedeute Veränderung, neu überdacht worden. Die Umweltschutzbewegung hat nicht nur die Natur eingebunden, sondern auch die alten Städte und Kulturlandschaften. Sowohl in der Beschäftigung mit Umwelt als auch mit Geschichte wird Identität gewonnen. Damit ist aber die alte Streitfrage aktualisiert, ob diese neu entstandene Identität mit jener der Subjekte der Vergangenheit übereinstimmt. Oder, anders ausgedrückt: Sind Form und Inhalt deckungsgleich? Können alte architektonische Formen ihre ehemaligen Bedeutungen verlieren, und können sie mit neuen Inhalten gefüllt werden? Die Anhänger der Postmoderne sind jedenfalls davon überzeugt, daß dies möglich ist[49].

Halten wir fest: Die Ruine als Fremdkörper in der alltäglichen Welt beinhaltet sowohl „exotische" Nähe als auch historische Ferne. Sie kann durch ihren Aspekt des Veränderlichen sowohl zur Hoffnung auf die Zukunft werden als auch zum Wunsch des Bewahrens der Vergangenheit. Die Ruine ist ein ästhetisches Distanzierungsmittel, das, je nach der Bewußtseinslage ihrer Träger, konservative oder fortschrittliche Ideen antizipieren kann[50].

Aus psychoanalytischer Sicht kann die Darstellung von Ruinen als Abwehrmechanismus interpretiert werden. Die Ruine, ein Symbol von Untergang und Tod, dient als Abwehr gegen die Angst vor Tod und Vergehen. Ein berühmtes Beispiel ist Sigmund Freud selbst, der durch seine Sammlung archäologischer Objekte, vornehmlich aus dem Totenkult, einen Wall gegen seine Angst vor dem Tode aufbaute[51]. Ebenso könnte man sagen, daß die untergehende aristokratische Gesellschaft des 18. Jh.s mit der Darstellung künstlicher Ruinen in Parks und Ruinenbildern sich vor ihrem halb bewußt erahnten eigenen Untergang schützen wollte. Ein interessantes Beispiel hierfür ist etwa der Kuppelsaal des Schlosses von Pommersfelden, wo in den Pendentifs bereits die Schloßarchitektur als gerade zusammenstürzender Trümmerhaufen gemalt ist, oder die Bilder des Louvre, einmal als Galerie, das andere Mal als zukünftige Ruine, gemalt von Hubert Robert[52].

Mit diesem Aspekt sind wir mitten im 18. Jh., wo sich in Rom eine diesbezüglich interessante Kontroverse abspielte. Klaus Heinrich hat in seiner Vorlesung „Zum Verhältnis von transzendentalem und ästhetischem Subjekt – Probleme des Kunst- und Naturbegriffes im 19. und 20. Jh." dieses Thema besprochen[53]. Es geht um die Auseinandersetzung zwischen Winckelmann und Piranesi. Beide, gleichzeitig in Rom lebend, haben sich zwar kaum direkt angegriffen, weil sie dies aus verschiedenen Gründen vermeiden mußten; es war jedoch für alle Zeitgenossen deutlich, daß Piranesi gewissermaßen ein Anti-Winckelmann war, und daß Winckelmann umgekehrt Piranesi meinte, wenn er Bernini kritisierte. Neben der Diskussion über den Vorrang der griechischen oder römischen Kunst ging es vor allem um das Verhältnis von Substanz und Oberfläche sowie um den unterschiedlichen Zivilisationsbegriff. Bereits in seiner frühen Schrift „Gedanken über die Nachahmung der griechischen Werke in der Malerei und Bildhauerkunst" von 1755 findet sich folgende Schlüsselstelle:

„Das allgemeine vorzügliche Kennzeichen der griechischen Meisterstücke ist endlich eine edle Einfalt, und eine stille Größe, sowohl in der Stellung als auch im Ausdrucke.

So wie die Tiefe des Meeres allezeit ruhig bleibt, die Oberfläche mag noch so wüten, ebenso zeiget der Ausdruck in den Figuren der Griechen bei allen Leidenschaften eine große und gesetzte Seele."[54]

Im Folgenden will Winckelmann diesen merkwürdigen Vergleich am Laokoon interpretieren. Dieser Vergleich ist unstimmig. Wie kann unter einer unruhigen Oberfläche eine ruhige Tiefe existieren, und was soll an dieser Oberfläche wüten? Winckelmann setzt also die Tiefe der See gleich der Oberfläche der griechischen Bildwerke bzw. er vertauscht die Analogien, indem er auf einmal das, was beim Meer in der Tiefe ist, mit dem, was bei der Skulptur an der Oberfläche ist, gleichsetzt. Die Tiefe, also die Substanz zur Oberfläche, zum Ausdruck der griechischen Bildwerke erklärt, läßt die Frage offen, was mit der wütenden Oberfläche des Meeres passiert. Nach Klaus Heinrich[55] war dies für Winckelmann das historische Hin und Her, das Wellengekräusel der Geschichte, die Zeitumstände. Das Programm Winckelmanns und des Klassizismus war es, von der geschichtlichen Bewegtheit zu der Anschauung einer ruhigen und unbewegten Substanz zu gelangen. Mit anderen Worten: Bei Winckelmann und dem Klassizismus wird die Substanz, der Untergrund, an die Oberfläche verdrängt. Der Untergrund wird nicht durchgearbeitet, sondern Substanz und Oberfläche werden für identisch erklärt. Damit ist auch das Winckelmannsche ästhetische Ideal gegeben: Nur mehr die Oberfläche zählt, die Linearität, die Umrißzeichnung, die helle, weiße Farbe der Skulptur und Architektur als Farbe der größten Oberflächenwirkung[56].

Diese Kriterien stellen ein bekanntes Phänomen der klassizistischen Kunst und Architektur dar. Die Betonung der Umrißlinie, der Oberfläche, der gespenstischen Blässe der Formen, findet Geltung in der klassizistischen Architektur und Skulptur von Nordamerika bis Berlin, von Schinkel bis Canova. Es kann hier nur ganz grob angedeutet werden, daß das neuaufkommende Bürgertum, unfähig die auftretenden gesellschaftlichen Probleme zu verarbeiten, auch in der Kunst das Unbewältigte, Tiefe verdrängte und alles auf ein Problem der Oberfläche reduzierte.

Hand in Hand mit dem einen Verdrängungsmechanismus des Klassizismus, nämlich dem, daß die Oberfläche verdrängte Substanz wird, geht ein zweiter einher: Die Entsinnlichung der Kunst, die Erhebung über die Sinnlichkeit, wie dies Winckelmann nennt. Die Entsinnlichung der Kunst geschieht durch ihre Reduktion auf Schönheit:

„Der Geist vernünftig denkender Wesen hat eine eingepflanzte Neigung und Begierde, sich über die Materie in die geistige Sphäre der Begriffe zu erheben, und dessen wahre Zufriedenheit ist die Hervorbringung neuer und verfeinerter Ideen. Die großen Künstler der Griechen, die sich gleichsam als neue Schöpfer anzusehen hatten, ob sie gleich weniger für den Verstand als für die Sinne arbeiteten, suchten den harten Gegenstand der Materie zu überwinden, und wenn es möglich gewesen wäre, dieselbe zu begeistern: Dieses edle Bestreben derselben und auch in früheren Zeiten der Kunst gab Gelegenheit zu der Fabel von Pygmalions Statue. Denn durch ihre Hände wurden die Gegenstände heiliger Verehrung hervorgebracht, welche, um Ehrfurcht zu erwecken, Bilder von höheren Naturen genommen zu sein scheinen mußten. Zu diesen Bildern gaben die ersten Stifter der Religion, welches Dichter waren, die hohen Begriffe, und diese geben der Einbildung Flügel, ihr Werk über sich selbst und über das Sinnliche zu erheben."[57]

Diese Tendenz der Entsinnlichung im Klassizismus wird von Kant in seinen Schriften „Beobachtungen über das Gefühl des Schönen und Erhabenen" und „Kritik der Urteilskraft"[58] noch weiter ausgeführt. Die einzige Weise, etwas ästhetisch zu genießen, sei, sich interesselos den Gegenständen ästhetischer Betrachtung zu nähern; das Ergebnis ist ein interessenloses Wohlgefallen. Damit geht eine Sublimierung der Nahsinne einher, so z.B. des Geschmackssinnes beim Bürgertum und Kleinadel. Die Nahsinne, wie Geruchssinn, Tastsinn usw., werden als gewöhnlich hingestellt, tabuisiert, erleben aber in sublimierter Form eine neue Bedeutung, es entsteht „Der gute Geschmack"[59]. So schreibt Winckelmann:

„Nach diesem Begriff soll die Schönheit sein wie das vollkommenste Wasser aus dem Schoße der Quelle geschöpft, welches, je weniger Geschmack es hat, desto gesunder geachtet wird, weil es von allen fremden Teilen geläutert ist."[60]

Dies ist nicht der Ort, um über die sozialgeschichtliche Bedeutung der Entsinnlichung als Verdrängungsnorm beim Bürgertum des 18. Jh.s zu diskutieren. Ganz grob kann aber vielleicht gesagt werden, daß das Bürgertum dies als eine Strategie ansah, um sich mit einer neuen Lebensform gegenüber dem Adel durchzusetzen. Mit der Entsinnlichung in der Kunst wurden gerade jene Faktoren herausgebildet, die seit der Neuzeit bürgerliches Verhalten entwickeln, wie sie von Max Weber in seiner Protestantismus-Kapitalismus-Diskussion und von Norbert Elias mit dem Phänomen der Disziplinierung der Affekte beschrieben wurden[61].

Bei den Arbeiten des Giovanni Battista Piranesi wird dagegen nichts verdrängt. Seine Zeichnungen sind gewissermaßen als analytisches Verfahren zu verstehen. Die Substanz, die Tiefe, wird durchgearbeitet, die Substruktionen aufgeklappt, das Häßliche, das Zerbrochene, Gerümpel hervorgeholt; nicht das Unvergängliche wird beschworen, sondern das Vergängliche bejaht. Er deutet das Pasticcio, die bekannte Kunstform um: Das Zusammengebackene, das Gestückelte, der Realzusammenhang symbolisieren bei Piranesi den Gegenbegriff der Zivilisation, gegen den sich Winckelmann wendet[62].

Piranesi[63] dagegen stellt in seinen Vedute di Roma, Antichità Romane, den Carceri, sowie seinem Campo Marzio einen Gegenbegriff zum Klassizismus auf, außerdem eine Zivilisationstheorie, die versucht, die Probleme von der Substanz her, von unten her zu analysieren und zu rekonstruieren; etwa bei den Substruktionen des Hadriansmausoleums, wo er nicht nur den sichtbaren Zylinder des Mausoleums darstellt, sondern in die Tiefe hinuntersteigt und Pfeiler, Wände, Bögen und Fundamente freilegt und dabei bis zu den Holzpfählen am Fuß der tiefsten Fundamente vordringt[64]. Er läßt im Detail nichts ungeklärt, alles wird durchforscht, zum Vorschein gebracht. Für Piranesi ist die antike Kunst eine Provokation; nicht die Oberfläche interessiert ihn, sondern das, was man nicht sieht. Er geht nicht nur räumlich in die Tiefe, sondern auch zeitlich, und aus dieser zeitlichen Tiefe heraus dringt er vor zu seinen Rekonstruktionen des Phantastischen. Er holt das Verdrängte aus der Vergangenheit hervor und gestaltet es in seinen Träumen, die sich am erschreckendsten in seinen Rekonstruktionen des Marsfeldes dargestellt finden. Dazu schreibt N. Miller: „Seine Phantasie räumt mit rigider Entschlossenheit zweitausend Jahre römischer Geschichte beiseite – Vorahnung der unbarmherzigen und kunstfeindlichen Praktiken der modernen Archäologie, deren barbarischer Erkenntniseifer auch in Rom ganze Plätze und Viertel in Wüsteneien zurückverwandelt hat –, nur um unter ihrem Schutt die immer noch riesenhaften, aber doch unansehnlichen Trümmer der Vorzeit aus ihrem Schlaf zu wecken. Als wären die Ruinen irgendwann, fernab aller historischen Entwicklung, in Vergessenheit geraten wie die im Sand Arabiens verschollenen Wunderbauten Palmyras, hat Piranesi den Überbleibseln antiker Architektur jeden räumlichen oder atmosphärischen Zusammenhang genommen. Von dichtem Strauchwerk überzogen, das viele der massiven Stützmauern und Fundamente wie natürliche Felsen erscheinen läßt, ein paar Dutzend Bauten über die Einöde der Tiber-Ebene verstreut – das trübsinnige Gegenbild der von Piranesis unerschöpflicher Einbildungskraft ersonnenen Stadtgrundrisse.“[65]

Für Piranesi gibt es keinen Unterschied zwischen dem Kunstwürdigen und dem Kunstunwürdigen. In seinen Zeichnungen kommen die profanen Details ebenso zur Geltung wie Statuen und Tempel. Die Cloaca Maxima ist genauso darstellenswert wie zerbrochene Teile von Architektur, Gerümpel. Nach K. Heinrich[66] gehören diese Dinge zum Begriff der Magnificenza bei Piranesi, mit deren Darstellung die Zivilisation, die Stadt, nicht nur das Zerbrechen aushält, sondern sich auch dagegen schützt. Exemplarisch für diese Auffassung Piranesis kann man das Frontispiz zu den Vedute di Roma mit der Darstellung der Dea Roma nennen. Besonders bei dieser Zeichnung[67] wird sichtbar, wie die Beschäftigung mit der Antike, also die Auseinandersetzung mit der Zivilisationsgeschichte, eine Auseinandersetzung mit dem Verdrängten ist. Piranesi kann die Zivilisation nur dann rekonstruieren, wenn er das von ihr Verdrängte aufwühlt. Er lehnt den klassizistischen Oberflächenbegriff ab, der nur dazu dient, für die Verdrängung der Substanz seine Handlangerdienste zu leisten[68]. Piranesis Zeichnungen erschrecken und erschüttern. Er weist die Distanzierungsstrategie des Klassizismus zurück, dessen Doktrin lautet: Was schön ist, darf nicht erschüttern.

Der vorangegangene Rückblick auf Winckelmann und Piranesi war notwendig, um unsere Diskussion heutiger Rekonstruktionen antiker Denkmäler weiterzuführen. Es soll dabei in keiner Weise den Erbauern der diversen Rekonstruktionen in Ephesos unterstellt werden, daß sie sich an der Winckelmann-Piranesi-Problematik orientiert hätten, noch soll im nachhinein versucht werden, Winckelmann oder Piranesi als Alibi für den theoretischen Ansatz eines bereits rekonstruierten Ergebnisses heranzuziehen. Es scheint mir aber wichtig, festzuhalten, daß es bei diesen sog. „Rekonstruktionen" grundsätzlich verschiedene Auffassungen bezüglich der Aussagen, Wirkungen und Aufgaben der antiken Architektur gibt, deren Widersprüche erstmals grundlegend in der damaligen Winckelmann-Piranesi-Diskussion offen zutage getreten sind. So entspricht beispielsweise die Weigerung Piranesis, die Antike wiederherzustellen, ohne ihre Zerstörung in die Rekonstruktion miteinzubeziehen, genau jener Weigerung der „Wiederaufbauer" des Trajansbrunnens (Abb. 26), des Memmiusbaues (Abb. 7, 46, 47, 72, 73) sowie der Bauten am Domitiansplatz (Abb. 26, 31, 32, 73), die antiken Denkmäler oder auch nur Teile davon so nachzubilden, als wären zweitausend Jahre Geschichte an ihnen spurlos vorübergegangen. Die Ausführung der Fassaden des Hadrianstempels (Abb. 44) und der Celsusbibliothek (Abb. 36) neigt aber zumindest in ihrem ästhetischen Ansatz zum Gestalthaft-Einen und dem Oberflächenbegriff Winckelmanns. Das Gestalthaft-Eine wird eingelöst, indem die Herstellung einer Silhouette des antiken Bauwerks als Voraussetzung angesehen wird, für den Bau selbst zu stehen: Sie soll damit synthetisch den antiken Bau vermitteln. Der Oberflächenbegriff tritt insofern auf, als der antike Bau durch die Rekonstruktion auf seine Fassade reduziert wird. Für den Eindruck des Hadrianstempels und der Celsusbibliothek sah man es ebenfalls als richtig an, die Fassaden ungestückelt und unzertrümmert wiederherzustellen. Zwischen den in ursprünglicher Lage versetzten Marmorteilen wurden aus Weißzement solche eingesetzt, die Ornament und Tektonik so weit vervollständigen, daß ein optisch einheitlicher, „ursprünglicher" Eindruck entstand. Dies entspricht genau jenem ästhetischen Kriterium, das auch Winckelmann in der antiken Kunst sah.

Wenn man dagegen etwa die heutige Komposition des Memmiusbaues betrachtet, fällt auf, daß die Substanz zerrissen ist. Die aufgestellten Marmorblöcke sind in der Regel weder in ihrer ursprünglichen Lage angebracht, noch ahmen die zu ihrem Halt eingesetzten Bauteile auch nur im entferntesten eine antike Form nach. Das Material ist grober Beton, der in geometrische, abstrakte Formen gegossen ist.

Man könnte diese Darstellung ebenfalls mit einem analytischen Verfahren vergleichen, bei dem das Häßliche, das Zerbrochene, das Gerümpel hervorgezogen und durchgearbeitet wird. So sieht der Memmiusbau denn eigentlich auch aus wie ein Haufen antiken Gerümpels, ausgestellt wie auf einem Flohmarkt (Abb. 7, 46, 47, 72, 73).

Mancher Besucher von Ephesos wird sich fragen, wozu diese Provokation gut sein soll. Denn dies entspricht doch nach üblicher Auffassung keinesfalls einer Zugangsweise, mit der man sich Überresten der Antike nähern sollte. Die einzige Art und Weise sei doch jene, seinen eigenen Gestaltungswillen hintanzustellen. Die antiken Werke müßten für sich selbst sprechen, und wir hätten kein Recht, sie in ein modernes Korsett zu zwängen. Dieses „Für-sich-selbst-Sprechen" der Kunstwerke, ein noch heute – oder gerade heute wieder – häufig gebrauchtes Argument bei der Aufstellung antiker und moderner Kunst in Museen, gehört zu den hartnäckigsten historistischen Denkschemata. Kein historisches Objekt, ob Kunstwerk oder Gebrauchsgegenstand, kann heute tatsächlich für sich selber sprechen, denn der dafür unabdingbare gesellschaftliche Kontext ist unwiederbringlich verloren, abgehackt. Wie sollte selbst ein vollständig erhaltenes und nicht nur teilweise rekonstruiertes antikes Bibliotheksgebäude etwa für sich selbst sprechen, wenn das Inventar fehlt und die Menschen, die das Gebäude benutzen durften, und jene, die es nicht benutzen konnten? Einem echten Wiederaufbau der Gebäude sind die Errichter des Hadrianstempels und der Fassade der Celsusbibliothek aber auch ausgewichen, da sie bei einem vollständig wiederaufgebauten Gebäude das Problem seiner Wiederbenutzung nicht hätten beiseite schieben können. Damit wäre aber gerade jene Auseinandersetzung mit der sozialen, gesellschaftlichen Praxis in Antike und Moderne notwendig geworden, die in keiner Weise im Sinne der Initiatoren der „Rekonstruktion" lag.

Eine gut gelungene Restaurierung eines antiken Komplexes stellt meiner Ansicht nach der Diokletianspalast in Split dar, mit dem in eine Kirche umgewandelten Mausoleum. Hier haben die Archäologen und Architekten nicht versucht, die Male der Geschichte unschädlich zu machen.

Kann man den Vorwurf der Verdrängung der gesellschaftlichen und historischen Praxis nicht aber auch beim Memmiusbau, dem Traiansbrunnen und den Bauten am Domitiansplatz erheben? Auch hier wird in keiner Weise versucht, eine Wiederverwendung der Gebäude möglich zu machen. Die Versuchung der Verdrängung entsteht bei diesen Bauten aber gar nicht, da bestimmte historische Denkschemata von vornherein nicht zur Anwendung kamen. Es wurde, wie bereits erklärt, nie versucht, die Zeit zum Stillstand zu bringen, indem man eine wenn auch nur silhouettenhafte antike Form so stabilisierte, daß ihre Veränderung durch die Zeit verunklärt wird. Die Ausführung dieser Bauten schließt gewissermaßen den antiken, historisch erfolgten Zerstörungsprozeß in das ästhetische Konzept ein, und zwar insofern, als die Marmorteile nicht mehr in ihrer Sturzlage dargestellt sind, jedoch durch die abstrakten Betonteile (Abb. 33) in einem Schwebezustand verharren. Dieser optische Schwebezustand, besonders deutlich am Bogen des Domitiansbrunnens sichtbar (Abb. 28, 33), soll sowohl den vergangenen Prozeß der historischen Zerstörung als auch den zukünftigen versinnbildlichen, und sei es nur jenen, der durch Neufunde ein wissenschaftlich verändertes Ergebnis zustande brächte. Das Ergebnis hat eine Chance auf Vergänglichkeit.

Klassik ohne Klassizismus

Nun wäre noch zu fragen, inwieweit die in Ephesos angewandten Konzepte von „Rekonstruktionen“ einen Zusammenhang mit Problemen unserer Gesellschaft ausdrücken[69], wie dies allerdings nur ganz grob für das Bürgertum des 18. Jh.s bezüglich des Klassizismus angedeutet wurde.

In den sechziger Jahren wurden in Ephesos einige Versuche unternommen, die Antike und das Ausgegrabene als Herausforderung zu sehen und ihr mit provokativen Mitteln zu antworten. Es wurde versucht, die antiken Denkmäler als etwas Zerstörtes zu sehen und die Tätigkeit des Ausgräbers als Zerstörungsprozeß zu begreifen. Die analytischen Darstellungen des Vorhandenen mit Mitteln der Entfremdung sollten bei den Betrachtern Denkprozesse anregen, die weg von einer klassizistischen Auffassung führen sollten. Dieses Angebot wurde jedoch weitgehend nicht angenommen und blieb, wie das Beispiel der aus Trommeln verschiedener Säulen zusammengesetzten spätklassischen Artemisionsäule zeigt, sogar vollkommen unverstanden und wird wahrscheinlich letztlich zu deren Abbruch führen. Es ist bezeichnend, daß die in den siebziger Jahren fertiggestellte Fassade der Celsusbibliothek neokonservative Züge[70] der in den fünfziger Jahren aufgerichteten Fassade des Hadrianstempels wiederaufnimmt. Inwieweit hierbei mit der Scheinhaftigkeit ihrer synthetischen Darstellungsweise auf klassizistische und historistische Konzepte zurückgegriffen wird, sollte durch den obenstehenden Exkurs deutlich gemacht werden.

Ist aber die Archäologie, die Antike, nichts als ein Vehikel zur Flucht in eine heile, weil ferne Welt? Es ist zweifelsohne ein legitimes Anrecht des Besuchers antiker Stätten, im Erlebnis der Antike jene Besinnungsmöglichkeit zu suchen, die ihm sonst während des Jahres fehlt. Er ist dankbar für alle visuellen Anregungen, die ihm den Zugang zur Antike erleichtern. Aber nur zu einfach ersparen es der Sehnsucht nach Vollkommenheit entsprechende, harmonisch wirkende, ganzheitliche Identifikationsangebote, die gesellschaftliche Wirklichkeit zu hinterfragen[71]. Nicht umsonst bringt Winckelmann immer das blaue Mittelmeer als Vergleich. Wenn das Erlebnis der Antike auf das Glück schnurgerade rekonstruierter Kanneluren reduziert wird, fällt sie als Erklärungsmodell gesellschaftlicher Prozesse aus. Wessen Interessen hiermit gedient wird, sei hier dahingestellt.

Etwa gleichzeitig mit der Entwicklung der modernen Architektur von einer bedeutungsfreien Architektur, also einer, die nur funktionalen und ästhetischen Grundsätzen unterworfen ist, zu einer bedeutungstragenden, wurde auch in der Archäologie und Antikenrezeption die Bedeutungsgeschichte neben der Sehgeschichte wieder in den Vordergrund gerückt[72]. Was man heute unter postmoderner Architektur versteht, ist jene Bauauffassung der siebziger Jahre, die bewußt Architektur als Bedeutungsträger verstand[73]. Im Vorwort der ersten Auflage von „Architektur und Gesellschaft in der Antike" (1974) schrieb ich: „Profile, Konsolen und Fassadendekor sind keine Verbrechen, sondern nichtverbale Sprachen und Kommunikationsmittel"[74], und diskutierte auch die Sensibilität (der Postmoderne) für die Symmetrie in ihrer gesellschaftlichen Bedeutung.

In diesen Jahren setzte eine intensive Auseinandersetzung mit dem Historismus in der Architektur ein, einer Epoche, der Architekten und Kunsthistoriker zuvor nur mit Verachtung begegnet sind. Auch hier hat die Archäologie einen wichtigen Beitrag geliefert, indem sie den historisierenden Aspekt, der in der Architektur der Postmoderne eine so große Rolle spielt, kritisch untersuchte[75]. Die Postmoderne hat den historischen Wissenschaften zweifellos einen neuen Stellenwert verliehen. Die Rolle der Archäologie bei der Verbildlichung von Vergangenheit zeigte sich in archäologischen und kulturhistorischen Ausstellungen: Statuen, Gewänder, Schmuckstücke werden als visuelles Konzentrat geschichtlicher Phänomene eingesetzt, so der durchschossene Uniformrock des österreichischen Thronfolgers in der Ausstellung „Traum und Wirklichkeit"[76]. Die heilen Inszenierungen von antiken Denkmälern in Ruinenplätzen, die Wunden der Geschichte möglichst leugnen (besonders in Ephesos), liegen auf derselben Linie. Ob man aber damit der Archäologie mit dem Anspruch auf fortschrittlicher Wissenschaft nicht einen Bärendienst erweist, ist noch sehr die Frage[77].

Haben die neohistoristischen Projekte, welche in Ephesos einen sachteren Umgang mit antiker Architektur versprachen als bei den Rekonstruktionen auf dem Domitiansplatz und dem Nymphäum Traiani, ihren Anspruch eingelöst?

Das zweite große Restaurierungsprojekt (neben der Celsusbibliothek) ist die Überdachung des Hanghauses 2. Auch hier ist der neohistoristische Ansatz unverkennbar. Hier waren verschiedene, um Höfe angeordnete Wohnungen zu überdachen, die neben- und übereinander auf Terrassen liegen. Zur Überdachung wurde nun keine von den antiken Mauerzügen unabhängige Dachkonstruktion gewählt, sondern jeder antike Hof sollte auch mit dem modernen Dach als Hof erhalten bleiben. Die Folge ist ein Gewirr von Satteldächern, die sich um die antiken Höfe gruppieren[78] (Abb. 48). Hier wurde aber ebensowenig wie bei der Celsusbibliothek der neohistoristische Anspruch eingelöst, einen antiken Zustand wiederherzustellen. Das Ergebnis ist ein künstliches Gebilde, das sich aber nicht von der Vergangenheit distanziert, um sie zu verarbeiten, sondern sich an sie anbiedert. Das Verfängliche der drei Hauptwerke des Neohistorismus in Ephesos, Hadrianstempel, Celsusbibliothek, Hanghaus, ist nicht der Versuch, Geschichte zu simulieren, sondern sie biedermännisch populistisch zu vereinnahmen. Dies ist eine jener Strategien des Vergessens, welche offenbar manche neohistoristischen Züge in der postmodernen Architektur auszeichnet. Ich war zwar der Meinung, daß die historistische Architektur des 19. Jh.s eher Architektur als Erinnerung war, aber offenbar liegen die Ansätze zum Erinnern und zum Vergessen in der Geschichtsauffassung nahe beieinander – oder bedingen einander dialektisch, wie die Auseinandersetzung in der „Zeit" im Jahre 1986 gezeigt hat[79].

Wie immer dem auch sei, die modernen roten Dächer über dem Hanghaus 2 sind gewaltig (Abb. 48). Sie sind das auffallendste Gebäude in der antiken römischen Stadt[80]. Die Touristen fragen häufig, ob es sich dabei um eine Fabrik oder um das Grabungshaus handle. Auch von innen beherrscht das Dach den antiken Raum. Der Sinn und die Aufgabe der Archäologie werden umgekehrt. Während Schutzdächer üblicherweise die Aufgabe haben, die Archäologie zu unterstützen, ist es hier die Archäologie, welche dazu dient, dem modernen Dach einen Sinn zu geben.

1 F. Fellini, Satyricon. Diogenes Verlag (1983).
2 C. W. Müller, Antike und Abendland 28, 1982, 103 ff.
3 Petron, Satyricon. Übersetzt von C. Schnur, Reclam (1979) 134 ff.
4 Müller a.O. 111 ff.
5 Tacitus, Ann. 16, 19.
6 E. Stärk, Antike und Abendland 30, 1984, 80 ff. (Hinweis H. Bannert).
7 Das republikanische Rom und der Islam haben kaum Mythen, vgl. W. Burkert, in H. Poser (Hrsg.), Philosophie und Mythos (1979) 33 ff.
8 R. Schlesier, in Schlesier (Hrsg.), Faszination des Mythos (1985) 9.
9 B. Schmidt, in Schlesier a.O. 295; – ders., Postmoderne, Strategien des Vergessens (1986) 129.

[10] E. Cassirer, Philosophie der symbolischen Formen 2 (^{2}1954), Einleitung.
[11] C. Lévi-Strauss, Strukturale Anthropologie (1971) 255 ff.
[12] P. Sloterdijk, Der Denker auf der Bühne, Nietzsches Materialismus (1986).
[13] Stärk a.O.
[14] Gesammelte Werke (1963) 523 ff.
[15] G. Wunderberg (Hrsg.), Hofmannsthal im Urteil seiner Kritiker (1972) 136 ff.
[16] Stärk a.O.
[17] C. Kopp. Theologie und Glaube 45, 1955, 161 ff.
[18] C. Jencks, Towards radical eclecticism, in The Presence of the Past, Katalog Ausstellung Venedig (1980) 31 (First International Exhibition of Architecture, la Biennale); – F. Jameson, Postmoderne – zur Logik der Kultur im Spätkapitalismus, in A. Huyssen, K. R. Scherpe, Postmoderne (1986) 50, 61 ff.
[19] s.u. Kap. 11; – Halikarnas Balikçisi, Düşün Yalizari (Istanbul 1981).
[20] Vgl. Anastilosi, L'antico, il restauro, la città. A cura di F. Perego (1987).
[21] J. Cobet, Das Fremde, JbÄsthetik 1, 1985, 281 ff.; – ders., Die Tücke des Objekts, Festschrift H. Sturm (1986); – M. Kühn, Festschrift M. Sperlich (1979) 83 ff.; – H. Hiller, Akropolis von Athen. Verwandlungen eines klassischen Monumentes. Ausstellungskatalog Xanten (1985); – J. Kienast, Architectura 1983, 89 ff. Vgl. U. Muss – Ch. Schubert.
[22] R. Bianchi-Biandinelli, Klassische Archäologie (1978) 34 ff.
[23] Die Sakralisierung, sei es der Frau, sei es der Vergangenheit, kann einen Verdrängungsmechanismus darstellen.
[24] P. Portoghesi, The End of Prohibition, in The Presence of the Past (s.o. Anm. 18) 9 f.
[25] Portoghesi a.O. 10.
[26] Portoghesi a.O. 12.
[27] F. Jameson a.O. 61 f. – U. Eco, Nachschrift zum Namen der Rose (1984) 78.
[28] Bammer, Architektur als Erinnerung (1977).
[29] K. Frampton, Kritischer Regionalismus, in Huyssen/Scherpe a.O. 151 ff.; – auch die Verteidigung der regionalen Schöpfungen der Kulturen der westlichen Peripherien Europas gegenüber dem Orient gehört in diesen neuen Regionalismus, vgl. C. Renfrew, Before Civilization (^{2}1976).
[30] C. Jencks a.O. 31, 37.
[31] G. Raulet, Zur Dialektik der Postmoderne, in Huyssen/Scherpe a.O. 137 f.
[32] Anastylose bedeutet nach der Carta von Venedig (1964) die neuerliche Zusammenfügung von aus dem Zusammenhang gelösten Bestandteilen, vgl. Österr. Zeitschr. f. Kunst und Denkmalpflege 22, 1968, 101; – mißverstanden von F. Hueber, Festgabe Vetters (1985) 395 ff.; – vgl. oben Anm. 20.
[33] H. Schmidt, in G. Ulbert, G. Weber (Hrsg.), Konservierte Geschichte (1985) 33.
[34] Der hier referierte Abschnitt stammt großteils aus meinen Aufsätzen in Hephaistos 3, 1981, 95 ff. und Umbau 6/7, 1983, 35 ff.
[35] F. Miltner, ÖJh 44/45, 1959/60, Beib. 243 ff., 1 ff.; – zu den Arbeiten bezüglich Ephesos vgl. bis 1960 die Grabungsberichte Miltners in ÖJh, von 1961 bis 1969 F. Eichler, AnzWien und ÖJh, Beibl., seither H. Vetters ebenda.
[36] Näheres zu den Hintergründen des Zustandekommens dieses Projekts bei B. Fehr, Hephaistos 3, 1981, 107 ff.
[37] F. Miltner, ÖJh 45, 1960, Beibl. 27 ff.; – F. Eichler, AnzWien 99, 1962, 37 ff.
[38] Das Monument des C. Memmius, FiE 7 (1971), Bammer, ÖJh 50, 1972/75, 220 ff.; R. Pohanka, AMI 16, 1983, 237 ff.
[39] ÖJh 50, 1972/75, 220 ff.

[40] Eichler, AnzWien 100, 1963, 45 ff.; – ÖJh 50, 1972/75, Beibl. 381 ff.
[41] ÖJh 52, 1978/80, 220 ff.
[42] Miltner, s.o. Anm 35; – ÖJh 51, 1976/77, 77 ff.
[43] J. Keil., FiE 5 (²1953); – E. L. Bowie, in Proceedings of the 10th Congress of Classical Archaeology, Ankara 1973, 867 ff.; – V. M. Strocka, ebenda 893 ff.; – M. Wörrle, AA 1972, 470 ff.
[44] F. Hueber, in Proceedings a.O. 979 ff.
[45] Vgl. auch H. Vetters, AnzWien 115, 1978, 134 ff.
[46] FiE (²1953).
[47] Vetters, AnzWien 113, 1976, 501 ff.
[48] H. Dubil (Hrsg.), Populismus und Aufklärung (1986).
[49] H. Klotz, Moderne und Postmoderne (1984) 43 ff.; – vgl. auch C. und P. Bürger (Hrsg.), Postmoderne: Alltag, Allegorie und Avantgarde (1987).
[50] Ich möchte H. Lachmeyer für seine Hinweise zu diesem Problem und für die Zurverfügungstellung des Vorlesungstextes von K. Heinrich danken. Vgl. u. Anm. 53 und passim.
[51] S. C. Bernfeld, Freud and Archaeology, AI 8, 1951, 107 ff.
[52] P. Zucker, JAestArtCrit 20, 1961, 119 ff.
[53] Gehalten im Wintersemester 1979/80 in Berlin, hrsg. von U. Panhans-Bühler u.a.
[54] Zit. nach der Ausgabe bei Reclam, hrsg. von L. Uhlig (1969) 20.
[55] Heinrich a.O. 51.
[56] J. J. Winckelmann, Geschichte der Kunst des Altertums, Wiss. Buchgesellschaft, Darmstadt (1972) 148 zur weißen Farbe, und ebenda 151 zur Linearität.
[57] Winckelmann, ebenda 156.
[58] Kant, in Vorkritische Schriften bis 1768, hrsg. W. Weischedel, Bd. 2, 825 ff., STW 187; – Reclam (1976) hrsg. von G. Lehmann.
[59] Heinrich a.O. 148 ff.
[60] Winckelmann a.O. (s.o. Anm. 56) 150.
[61] M. Weber, Protestantische Ethik und der Geist des Kapitalismus, Bd. 1.2, Siebenstern Nr. 53, 119; – N. Elias, Über den Prozeß der Zivilisation, Bd. 1.2, STW 158/59.
[62] Winckelmann a.O. 150 und 155 f.
[63] Neuere Arbeiten zu Piranesi: J. Wilton-Ely, Piranesi, Vision und Werk (1978); – N. Miller, Archäologie des Traums, Versuch über Giovanni Battista Piranesi (1978).
[64] Miller a.O. 172 f.
[65] Miller a.O. 260.
[66] a.O. 260.
[67] Wilton-Ely a.O. Taf. 2.
[68] Heinrich a.O. 101.
[69] B. Fehr a.O. (s.o. Anm. 36).
[70] M. I. Finley, Arion 3/1, 1976, 79 ff.
[71] H. Dubel (Hrsg.), Populismus und Aufklärung (1986).
[72] M. Warnke, Politische Architektur in Europa (1984) 8.
[73] Klotz a.O. (s.o. Anm. 49) 13 ff.
[74] Architektur und Gesellschaft in der Antike (1974) (²1985); – G. Vattimo, Rivista di Estetica 12, 1982 ff.
[75] Bammer, Architektur als Erinnerung. Archäologie und Gründerzeitarchitektur in Wien (1977).
[76] D. Schrage, in H. C. Ehalt, G. Heiß, H. Stekl, Glücklich ist, wer vergißt . . . ? (1986) 315 ff.; – B. Schmidt, Postmoderne, Strategien des Vergessens (1986).
[77] Vgl. dazu J. Habermas, Die Moderne, ein unvollendetes Projekt, in Kleine politische

Schriften (1981) 444 ff.; – ders., Die neue Unübersichtlichkeit (1985); – ders., Der philosophische Diskurs der Moderne (1985) 7 ff.

78 Dazu O. Kapfinger, Die Presse vom 14./15. 9. 1985.

79 E. Nolte, FAZ vom 6. 6. 1986; – J. Habermas, Die Zeit vom 11. 7. 1986; – E. Jäckel, Die Zeit vom 12. 9. 1986; – T. Nipperdey, Die Zeit vom 17. 10. 1986 usw.; zuletzt Habermas, Eine Art Schadensabwicklung (1987) 115 ff.

80 Vetters, AnzWien 123, 1986, 104 ff.

Das Leben der Sterblichen ist der Unsterblichen Tod,
der Tod der Unsterblichen der Sterblichen Leben
Heraklit von Ephesos

Gottnatur – Tierkultur
Zur Struktur des Artemiskultes

In der bildlichen Darstellung von Kulten, besonders in ihrer Einbeziehung von Tieren und Pflanzen, offenbart sich die Rolle, die die Fruchtbarkeit in diesem Kult spielt. Was bedeuten nun Tiere im Kult und im Lebenszusammenhang?

In unserer Gesellschaft existiert eine deutliche Trennung zwischen Mensch und Tier, Kultur und Natur, die es in anderen Zivilisationen nicht gibt, etwa in buddhistischen Gesellschaften und bei vielen Naturvölkern. Diese radikale Trennung von Tier und Mensch ist allen Buchreligionen gemeinsam, dem Judentum, dem Christentum und dem Islam. Die antiken Religionen, so auch die frühgriechisch-orientalische, stehen in dieser Hinsicht in der Mitte. Tiere und Pflanzen spielen sowohl in der rituellen als auch in der mythologischen Komponente der griechischen Religion eine Rolle. Ritueller Natur sind etwa die Tieropfer, mythologischer die Sagendarstellungen von Tieren und tierischen Mischwesen. Zu diesen gehören z.B. die Darstellungen einer Göttin wie Artemis oder Kubaba.

Zunächst aber zu griechischen Opferritualen selbst: Einer der wichtigsten kulturellen Prozesse in der griechischen Frühzeit ist die Verlagerung der rituellen Aufmerksamkeit vom Grabkult zu den religiösen Kultplätzen. Darstellungen auf den großen geometrischen Gefäßen des 8. Jh.s behandeln in erster Linie Prothesis und Ekphora, Aufbahrung und Ausfahrt des Toten, und nicht Rituale in Heiligtümern. Auch noch in der Ilias sind die Leichenspiele zu Ehren des toten Patroklos ein gesellschaftlich wichtiges Ritual, wichtiger als das Schlachten von Stieren zu Ehren eines Gottes.

Die Heiligtümer des 8. Jh.s sind bescheiden, die Friedhöfe und ihr

Inventar bedeutend. Im 7. Jh. v. Chr. ändert sich diese Situation. Langsam entstehen größere Heiligtümer, Altäre und Kultplätze gewinnen an ritueller und gesellschaftlicher Bedeutung, der materielle Wert der dort gestifteten Weihgeschenke nimmt zu, kostspielige Tierschlachtungen häufen sich. Man kann diese Entwicklung sowohl auf Delos als auch im Heraion von Samos oder im Artemision von Ephesos ablesen[1].

Es geht vorerst einmal darum, zu zeigen, inwieweit Rituale und Mythen uns mit Hilfe strukturalistischer Methoden nähergebracht werden. Die strukturalistische Methode ist eine Darstellung von Oppositionen in Matrizenform. Oppositionen wie Natur/Kultur, roh/gekocht, sakral/profan stellen Zusammenhänge nicht argumentativ und deduktiv, sondern integral und assoziativ dar. Die strukturalistische Matrizendarstellung entspricht eher den visuellen künstlerischen Ausdrucksweisen, bei denen auch selten argumentativ, sondern meist integral repräsentiert wird. Künstler und Handwerker haben die Aktivitäten einer Muttergöttin anders verständlich gemacht als ein Philosoph[2].

Die Scheidung der argumentativ-deduktiven und der integral-assoziativen Darstellungsmöglichkeiten entspricht der Arbeitsweise der beiden Gehirnhälften des Menschen, die sich das Denken gewissermaßen teilen[3]. Der Mensch selbst weiß von diesen biologischen Arbeitsweisen nichts, wenn er denkt. Somit ist es erst der strukturalistische Ansatz, der konzeptive Polarisierungen in das Bewußtsein bringt und damit auch ihre Aufhebung einleitet. Der Strukturalismus versteht sich also als eine Theorie der Zeichen, deren Struktur und Transformation für ihre Funktion ausschlaggebend ist.

Bei der Strukturierung, die C. Lévi-Strauss vornimmt, werden alle Elemente, seien es Personen, Gegenstände, Zustände, Handlungen, als Begriffe abstrakter Beziehungen verfügbar. Eine zweidimensionale Matrix weist Achsen von binären Oppositionen auf, wie Natur/Kultur, sakral/profan etc. Mythen lassen sich dann entschlüsseln, wenn sie in einzelne Codes wie jenen der Nahrungsmittel oder der Tiere zerlegt werden. Sie können sich damit selbst durch fundamentale Oppositionen in Matrixform entziffern[4].

Eine Anregung zur Interpretation des Fundmaterials von Opferplätzen kann aus strukturalistischen Modellen entwickelt werden. Lévi-Strauss hat mit Hilfe seines kulinarischen Dreiecks die Nahrung einer strukturalistischen Deutung unterzogen[5]:

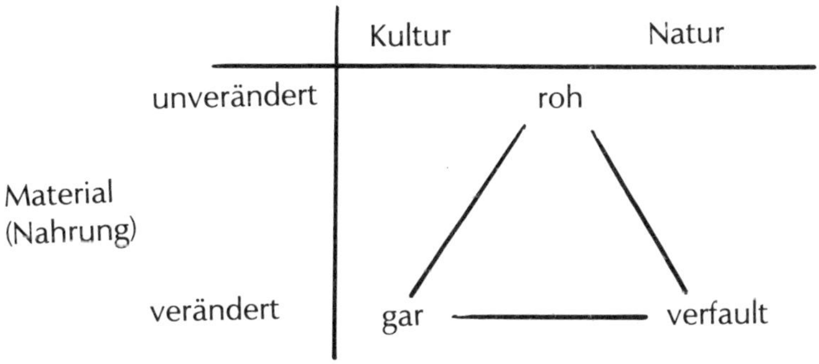

Bei den neueren Grabungen im Artemision von Ephesos wurden Rückstände von Opferhandlungen gefunden, die teils Tierknochen der geschlachteten und verzehrten Tiere waren, teils Votive aus einem tierischen Material, wie Zähne, Elfenbein, Bein. Hervorzuheben sind Elfenbeine, die zu weiblichen Statuetten oder Tieren geschnitzt wurden, oder Beinarbeiten, die als Geräte Verwendung fanden. Diese Vorgänge lassen sich ebenfalls strukturell als Dreieck darstellen:

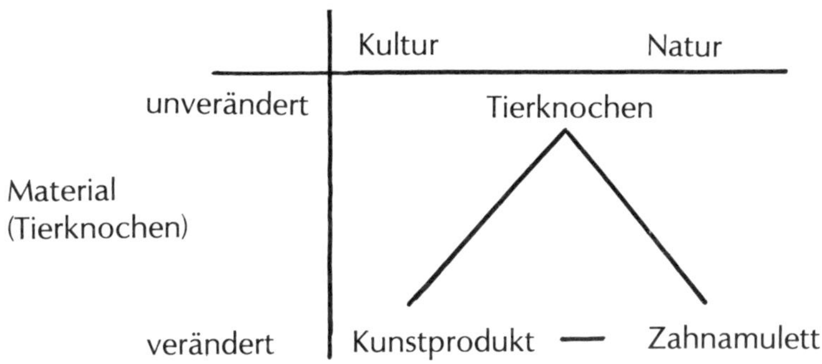

Der Clou des gleichschenkligen Matrizendreiecks ist der, daß der Begriff an der oberen Spitze des Dreiecks zwischen zwei Oppositionen steht. Der Begriff selbst dient nach Lévi-Strauss der Vermittlung (médiation)[6]. Macht man sich allerdings die Mühe, das strukturelle Matrizenschema zugunsten eines Koordinatensystems aufzugeben, wird das Bild archäologisch viel verständlicher. Anstelle binärer, nicht kontinuierlicher Oppositionen werden durch die Diagramme kontinuierliche Veränderungen von Substanzen, Zivilisationen, Bedeutungen darstellbar:

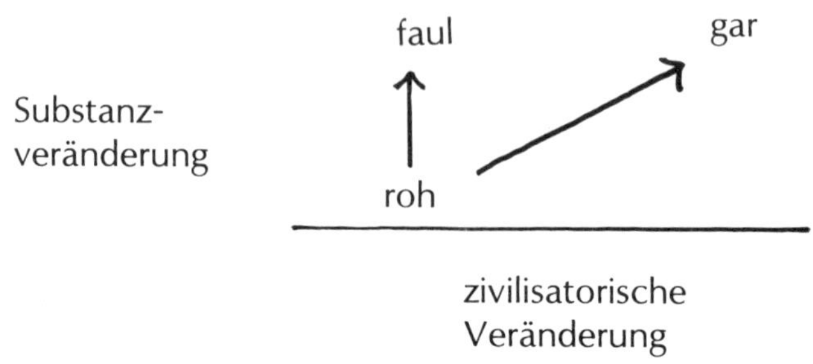

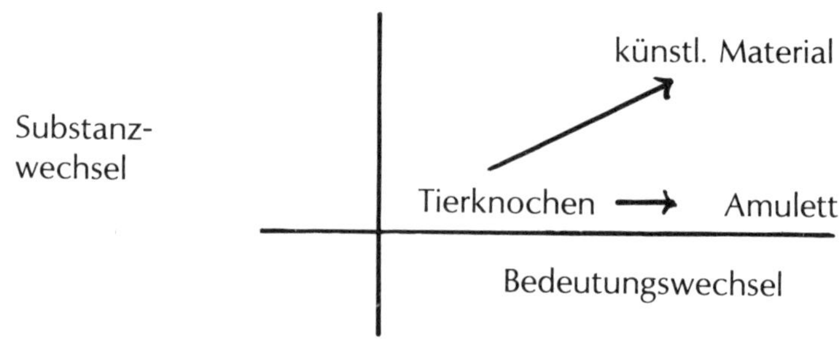

Grenzgänger zwischen Natur und Kultur

Das religiöse Verhalten des Menschen ist durch rituelle Einstellungen zu Tieren und Pflanzen gekennzeichnet. Schon die frühesten und primitivsten Äußerungen des Menschen sind davon geleitet, sich gegenüber Pflanzen und Tieren hervorzuheben. Dies geschah auch darin, ein besonderes Bedeutungsgeflecht mit ihnen herzustellen. Die Grenzen[7] zwischen Gottheiten, Tieren und Menschen wurden gerade dadurch offengelegt, daß im Bereich „Kultur und Natur" sowie „profan und sakral" Kombinationen der binären Elemente auftreten. Dazu gehören die tiergestaltigen (theriomorphen) Götter wie Artemis als Bär oder Zeus als Stier, sodann Wesen der Natur in (teilweise) menschlicher Gestalt wie Sphingen, Kentauren, Gorgonen, Sirenen und sonstige Ungeheuer. An der Grenze zwischen Göttern und Menschen stehen die Heroen: Herakles, Gilgamesch, Prometheus usw. Eine Matrix in Dreiecksform stellt diese Beziehungen folgendermaßen dar:

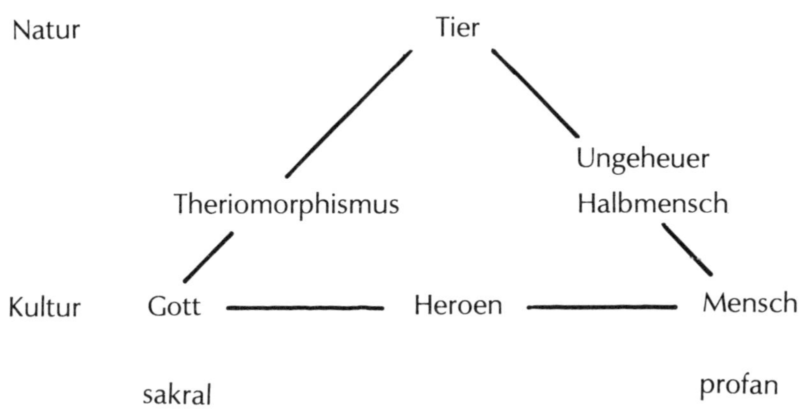

Zurück zum Opfer im Artemision. Das Phänomen des Opfers ist nicht nur ein Problem der Ernährung, sondern auch des Todes. Es zeigt sich, daß auch der Opfertod im gleichen Rahmen von Natur und Kultur eine Matrix mit dem Heldentod bildet[8].

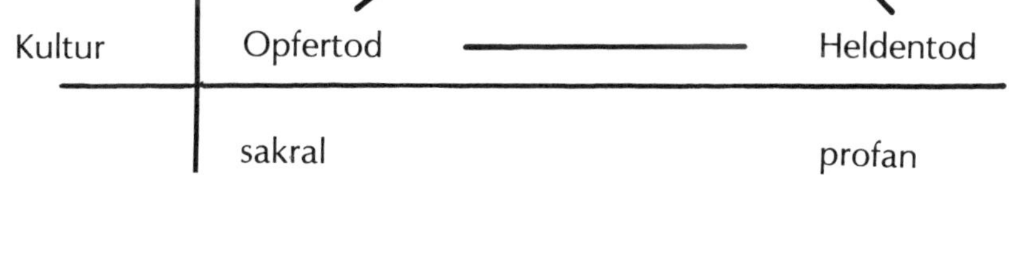

Sowohl in Mythologien südamerikanischer Indianer als auch in Sagen bei Hesiod und Homer und in frühen bildlichen Darstellungen gibt es Tiere, die entweder selbst handeln oder als Vergleich zum Menschen herangezogen werden. Das Tier als Protagonist nicht menschlichen Lebens spielt eine ebensogroße Rolle, wie sie von Menschen anderen Menschengruppen zugewiesen wird. Diese Aufmerksamkeit war durch das doppelbödige Verhältnis bestimmt, in dem der Mensch zum Tier stand. Durch die Existenzprobleme des Alltags wie Jagd oder Viehzucht und durch Rituale wie dem Tieropfer hatte der Mensch eine Kenntnis der Gewohnheiten und Verhaltensmuster der Tiere, in denen er seine eigenen wiederfand.

Andererseits war ihm das Tier der Nichtmensch. Dies gab ihm die Berechtigung, es zu jagen, zu töten, zu verspeisen, es zu knechten, wie es ihm gefiel. Das Tier war dem Menschen aber auch gefährlich, es war neben dem Klima oft sein größter Feind. Es ist daher verständlich, wenn das Tier von größter symbolischer Bedeutung war.

Opfer für Artemis

Im Artemision kamen zerhackte Tierknochen von Ziegen, Schafen, Rindern, Schweinen, Hunden, Pferden, Eseln, Damhirschen, Rothirschen, Gazellen und Hasen zum Vorschein. Es gibt Knochen, die stark angekohlt sind. Sie gehören zu den „Meria", jenen Teilen des Opfertieres, die nicht verzehrt, sondern zur Gänze den Göttern dargebracht wurden, indem sie verbrannt wurden[9]. Dann gibt es Knochen, von denen nur die Enden angebrannt sind. Sie stammen von gebratenen Tieren: Das Fleisch zieht sich beim Braten zusammen und legt die Knochenenden bloß, sodaß sie den Flammen ausgesetzt sind. Schließlich gibt es Knochen, die gleichmäßig erhalten sind; sie müssen von gekochtem Fleisch stammen. Es läßt sich zeigen, daß die Tierknochen der jüngeren Schichten eher von gekochtem als von gebratenem Fleisch stammen. Es gibt Tiere, von denen sowohl Knochenreste gefunden wurden als auch Nachahmungen aus künstlichem Material. Dazu gehören z.B. Hirsch, Stier, Hase und Pferd.

Die geopferten und verzehrten Tiere lassen sich in zwei Gruppen einteilen: Haustiere und Wild. Unter den Haustieren gibt es auch einige, die man nicht erwarten würde, nämlich Pferd, Esel und Hund[10].

Für die heiligen Tiere einer Gottheit und für das Totemtier eines Clans besteht angeblich Speiseverbot. Am Artemision von Ephesos läßt sich dies nicht nachweisen[11]. Denn nicht nur, daß Wild verzehrt wurde, es wurde auch der Hirsch, ein heiliges Tier der Artemis, an Ort und

Stelle gegessen. Lévi-Strauss macht darauf aufmerksam, daß bei verschiedenen Völkern innerhalb des Speiseverbots differenziert wurde[12]. So gibt es Völker, die das Fleisch des eponymen Tieres essen. Andere halten zwar ein strenges Speiseverbot ein, verwenden aber den Schnabel und die Federn als Schmuck. Jene Teile, die das Totemtier nicht mit dem Menschen gemeinsam hat, werden geschützt bzw. sind Sinnbild von Tier und Mensch. Analog werden am Artemision bestimmte Teile wie das Gehörn der Verwendung entzogen und hinterlegt. Die Hörner der Ziegen und Rinder entsprechen den Schnäbeln und Federn der Vögel, das Tier hat sie mit dem Menschen nicht gemeinsam, daher sind sie Sinnbild der sakralen Beziehung zwischen Tier und Mensch[13]. Diese unantastbaren Teile des Tieres, die dessen symbolischen Wert darstellen, wurden mit symbolischen Ersatzobjekten ergänzt und restituiert, z.B. Tierdarstellungen aus wertvollem Material.

Falken und Bärenzähne

Aus Materialien tierischer Herkunft sind manche Tierdarstellungen gefertigt. Weibliche Statuetten aus Elfenbein sind kulturhistorisch von Bedeutung, eine von ihnen fungierte als Griff eines zweischaligen Kultgerätes (Abb. 63). Zwei geritzte phönikische Plättchen aus Bein zeigen die Göttin Hathor[14] (Abb. 58, 59). Ebenfalls aus Elfenbein ist die Darstellung eines Granatapfels[15]. Eine mit Gold überzogene Muschel zeugt von der Überhöhung eines natürlichen Tierrestes mit einem künstlichen Kulturprodukt. In die Gruppe der rein künstlichen Kulturprodukte gehören auch Blätter aus Gold, die vermutlich als Schmuck gedient haben.

Auffallend häufig sind Falkendarstellungen. Der antike Schriftsteller Aelian bemerkt in seiner Arbeit „De natura animalium": „Der Sperber und der Hühnerhabicht sind Diener des Apoll, den Geier und den Wasseradler schreiben sie Athena zu, der Taubenstößer ist der Liebling des Hermes, der Weitschwinger jener der Hera, der Bussard jener der Artemis, und jener der Göttermutter (meter theon) ist der Mermnos. So dem einen Gott ein Vogel, dem anderen Gott ein anderer. Es gibt wirklich viele Arten von Falken."[16].

Am interessantesten ist der Mermnos, der Falke der Göttermutter; er war das eponyme Tier des lydischen Geschlechtes der Mermnaden, die von Gyges bis Kroisos die lydischen Könige stellten.

Gleich drei Funde im Artemision zeigen weibliche Figuren mit Falken: eine weibliche Statuette mit einer Stange auf dem Kopf, auf der ein Falke sitzt, und auch eine weibliche Elfenbeinstatuette, die in den angewinkelten Händen zwei Falken hält[17]. Ich habe mehrmals dahingehend argumentiert, daß es sich bei den weiblichen Elfenbeinstatuetten nicht um Priesterinnen, sondern um Göttinnen handelt[18]. Wie dem auch sei, es besteht eine starke Korrelation von Frau und Göttin zum Falken bzw. Raubvogel.

Der Mermnos als eponymes lydisches Tier steht aber vermutlich auch in Korrelation zu den zahlreich am Artemision gefundenen Falken aus verschiedenen Materialien. Denn ein großer Teil der ephesischen Bevölkerung bestand in archaischer Zeit aus Lydern, was literarische Quellen ebenso bezeugen wie Funde lydischer Keramik und die zahlreichen Hundeopfer im Artemision[19]. Die Parteigänger und Angehörigen des Clans der Mermnaden haben Falken womöglich als eine Art

Plakette – vergleichbar heutigen „Atomkraft – Nein danke"-Plaketten – verwendet. Falken gibt es aus Gold, Fayence und Elfenbein. Die Falken gehören zu den wenigen Tieren, von denen im Artemision Darstellungen gefunden wurden, die aber nicht verzehrt worden sind; ebenso Löwen, Schlangen, Affen und Bienen.

Auch die Biene war kein Opfertier. Bienendarstellungen aus Ephesos sind vor allem durch frühe Münzen bekannt. Neuerdings wurde eine Blüte aus Gold gefunden, in die Bienen eintauchen (Abb. 77). Als Tier der ephesischen Artemis zieht sich ihre Darstellung bis zu den römischen Skulpturen der Artemis Ephesia.

Die Biene kommt bereits als Tier der vorhethitischen Sonnengöttin der Erde vor, dann als Tier der Muttergöttin Hannahanna, wo sie eine besondere Rolle im Telepinusmythos spielt. Der Vegetationsgott Telepinus ist verschwunden, die Folge ist Unfruchtbarkeit der Natur. Den Göttern gelingt es nicht, mit Hilfe ihrer Tiere den Telepinus zu finden. Erst die von der Muttergöttin Hannahanna entsandte Biene findet den Verschwundenen schlafend, sticht ihn ins Bein, und er erwacht[20]. Die Darstellung einer Flügelgöttin mit Bienenleib kommt auf einem rhodischen Goldplättchen vor[21]. Interessant sind die neugefundenen Bärenzähne, die offenbar als Amulette verwendet worden sind. Zwei von ihnen sind durchbohrt, einer mit einer Zickzackritzung versehen. Sie weisen auf die Vorstellung von der bärengestaltigen Artemis hin, wie sie besonders auf dem griechischen Festland und der Peloponnes verbreitet war[22]. Die gefundenen Bärenzähne bezeugen, daß in Ephesos nicht nur die kleinasiatische Vorstellung von der Göttin Anhänger hatte, sondern auch die griechische verehrt wurde. Bär und Biene wurden jedenfalls mit „weiblicher Gottheit" assoziiert. Auch der Löwe und noch mehr der Leopard sind mit frühen kleinasiatischen Göttinnen verbunden[23]. Wenn auch Kybele nicht immer Löwen als Begleiter hatte, wie in Bogasköy[24], so ist sie in Ephesos, wo am Panayırdağ ihre Kultnischen erhalten sind (Abb. 22), durch Skulpturen gut überliefert. Schon im neolithischen Catal Hüyük sind Löwe und Leopard als Tiere von Göttern und Göttinnen nachweisbar. Das gleiche gilt für die hethitische Überlieferung. Ein schönes Beispiel dieser anatolisch-nordsyrischen religiösen Tradition ist eine 1986 im Artemision gefundene weibliche Elfenbeinstatuette, unter deren Füßen ein Löwen- bzw. Leopardenkopf erhalten ist (Abb. 52). Ein weiteres Beispiel bildet ein Löwe auf einem als Helm gebildeten Salbgefäß (Abb. 49).

Wenn sich im Artemision nur solche Tiere nachweisen lassen, die entweder gegessen oder symbolisch als Votive gestiftet wurden, so war die rituelle Beziehung vom Menschen zum Tier und zur Religion sicher verwickelter und widersprüchlicher, wie ethnologische Erfahrungen in Afrika vermuten lassen. Besonders Leopard und Hyäne bzw. Wolf zeigen einen sehr ambivalenten Charakter, der offenbar auch der ionisch-kleinasiatischen mythologischen Vorstellung nicht fremd war und der die Gleichsetzung Mensch = Kultur und Tier = Natur umkehrte.

D. Sperber[25] untersuchte einen Stamm im Süden Äthiopiens, die Dorzé, und machte die Erfahrung, daß bei ihnen zwei Tiere menschliche Vermischungen erhielten, die Hyäne und der Leopard. Sie galten als der christliche Leopard und der Hyänenmensch. Leoparden töten mehr Tiere, als sie fressen, und Hyänen fressen mehr Tiere, als sie töten. Der Leopard gilt daher als christliches Tier, das die Fastentage beachtet. Der Humanisierung des Leoparden steht die Hyänisierung bestimmter Menschen entgegen. Hyänenmenschen verschlingen andere Menschen. Der Leopard zeichnet sich durch alimentäre Zurückhaltung aus, die Hyäne durch alimentäre Gier. – Wenn für viele Völker ein Gegensatz zwischen dem Genuß rohen oder garen Fleisches relevant ist, so ist für die Dorzé die Art und Weise von Bedeutung, auf welche die Tiere getötet und geopfert werden. Sie glauben, daß Leoparden nur solche Tiere verzehren, die auf die rechte Flanke gefallen sind. Außerdem tötet der Leopard zuerst und frißt anschließend. Hyänen dagegen fressen schon, bevor das Tier tot ist. Im Leoparden sehen die Dorzé die Widerspiegelung von sich selbst und ihrer christlich und alimentär kultivierten Kultur, in anderen, sowohl Dorzé als auch Nachbarvölkern, sehen sie Hyänen-Menschen, gierig und unkultiviert. Es ist hier also nicht das Tier schlechthin, das die Natur im Gegensatz zur menschlichen Kultur symbolisiert, sondern Menschen, die hyänisiert werden. Die Kultur wiederum repräsentiert nicht der Mensch, sondern ein humanisiertes Tier.

Dieses ethnologische Beispiel stellt die Beziehung Mensch = Kultur und Tier = Natur einfach auf den Kopf.

Die verschiedenen orientalisch-antiken Möglichkeiten, die Trennung Tier – Mensch zu überbrücken bzw. aufzuheben, materiell etwa in Verkleidungen, sprachlich in Tiergleichnissen, äußern sich auch in den hethitisch-hattischen Festritualen mit Hunde-, Wolfs- und Leopardentänzen, die von Wolfsmännern und Leopardenmännern angeführt

34 Ilıcatepe südlich von Kuşadası, Kyklopenmauer
35 Yılancı Burun, Halbinsel hinter Kuşadası mit klassischen Mauern an der Nordseite

36 Celsusbibliothek, rekonstruierte Fassade

37 Partherfriesplatte in der alten Aufstellung in der Hofburg in Wien mit anpassendem Abguß des 1965 gefundenen Fragmentes

38 Kopf des Domitian oder Titus von der Kolossalfigur des „Domitianstempels" jetzt im Museum Izmir

worden sind[26]. Auch die Tiergleichnisse bei Homer besitzen noch mehr Bedeutung als wenn wir heute sagen, jemand sei „stark wie ein Stier" oder „schlau wie ein Fuchs".

Die größte Ehre und das größte Lob für den Helden ist es, ihn mit dem Löwen zu vergleichen – wie dies auch auf dem Kriegergefäß (Abb. 49) geschieht –, gefolgt vom Stier und vom Eber (Abb. 76). Auch das Goldstück mit Stier und Löwe (Abb. 74) spiegelt diese Hierarchie wider. Während aber in der älteren Ilias der Löwe einen gewissermaßen heroischen Charakter besaß, wurde in der Odyssee bereits sein tierisches, bestialisches Wesen mit in die Beschreibung einbezogen[27]. Auch der Wolf dient bei Homer als Vergleich und als mythisches Tier zugleich: Der Troianer Dolon verkleidet sich als Wolf und schleicht sich als Spion in das Lager der Griechen ein[28].

Es ist hier gerade jene Dialektik zwischen Kraft und Brutalität, die aus einer tierischen Tugend in ihrer Einbringung in den Menschen eine menschliche Untugend macht. Die Tugend der Bestie wird zur Bestialität im Menschen[29].

1 F. de Polignac, La naissance de la cité grecque (1984) 154 ff.; – C. Rolley, in R. Hägg (Hrsg.), The Greek Renaissance in the Eighth Century B. C. (1983) 109 ff.; – C. Bérard, Degrés 35/36, 1983, 1 ff.

2 H. Kippenberg, Visible Religion 3, 1984, VIII.

3 J. Eccles, Das Gehirn des Menschen (1975); – P. Watzlawick, Wie wirklich ist die Wirklichkeit? (1967); R. Riedl (unter Mitarbeit von R. Kaspar), Biologie der Erkenntnis ([3]1981).

4 W. Burkert, in H. Poser (Hrsg.), Philosophie und Mythos (1979) 33 ff.; – R. Schlesier, in Schlesier (Hrsg.), Faszination des Mythos (1985) 35 ff.

5 L'Arc 26, 1965, 19 ff.; – E. Leach, Claude Lévi-Strauss (1971) 30 ff.; – R. Schlesier, in R. Faber, R. Schlesier (Hrsg.), Die Restauration der Götter, Antike Religion und Neo-Paganismus (1986) 271 ff.

6 Lévi-Strauss, Strukturale Anthropologie (1971) 226 ff.: Die Struktur der Mythen; – Burkert a.O. 24 f.

7 E. Leach, Kultur und Kommunikation (1978) 48; – H. Hoffmann, Hephaistos 2, 1980, 127 ff.

8 N. Loraux, Ktema 2, 1977, 105 ff.; – Hoffmann a.O.; – J.-P. Vernant, Hephaistos 3, 1981, 17 ff.

9 K. Meuli, in Phyllobolia für Peter von der Mühll (1946) 186 ff.; – Bammer, Das Heiligtum der Artemis von Ephesos (1984) 153 ff.

10 Bammer, AnatSt 35, 1985, 106 ff.

11 P. Wolff, in Festschrift Dörner, EPRO 1978.

12 Das wilde Denken (1973) 127 ff.

13 Bammer, Das Heiligtum der Artemis a.O. Abb. 45.

14 Bammer, ÖJh 56, 1985, 39 ff.; – ders., AnatSt 35, 1985, 103 ff. und oben Anm. 10.

15 Bammer, Das Heiligtum der Artemis a.O. Abb. 100.

[16] Aelian, De natura animalium 12,4.
[17] P. Jacobsthal, JHS 71, 1951, Taf. 34, 36.
[18] Vgl. Kapitel 10 S. 210.
[19] C. H. Greenewalt, Ritual Dinners in Early Historic Sardis (1978).
[20] V. Haas, UgaritF 13, 1981, 101 ff.
[21] R. Laffineur, L'Orphèvrérie rhodienne (1978) 12.
[22] M. Jost, Sanctuaires et Cultes d'Arcadie (1985).
[23] M. J. Vermaseren, Cybele and Attis, the Myth and the Cult (1977); – F. Naumann, Die Ikonographie der Kybele in der phrygischen und der griechischen Kunst (1983).
[24] K. Bittel, AntPl 2, 1963, 7 ff.
[25] Über Symbolik (1975) 180 ff.
[26] Haas a.O. 109.
[27] A. Schnapp-Gourbeillon, Lions, Héros, Masques. Les représentations de l' nimal chez Homère (1981). U. Muss, ÖJh 57, 1986.
[28] C. Mainoldi, L'image du loup et du chien dans la Grèce ancienne (1984) 18 ff.
[29] Zur Problematik der gegenseitigen Abhängigkeit von Natur und Kultur vgl. Bammer, in H.C. Ehalt (Hrsg.), Zwischen Natur und Kultur (1985) 17 ff.

Der Schatz der Amazonen

Die Amazonen spielen in der griechischen Kunst des 5. Jh.s v. Chr. unter zwei Gesichtspunkten eine große Rolle. Athen benutzte im 5. Jh. Amazonomachien, Darstellungen des Kampfes von Griechen gegen Amazonen in persischer Tracht, als wichtiges Propagandamittel gegen die Perser[1], und in ganz Griechenland, besonders aber in Athen, wurden die Griechen mit dem Hinweis auf den Amazonenstaat wachgerufen, das Patriarchat gegen die Feinde im Inneren, die Frauen, zu verteidigen[2].

In der griechischen Kunst des 6. Jh.s v. Chr. spielen die Amazonen eine große Rolle in der Vasenmalerei[3]. Kämpfende Amazonen sind zwar auch oft durch ihre Kleidung als Barbaren charakterisiert, werden aber auch in griechischer Rüstung dargestellt. Aber in den literarischen Quellen werden die Amazonen bis zum Ende des 6. Jh.s nur sehr selten erwähnt. Nur in drei kurzen Passagen in der homerischen Ilias[4], bei Hesiod sowie in der Chrestomathie des Proklos[5] wird von ihnen berichtet. Erst im 5. Jh. v. Chr. setzt eine Fülle von Berichten über die Amazonen ein.

Der Mangel an schriftlicher Überlieferung in der archaischen Zeit ist ein Grund dafür, daß sich bis heute nicht beweisen läßt, daß die Amazonen mehr waren als eine mythologische Erfindung, sondern die Mythologisierung eines realen Volkes. Die Vasenbilder des 6. Jh.s zeigen die Amazonen aber gelegentlich auch in der Tracht der Thraker und eines Steppenvolkes, das meist als Skythen bezeichnet wird[6].

Unter den Steppenvölkern Rußlands und Mittelasiens sind es vor allem die Skythen, deren Archäologie und Kunst durch die Arbeiten von E. H. Minns[7] und M. Rostovtzeff[8] bekannt geworden sind. Die materielle Kultur mit ihnen zusammenlebender und wahrscheinlich eng verwandter Völker wie die Kimmerer und Sauromaten ist viel schlechter dokumentiert. K. Bittel konnte 1942 über die Archäologie der Kimmerer in Kleinasien nur wenig berichten[9]. Eng mit der Archäologie der Steppenvölker hing auch die Frage nach der Entstehung des Tierstiles zusammen. Während manche Gelehrte der Meinung sind, der Tierstil sei ein genuiner Stil der Steppenvölker – jetzt auch bestärkt durch die Ergebnisse der Ausgrabungen in Innerasien[10] –, glauben andere, daß die Steppenvölker den Tierstil erst durch den Kontakt mit den Kulturvölkern des Alten Orients übernommen haben[11]. Die Assozia-

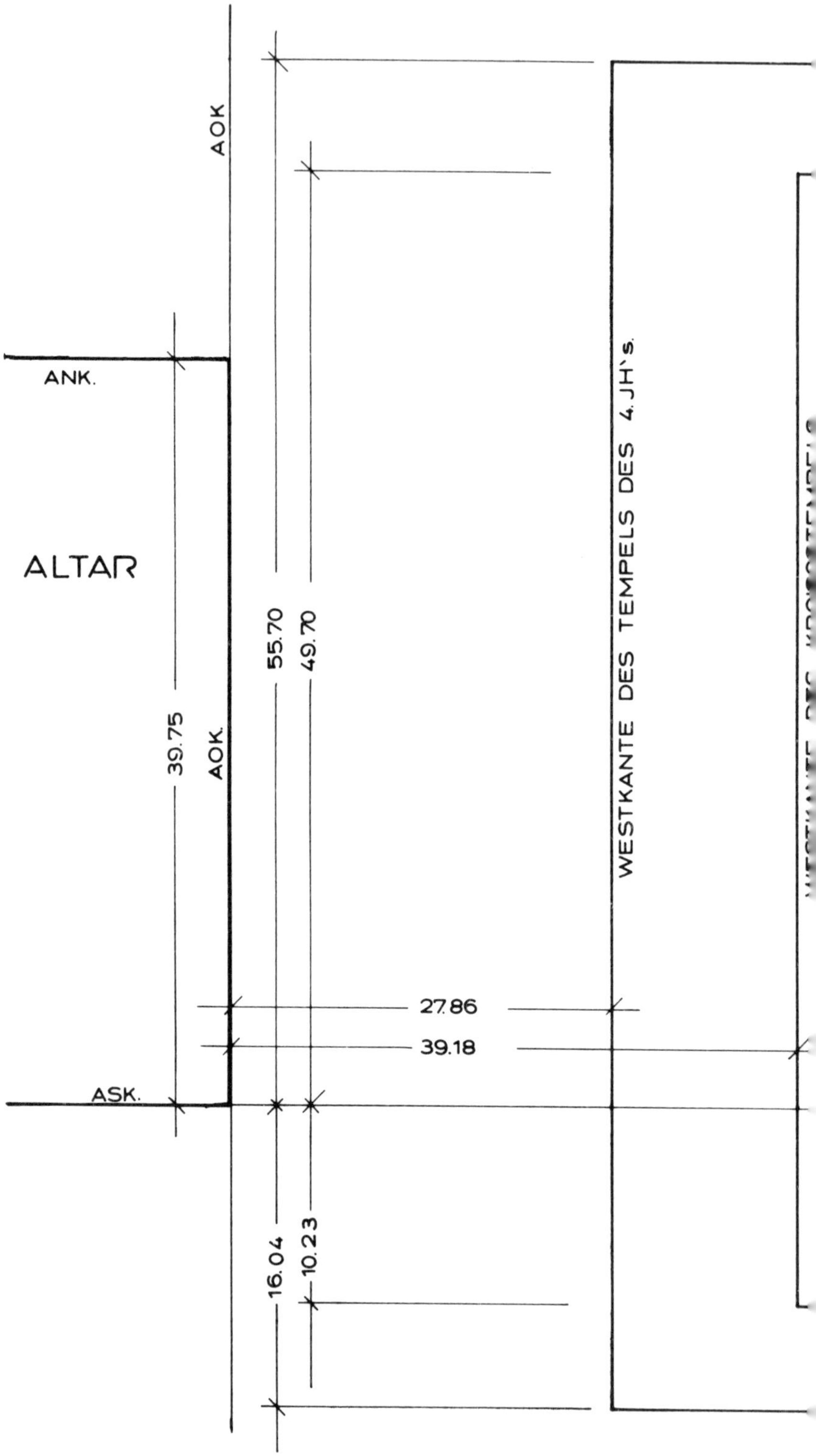

Z 32 Maßangaben der Außengrenzen des archaischen und klassischen Artemistempels an der Westseite

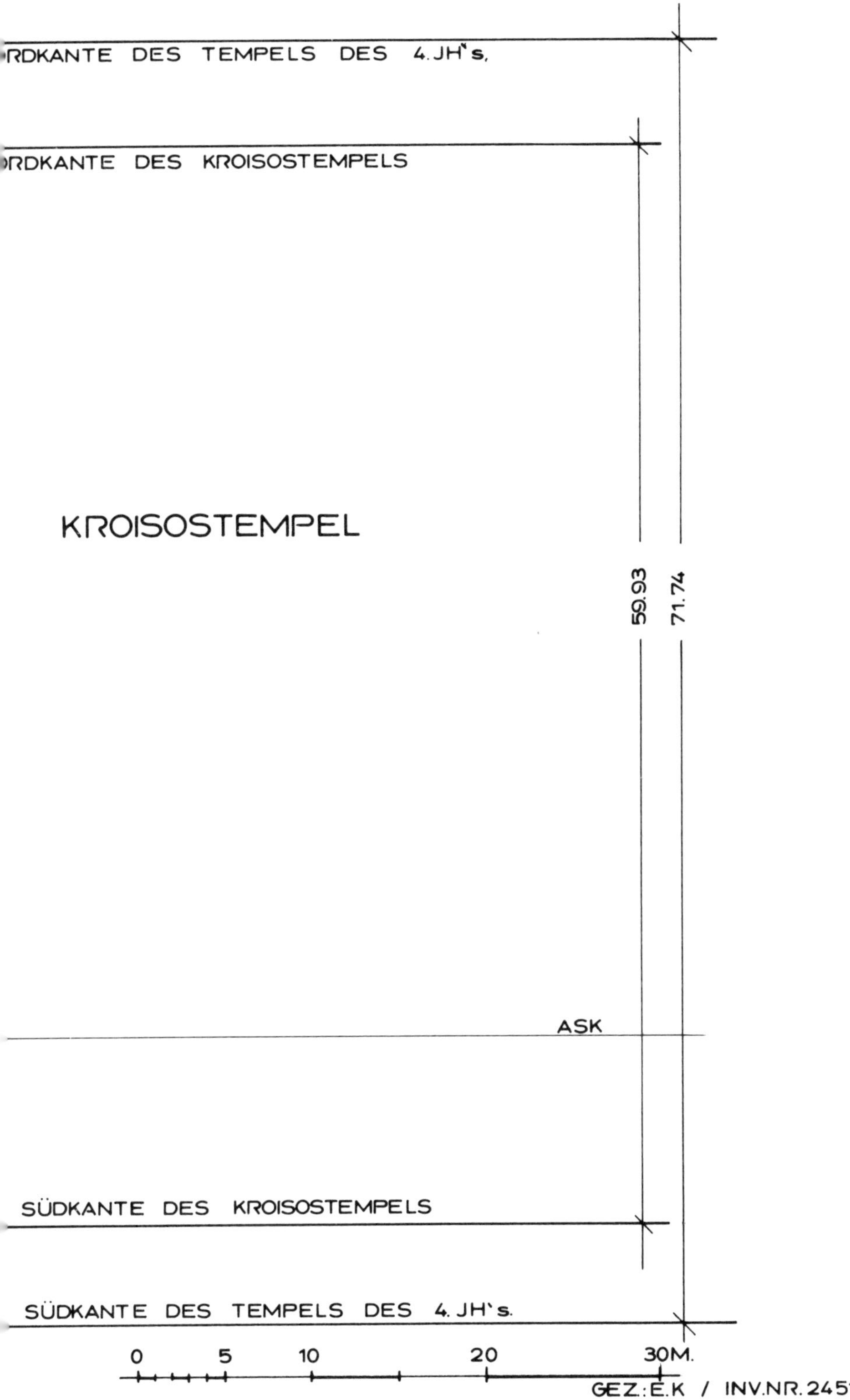
RDKANTE DES TEMPELS DES 4.JH's,
RDKANTE DES KROISOSTEMPELS
KROISOSTEMPEL
59.93
71.74
ASK
SÜDKANTE DES KROISOSTEMPELS
SÜDKANTE DES TEMPELS DES 4. JH's.
0
5
10
20
30M.
GEZ.:E.K / INV.NR. 2451

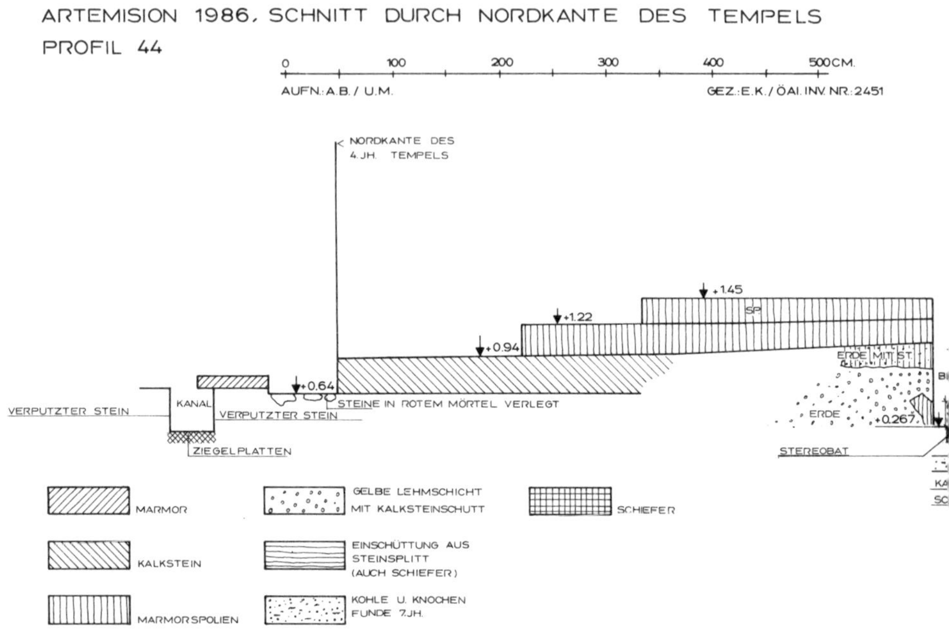

tion der Kimmerer mit den mythischen Amazonen aufgrund der literarischen Quellen ist allerdings alt und wurde von bedeutenden Gelehrten vertreten[12]. Zuletzt hat sich R. Ghirshman dafür ausgesprochen[13].

Ephesos hat mit diesem Komplex in dreifacher Weise zu tun: Die literarische und künstlerische Überlieferung der Amazonen ist in Ephesos besonders stark[14], die Existenz der Kimmerer spielt in Zusammenhang mit Ephesos in der antiken Literatur eine Rolle[15], und etliche Funde der englischen und österreichischen Grabungen im Artemision haben mit dem Tierstil zu tun.

Der Tempel der Artemis

Die Grabungen im Artemision in den letzten Jahren haben vor allem die Lage, Ausdehnung und Stratigraphie der beiden großen Tempel geklärt[16]. Während die englischen Grabungen nie direkt die Ränder des Heiligtums untersucht haben[17] und daher Maßangaben immer

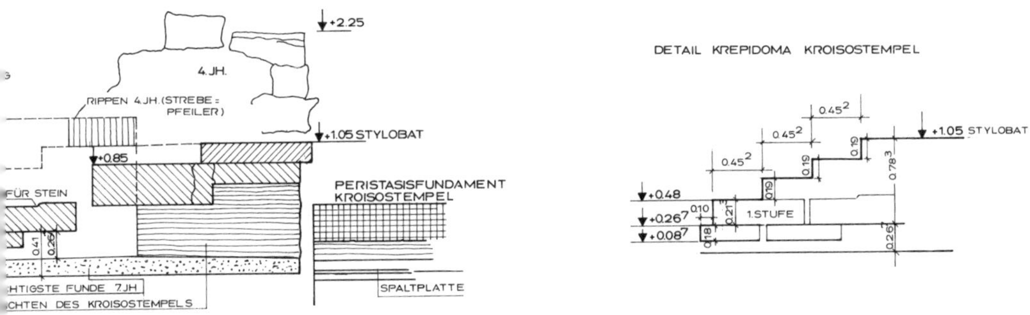

Z 33 Schnitt durch die Nordkanten des archaischen und spätklassischen Artemistempels, Grabungszustand 1986

antiken Autoren entnehmen mußten[18], haben wir uns auf die stratigraphisch ungestörten Ränder der Dipteroi beschränkt. So konnte an der Nordseite sowohl der Stufenansatz mit den Resten der Marmorstufen des archaischen Kroisostempels als auch der Beginn und die Rekonstruktion des Stufenbaues des spätklassischen Tempels mit einer Reihe von stratigraphischen Schnitten geklärt werden[19]. Das gleiche gelang 1986 auch an der Südseite. Damit war es möglich, sowohl die Gesamtbreite des archaischen Tempels mit 59,93 m als auch die des spätklassischen mit 71,74 m zu ermitteln. Sicher ist damit, daß die Angaben von Plinius nicht stimmen (Z 32).

Der Stufenbau des archaischen Tempels war getrennt von der Peristasisplatte ausgeführt. Er bestand auffallenderweise aus vier Stufen aus Marmor (kanonisch wären drei), die nur leicht fundamentiert waren. Der Nordteil des 100 ionische Ellen breiten Peristasisfundamentes war aus Glimmer- und Grünschieferblöcken, die aus den Bergen östlich von Ephesos stammen, während im Südteil zahlreiche Marmorspolien eines älteren Bauwerks Verwendung fanden.

Das spätklassische Fundament reichte lange nicht so tief in den Boden hinab wie das archaische, im Gegenteil, es wurde sogar eine Schicht aus Erde und Asche zwischen den Fundamentresten des archaischen und der Bettung des klassischen Fundamentes belassen. In dieser Aschenbettung wurden die noch zu besprechenden archaischen Simenreliefs gefunden (Z 33).

Auch die Konstruktion des spätklassischen Stufenbaues war ungewöhnlich; man löste ihn nämlich in Rippen auf, welche in den Säulenachsen gesetzt waren[20]. Diese Rippen bestanden an der Nordseite vor allem aus Marmorspolien des verbrannten archaischen Tempels, während an der Südseite zwar auch Spolien, eher aber neue große Blöcke aus kristallinem Kalk verwendet wurden. Bemerkenswert ist die intensive Verwendung von Spolien archaischer Zeit (S. 150 f.).

Die diffizile stratigraphische Situation, das Grundwasser, in welchem sich die archäologischen Objekte befinden, und die Kleinheit der Funde haben zur Entwicklung technologischer Methoden geführt, welche der Herausforderung des Platzes gerecht zu werden versuchen. Eine Vakuumpumpe mit zahlreichen Sonden in die Tiefe senkt heute den Grundwasserspiegel um mehrere Meter ab, die konsequente Registrierung des Fundmaterials und das Schlämmen des gesamten Erdmaterials im spezifischen Bereich schaffen die Voraussetzungen für eine stratigraphische Beobachtung, welche die Anhaltspunkte für ein differenzierteres Bild Ioniens in der archaischen Zeit liefert.

Aus der Zerstörungs- und Brandschicht des 4. Jh.s, die für das historische Ereignis der Brandlegung Herostrats stehen soll, stammen einige schöne Marmorfragmente der archaischen Sima des Kroisostempels, von denen die aussagekräftigsten von U. Muss veröffentlicht worden sind. Auf einem Fragment ist ein Silen zu sehen, über dessen Schulter eine kleine Löwen- oder Panthertatze herabhängt, das zweite zeigt einen Giganten, der mit einem als Löwenkopf gestalteten Helm bekleidet ist und von hinten von einem Gegner beim Helmbusch gepackt wird[21]. Diese herostratische Brandschicht befindet sich über der untersten Fundamentlage des archaischen Stufenbaues (Stereobat). Eine weitere Brandschicht liegt, durch eine Erdschicht getrennt, unter dieser Stufenfundamentierung. Das Fundament des archaischen Kroisostempels bildet damit einen Terminus ante quem für diese untere Kohle-Knochen-Fundschicht (Z 33).

Wie hat man diese Schicht zu erklären?

39 Römisches Rundgrab an der Straße nach Aydın, gegenüber von Yeniköy

40 Blick vom Bülbüldağ auf die Hafenebene, im Vordergrund blühender Judasbaum und Reste eines noch nicht untersuchten römischen Gebäudes, in der Ebene verschilftes Hafenbecken, Hafengymnasion

41 Blick vom Theatergymnasion auf das große Theater, im Vordergrund blühende Asphodeline und Narthexstauden (Ferula communis)
42 Blick auf die Hallenstraße vom Stadion zum Theater mit der Stoa des Servilius

43 Blick von der Kuretenstraße auf den Nordbereich des Domitiansplatzes mit Memmiusbau, Rundbau mit Stierschädeln und Girlanden.
44 Hadrianstempel

45 Kämpferkapitel des Bogens des Domitiansbrunnens, wiederaufgestellt

46 Architekturcollage des Memmiusbaues, Reliefs der Attika

47 Domitiansplatz vom Süden, Memmiusbau und Sockel für das Westende der Nordhalle der oberen Agora (sog. Sockelbau)
48 Untere Agora vom Norden, Celsusbibliothek und im Hintergrund die Eindeckungen des Hanghauses 2

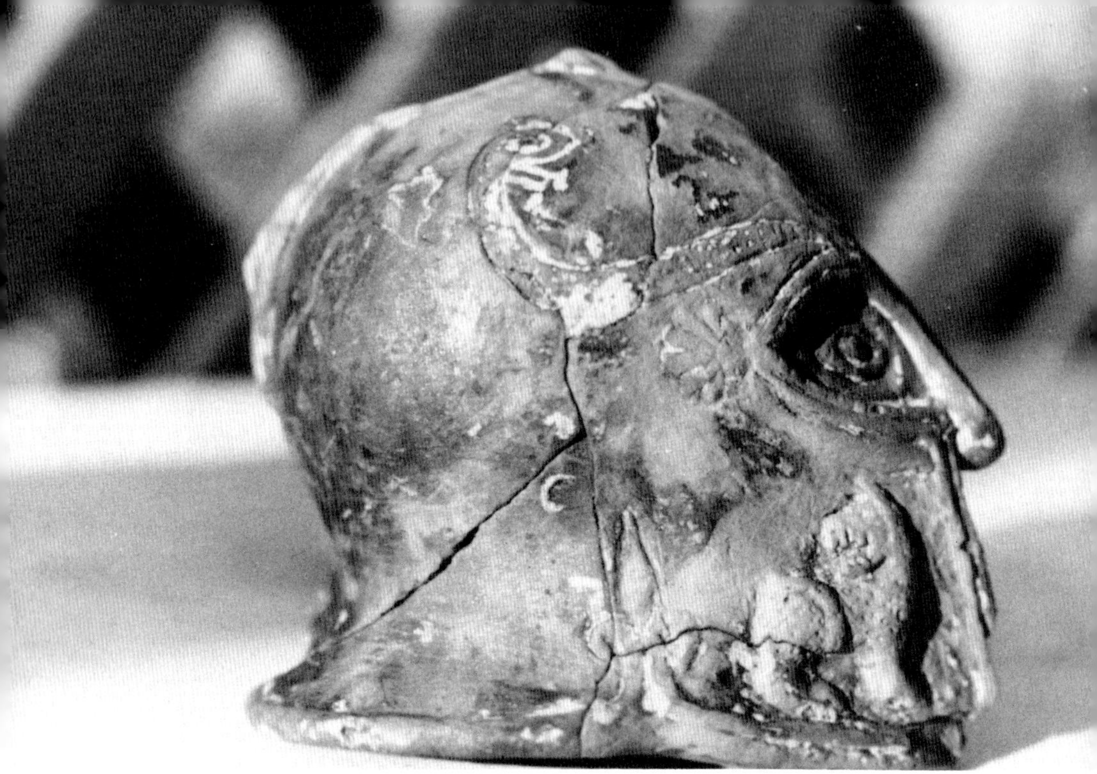

49 Salbgefäß in Form eines behelmten Kriegerkopfes aus dem Artemision
50 Ziege aus Elfenbein

51 Widder aus Elfenbein
52 Unterteil einer weiblichen Elfenbeinstatuette auf einem Löwen- oder Pantherkopf
53 Greifenkopf aus Elfenbein

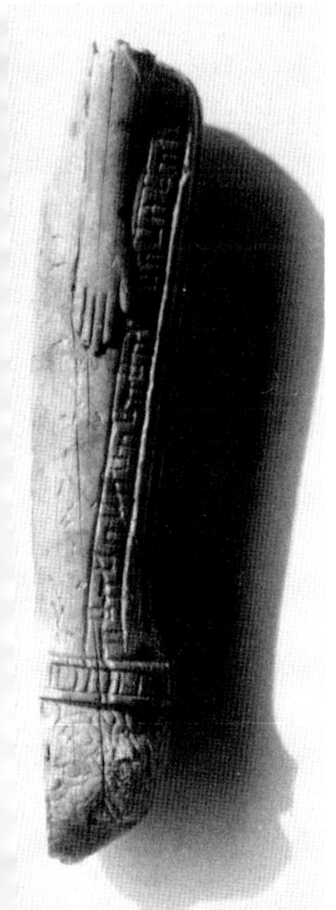

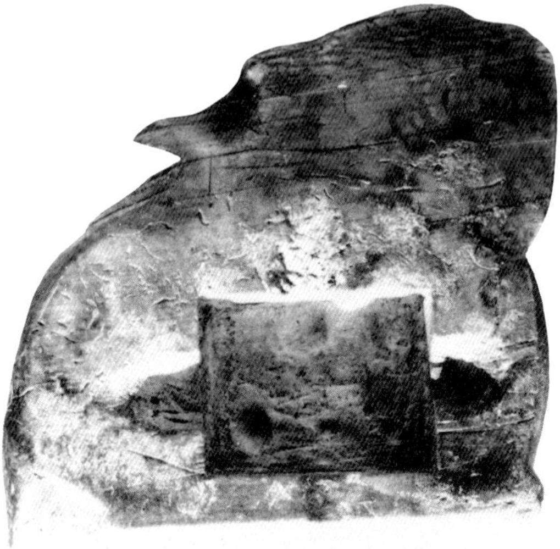

54 Steinbockrelief aus Elfenbein, Rückseite mit Dübelloch
55 Steinbockrelief aus Elfenbein
56 Elfenbeinrelief mit Gesicht in Vorderansicht
57 Elfenbeinrelief mit Gesicht in Vorderansicht

58 Elfenbeinplättchen mit Ritzzeichnung der Göttin Hathor
59 Beinrelief mit Ritzzeichnung der Göttin Hathor
60 Elfenbeinkopf eines Kamels, Privatbesitz Ruth und Sepp Meyer, Stuttgart; Photo: Landesmuseum Stuttgart

61 Goldanhänger mit Löwenkopf über Stierkopf, Seitenansicht
62 Kopf aus Elfenbein

Sie könnte aus dem planierten Schutt der Opferrückstände bestehen, sie könnte die Kimmerer-Brandschicht sein, oder sie könnte jene von Plinius erwähnte Schicht aus Asche und Fellen sein, welche die Fundamente im Sumpf stabilisieren sollte.

Wie Phönix aus der Asche

Die Fundkistenmatrix (Tabelle 3) zeigt die Verteilung und relative Chronologie der Funde. Diese bezieht sich aber nicht auf die Entstehungszeit, sondern nur auf ihre Einbringung in die Schicht. Aus der gut vertretenen korinthischen Keramik, die von A. Gasser bearbeitet wurde, läßt sich die Stratigraphie auf den Zeitraum von der Mitte des 7. Jh.s bis an den Anfang des 6. Jh.s eingrenzen. Für die Funde bedeutet das, sie können spätestens in diesem Zeitraum entstanden sein.

Tabelle 3

1986

55–58 m östl. AOK

45–46	46–47	47–48	nördl. ASK
141	142	143	h = −0,05
156	157	158	h = −0,08
173	174	175	h = −0,10
184	185	186, 187, 188	h = −0,13
201	202	203	h = −0,26

Unterkante Kroisosstereobat = +0,087

58–61 m östl. AOK

46–47	47–48	48–49	nördl. ASK
340	341	342	h = −0,01
345	346	347	h = −0,07
361	362	363	h = −0,19
366	367	368	h = −0,27

Legende: AOK: Altarostkante, ASK: Altarsüdkante
157: Goldanhänger mit Stierkopf (Abb. 74)
345: Ebermünze (Abb. 76)
175: Statuette auf Löwenkopf (Abb. 52)
366: Beinplättchen (Abb. 58)
346: Steinbock aus Elfenbein (Abb. 55)
174: Elfenbeingesicht (Abb. 57)

Die bedeutendsten Funde kamen im Mittelbereich der Westseite zwischen Hekatompedos und Kroisostempel und an der Nordseite des Kroisostempels zustande. Sie haben aber, wie gesagt, mit diesem Tempel selbst nichts zu tun, sondern gehören einer älteren Schicht darunter an. Diese Grabungsbereiche waren bislang noch nicht ausgegraben und, wie sich im Laufe der Arbeiten zeigte, auch seit der Antike nie gestört worden.

Ein Sphyrelaton aus Gold, gefunden 1980 an der Westseite, stellt eine weibliche Figur im Korentypus dar. Der Unterteil ihres Chitons ist gefältelt, Ärmel und Halsausschnitt sind mit Mäandern verziert, und der Schleier auf dem Rücken ist durch ein Rautenmuster hervorgehoben[22]. – Ein weiteres kleines Sphyrelaton aus Gold und eine gegossene Silberstatuette stellen ebenfalls weibliche Figuren dar[23].

Zwei weibliche Statuetten aus Elfenbein haben unser Verständnis der Ikonographie kleinasiatisch-ionischer Gottheiten wesentlich bereichert. Seit Hogarth war eine Statuette aus Elfenbein bekannt, die als Megabyzos benannt und als Eunuchenpriester gedeutet wurde[24]. Sie zeigte eine Figur im langen orientalischen Mantel und Polos. 1984 kam an der Westecke des Artemisions eine Statuette zutage, welche den Griff eines zweischaligen Kultgerätes bildete (Abb. 63). Diese Figur ähnelt dem sog. Megabyzos stark, ist aber wegen der deutlich angegebenen Brüste weiblich. Sie gehört in die lange Reihe klein- und großplastischer Kubabadarstellungen, welche ausgehend von Karkemisch langsam im ganzen zentral- und westkleinasiatischen Raum verbreitet wurden[25]. Nicht genug damit, 1986 fand sich auch noch der Unterteil einer ionischen Elfenbeinkore mit gefälteltem Chiton, die auf einem Löwen- oder Pantherkopf steht (Abb. 52). Auf Tieren stehende Figuren entstammen der orientalischen Ikonographie und stellen immer Götter dar[26]. Abgesehen davon, daß es interessant ist, wie hier griechisch-ionischer Stil mit orientalischer Ikonographie verknüpft wird, wissen wir jetzt aufgrund dieser beiden Stücke, daß diese Frauen aus Elfenbein keine Priesterinnen, sondern Göttinnen sein müssen, genauso wie der früher als männlich betrachtete „Megabyzos". Vermutlich stellen auch die beiden goldenen weiblichen Sphyrelata Göttinnen dar.

Zwei Elfenbeinschnitzereien aus dem Artemision, welche Hogarth gefunden hatte[27], wurden schon immer mit der Kunst der Steppenvölker in Verbindung gebracht[28]. Es ist dies ein liegender Eber und ein liegender Steinbock. Bei den Ausgrabungen seit 1965 kamen auch einige Elfenbeine zum Vorschein, die in die gleiche Gruppe gehören, obwohl einige stilistisch nicht gleich gearbeitet sind.

Eines der schönsten Elfenbeine überhaupt ist ein vollplastisch gearbeiteter Widder, liegend, mit nach hinten aufgebogenen Vorderbeinen (Abb. 51). Er wurde in der Nähe der quadratischen Basis südlich des Hekatompedos ausgegraben[29]. Ebenfalls vollplastisch, auf einer Plinthe liegend, ist eine Ziege oder Antilope gearbeitet (Abb. 50), von der leider der Kopf fehlt[30]. Aus Ephesos bzw. dem Artemision stammt angeblich der doppelseitig in Relief gearbeitete Kopf eines Kamels (Abb. 60), der sich in Privatbesitz befindet[31]. 1986 wurde an der Nordseite des Tempels erneut ein Relief mit einem Steinbock (Abb. 54, 55) ausgegraben (Länge: 5,6 cm, Höhe: 6 cm).

Die beiden alten von Hogarth gefundenen Tierreliefs (Eber und Steinbock) gehören nicht nur stilistisch zu dem neuen Steinbockrelief, sondern stammen offenbar vom selben Mobiliar, obwohl sie nicht an derselben Stelle gefunden worden sind. Die Dübellöcher und Zapfen aller drei Reliefs sind nämlich quadratisch (Abb. 54) und kongruent[32]. Das Mobiliar, das sie trug, diente zweifellos friedlichen Zwecken. – Stilistisch gehört auch das Kamelrelief (Abb. 60) dazu. Alle vier Stücke sind im Tierstil des 7. und 6. Jh.s v. Chr. gearbeitet, wie ihn etwa der Hirsch aus Gold aus dem kaukasischen Grab von Kostromskaja aufweist[33] (Z 34). Charakteristisch für diesen Stil sind die großflächige Parzellierung des Tierkörpers und die dünnen, wie geknickte Grashalme wirkenden Gliedmaßen. In abstrahierender Weise wird der Tierkörper ornamentalisiert und für die nomadische Welt gedeutet[34]. Vor allem für die Eber- und Steinbockdarstellungen gibt es zahlreiche Parallelen, meist jedoch aus einem anderen Material wie z.B. Bronze[35]. Geographisch am nächsten liegt wohl der Steinbock in Bronze aus Sardes[36].

Z 34

Viele dieser Tierbronzen sind Bestandteile von Pferdezaumzeug[37], wie Ösen, Löcher und Gestänge als Anarbeitungen belegen. Die an der Rückseite des ephesischen Widders vorhandene kreuzförmige Durchlochung für ein Gestänge[38] belegt, daß auch dieser Widder die Überkreuzung eines Gestänges abdecken sollte. Allerdings kann ein solches Zaumzeug aus Elfenbein nur rein repräsentativen Zwecken gedient haben. Für die Beanspruchung eines Pferdegeschirrs in der Praxis war

Elfenbein unbrauchbar. Allerdings gibt es auch Schwertscheiden und -bänder aus Elfenbein[39]. Stilistisch fällt der Widder (Abb. 51) aus der Gruppe der vier elfenbeinernen Beispiele der Nomadenkunst heraus. Sein Stil weist eher in eine orientalische Richtung. Ich sehe eine gewisse Verwandtschaft mit Arbeiten aus Arslantaş[40]. Auch die Ziege auf der Plinthe (Abb. 50) steht stilistisch den vier „klassischen" Tierreliefs ferner. Die vollplastische Tierdarstellung auf einer Plinthe kommt allerdings nochmals bei den noch zu besprechenden Elfenbeingreifen vor (Abb. 75).

Von Kimmerern und Skythen

Die von den antiken Autoren als Kimmerer bezeichneten nomadischen Einwanderer sind für Ephesos am bedeutendsten[41]. In ihrer südrussischen Heimat bildeten sie aber keine Vorgängerkultur der Skythen, denn die archäologischen Quellen bezeugen in diesem Gebiet ein kulturelles Kontinuum seit dem 2. Jahrtausend v. Chr.[42] Jedenfalls kamen die Kimmerer Ende des 8. Jh.s über den Kaukasus nach Kleinasien und bildeten dort im gesamten 7. Jh. eine politische und militärische Macht. Während die antiken Quellen eine ethnologische Unterscheidung von Trerern, Skythen und Kimmerern machen, bezeichnen die altorientalischen Quellen im wesentlichen alle Iranisch sprechenden militärischen Reitereinheiten als Gimirrai, nur die Nomaden Aserbeidschans wurden gelegentlich als Izkuza, Skythen, angesprochen[43]. Archäologisch sind die Kimmerer durch Gräber mit Pferden am Norşuntepe[44] und bei Amasya[45] und durch Zerstörungshorizonte wie in Sardes ausgewiesen[46].

Sowohl für die Theorien über die Ausbildung des sog. Tierstils[47] als auch über den urartäischen[48] und griechischen[49] Einfluß auf den Nomadenstil bilden Schatzfunde eine wichtige Rolle, so jener der Nomadengräber von Kostromskaja und Kelermes am Koban (im Nordkaukasus)[50] und der obskure Schatz von Ziwije südlich des Urmiasees[51].

Die Steppenkunst kann in Kleinasien auf die Namen dreier Völker im 7. Jh. v. Chr. bezogen werden: auf die Trerer[52], die Kimmerer und die Skythen. Die Kimmerer kamen Herodot zufolge über den Kaukasus, ein Teil von ihnen wandte sich vielleicht nach Osten und Luristan[53], der andere ging über Urartu nach Westen, eroberte Sinope (Her. 4, 12),

Phrygien um 696 v. Chr. (Her. 1, 15; – Strabo 1, 3, 21), Lydien um 650 v. Chr. (Her. 1, 15). Sie eroberten Magnesia, nach einigen Quellen zerstörten sie auch den Artemistempel von Ephesos. 639 wurden sie von den Assyrern in Kilikien geschlagen, in Lydien erst unter Alyattes, also nach 600 v. Chr. Ihre letzten Anführer waren Lygdamis (Dugdamme) und Sandeksatru[54].

Die Skythen[55] kamen über den Paß von Derbent in den Iran, zogen aber auch über Syrien nach Ägypten (Her. 4, 1) und zerstörten Urartu[56]. Sie siedelten später in Aserbeidschan[57], wurden aber vom Mederkönig Kyaxares zur Flucht nach Kleinasien gezwungen, wo ihnen vom Lyderkönig Alyattes Asyl gewährt wurde. Da Alyattes die Skythen nicht auslieferte, kam es zum Krieg zwischen Lydern und Medern, der nach fünfjähriger Dauer beendet wurde (590–585 v. Chr.) (Her. 1, 73 f.).

Die Trerer kamen aus dem Balkan und operierten gelegentlich zusammen mit den Kimmerern. In den altorientalischen Quellen werden die Namen „Skythen" und „Kimmerer" austauschbar verwendet[58].

Archäologisch lassen sich die Artefakte der Kimmerer von denen der Skythen bislang nicht trennen[59].

In Sardes läßt sich eine Brandschicht als „kimmerisch" identifizieren; direkt über ihr kamen zwei Beinscheiben zum Vorschein, von denen eine einen eingerollten Greifen zeigt[60] (Z 35).

Z 35

In Smyrna gibt es eine als „lydisch" bezeichnete Zerstörungsschicht[61]. Lediglich in Ephesos gibt es keine eindeutig als Zerstörungshorizont der Kimmerer zu bezeichnende Schicht. Die kimmerischen Unternehmungen mögen vielleicht – wie manche Quellen behaupten – einigen griechischen Städten militärisch geschadet haben, politisch gesehen haben sie aber den griechischen Siedlungen genützt. Die militärische Macht der Kimmerer hat nämlich die lydischen Streitkräfte so sehr in Schach gehalten, daß diese nicht dazu imstande waren, sich gegen die griechischen Städte voll zu entfalten. Seit dem Fall von Gordion 696 v. Chr. waren die Kimmerer in Westkleinasien präsent und haben hier offenbar auch kulturelle Akzente gesetzt, was bisher zuwenig beachtet worden ist[62]. Wie aus den Funden im Artemision zu sehen ist, sind die dort gefundenen kimmerischen Weihgeschenke ein Beleg für die positive Einstellung der Kimmerer zum kultischen Leben der Griechenstadt[63].

Wer waren die Amazonen?

Eine interessante Frage ist, ob sich die Kimmerer in den mythischen Amazonen widerspiegeln. Es geht um nichts weniger als die Frage, ob den Amazonen eine historische Realität zukommt[64]. Der Sage nach sollen die Amazonen in Kappadokien und in Themiskyra bei Sinope gesiedelt haben. Sinope ist bekanntlich von den Kimmerern erobert worden.

Nach Herodot (4, 110–117) wären aus der Verbindung der Amazonen mit den Skythen die Sauromaten entstanden. Die Sauromaten oder Sarmaten oder Syrmaten[65] waren Nachbarn der Skythen bzw. Kimmerer im nördlichen Schwarzmeergebiet. Die Griechen kamen durch ihre Kolonien am Schwarzen Meer mit diesen Völkern in Berührung, und sie tauchen im 6. Jh. in der Vasenmalerei auf. Besonders interessant ist, daß es dabei auch Amazonendarstellungen in thrakischer und skythischer Tracht gibt[66]. Einen archäologischen Beleg dafür, daß Amazonen aber mehr sind als Gestalten der Mythologie, haben sowjetische Archäologen entdeckt. Im Gebiet des Don in Südrußland wurden Gräber aus dem 4. Jh. v. Chr. ausgegraben, wahrscheinlich von Sarmaten, in denen Männer und Frauen bestattet waren, wobei auch die Frauen mit Waffen beigesetzt worden sind, nämlich mit Lanzen, Dolchen, Schwertern und Pfeilen[67].

Das Artemision von Ephesos ist nach einigen antiken Quellen eine Gründung der Amazonen, nämlich nach Pindar (fr. 174 = Paus. 7, 2, 7) und Kallimachos (Hymn. 3, 237–258 und 266–267). Nach Strabo (14, 1, 4) soll auch der Stadtteil Smyrna oder Samorna nach einer Amazone benannt sein. Nach Pausanias (7, 2, 6–9) sollen zur Zeit der griechischen Eroberung noch einige Amazonen um das Artemision gewohnt haben[68]. Einige der Gründungsmythen würden die positive Rolle der Amazonen in bezug auf das ephesische Heiligtum unterstreichen, deren Widerspiegelung in den Kimmerern nach den jüngsten archäologischen Ergebnissen nicht mehr so unwahrscheinlich erscheint.

Zwischen Orient und Hellas

Die beim Artemision gemachten Funde fallen durch ihre uneinheitliche Zusammensetzung und Herkunft einerseits und durch den eklektischen Stil einiger Objekte andererseits auf. Letzterer äußert sich etwa bei einem 1986 gefundenen Greifen aus Elfenbein (Abb. 75). Während die Vorderpranken und die Flügelritzung an Sphingen phönikischer Herkunft erinnern[69], sind der Kopf und der Hals an in Griechenland gefundenen Greifen aus Bronze orientiert[70]. Auch die doppelte Locke kommt bei Greifenprotomen in Griechenland vor[71] – aber auch bei einem urartäischen Greifen aus Toprakkale[72], dem Goldgreifen von Kelermes[73] (Z 36), dem von Ziwije[74] (Z 37). Griechisch ist beim Elfenbeingreifen auch der Stirnknauf, von dem noch das Einbohrloch erhalten ist. Eine gewisse stilistische Verwandtschaft dieses Greifen besteht mit einer Elfenbeinsphinx, die bereits Hogarth fand[75]. Den Goldgreif aus Ziwije datiert auch B. Hrouda[76] erst in das 7. Jh. v. Chr. – er datiert aber die übrigen Objekte, wie andere vor ihm, in das 8. Jh.

Z 36

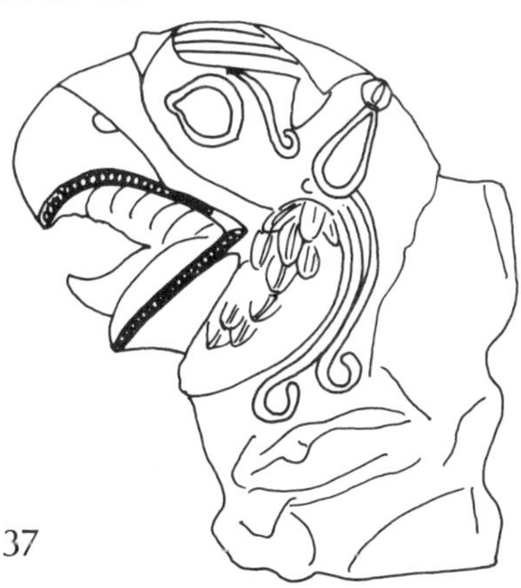

Z 37

Dem Orient viel stärker verpflichtet ist ein im Artemision gefundenes Greifenköpfchen aus Elfenbein (Abb. 53), dessen Verwandtschaft mit dem Vogelmenschen auf einem späthethitischen Relief von Sakcegözu[77] noch recht deutlich ist (Z 38, 39).

Z 38

Noch problematischer ist die Identifizierung eines Anhängers aus Gold, der ebenfalls 1986 an der Nordseite des Artemisions gefunden wurde. Er besteht aus getriebenem Gold, wiegt 4,7 g, also $^{1}/_{3}$ eines Staters, und weist einen auf einem Stierkopf sitzenden Löwenkopf (Abb. 74) auf. Die einzelnen Goldbleche des Anhängers sind an den Nähten granuliert, besonders sichtbar an der Trennlinie vom Stier zum Löwen, der Verbindungsnaht der hinteren Platte und am Ansatz der Hörner (Abb. 61). Der Stier weist ein Stirnband mit Fischgrätmuster auf, einen dreieckigen Stirnschmuck, die Hörner sind kurz und gerade. Die Ohren sind dreieckig und gekerbt, die großen Augen stehen spitz hervor und werden von zwei Wülsten rundum gerahmt. Das Nasenbein ist deutlich gezeichnet. Der zwischen den Hörnern liegende Löwenkopf hat einen aufgerissenen Rachen mit heraushängender Zunge, angegebenen Eckzähnen und oberen Schneidezähnen, die Schnauze mit Wülsten, anstelle der Ohren sind granulierte Ringe oder Rosettenschalen angegeben (Abb. 61). Die Augen sind als hervorstehende Wülste gebildet. Die konkave Rückplatte diente offenbar zur Aufnahme eines Steines.

Z 39

Diese Augenbildung findet sich wieder bei einem bronzenen Stier einer Kesselattache, die aus dem Heraion von Samos stammt und von U. Jantzen[78] für urartäisch gehalten wird. Ähnlich ist die Augenbildung auch bei einer Stierattache aus einem Tumulus in Gordion[79]. Goldene paarweise Löwen wurden in Erythrai gefunden[80], eine „Quadriga" neohethitischer Zeit[81] und ein lydischer Löwe[82] gelangten in Sammlungen. Im Unterschied zu diesen weist der Löwenkopf des ephesischen Goldanhängers aber sehr deutliche Bezüge zu Löwenköpfen (Z 40) aus getriebenem Gold aus dem skythischen Grab von Kelermes im Kobangebiet auf. Zwei davon sitzen an den Enden eines zylinderförmigen Gegenstandes mit Widderköpfen und Mohnkapseln an den Zylinderwänden[83] (Z 41), die beiden anderen bilden die Enden eines Stabes[84]. Auffallend ist bei allen die feine Granulierungsarbeit, wobei die Augen der letzteren in der gleichen Weise als granulierte Ringe (Z 40) gegeben sind wie die Ohren des ephesischen Löwenkopfes (Abb. 61). Urartäischer Einfluß scheint mir hier unverkennbar[85]. Besonders bemerkenswert ist bei dem zylinderförmigen Objekt von Kelermes auch, daß hier mit der Kombination von Löwen- und Widderköpfen ein grundsätzlich ähnliches Tierkonglomerat (Z 41) vorliegt wie beim ephesischen Anhänger. Es wäre daher möglich, daß auch hier das Tierkonglomerat auf eine skythisch-kimmerische Kunst hindeutet und wir es mit dem Schmuckstück eines Kimmerers zu tun haben, handwerklich ausgeführt vielleicht von einem Urartäer, Phrygier, Ionier oder Lyder[86]. Die Granulierungstechnik ist zwar im 7. Jh. auf Melos und Rhodos sowie in Ionien sehr beliebt[87] (Goldhabicht aus dem Artemision[88]), aber auch im Osten, wie etwa die Greifen von Ziwije und Kelermes[89] zeigen. Für einen griechischen Handwerker könnten aber auch typologische Details des Stierkopfes wie die kurzen Hörner, das Stirnband und der Stirnschmuck sprechen[90] (Abb. 74). Sollte die Einordnung des Stierkopfes als kimmerisch richtig sein, wären die oben besprochenen Elfenbeine im Tierstil kein Einzelfall im Artemision.

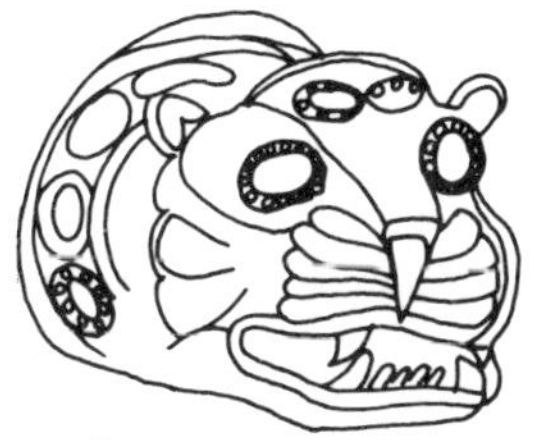

Z 40

Z 41

Ein weiterer Fund, der den griechischen Kulturkreis überschreitet, ist ein Beinplättchen, auf dem in Ritztechnik eine nach links gewandt stehende weibliche Figur in einem weiten, halblangen Mantel dargestellt ist (Abb. 59). Sie trägt eine dreiteilige Perücke mit einer Lotosblüte darüber, in der Hand hält sie eine Löwinnenprotome, das Zeichen der Göttin Sachmet. In der erhobenen Rechten trägt sie ein Sistrum, ein Rasselinstrument mit dem Zeichen der Hathor. Der untere bogenförmige Rand ihres Mantels ist mit einer Borte verziert[91]. Ein gleichgroßes Paneel mit einer ähnlichen Darstellung wurde 1986 gefunden (Abb. 58). Zum stilistischen Vergleich eignen sich lediglich Pföstchen in Flachrelief, so auf einem Möbelstück in Nimrud[92], wo eine Hathor mit Kuhhörnern als Kopfaufsatz dargestellt ist, und auf einem Möbelstück in Zincerli mit weiblichen Darstellungen[93]. Alle Vergleichsbeispiele dürften phönikische, eventuell südsyrische Arbeiten sein.

In Ephesos gibt es ein Sirenenrelief aus Elfenbein[94], das ich auch für phönikisch halte.

Die Existenz phönikischer Arbeiten als Weihgeschenke im Artemision ist insofern bemerkenswert, als unter den gefundenen Tierknochen auch Eselsknochen vorkommen. Esel wurden aber von den Griechen nie geopfert, wohl aber von den Westsemiten. Dafür gibt es zahlreiche archäologische und sprachliche Zeugnisse. Wir können daher annehmen, daß die phönikischen Arbeiten im Artemision nicht einfach gestiftete Handelsgüter waren, sondern Weihgeschenke am Kult teilhabender Phöniker[95].

Unter den Funden, die nicht dem orientalischen, sondern dem westkleinasiatischen und griechischen Kulturkreis zuzuordnen sind, nehmen die Gold- bzw. Elektron-Münzen eine besondere Stellung ein. 1986 kamen erstmals genau stratifizierte Münzen an der Nordseite des Artemisions zutage. Unter den sieben Münzen sind zwei Trittien von je 4,6 g Gewicht. Eine davon weist ober- und unterhalb eines Eberkopfes je zwei Buchstaben auf (Abb. 76). Hält man diese für lydisch, könnte man ein „Tau“ und „V“ und „E“ sehen, wie mir R. Gusmani erläuterte[96]. Hält man sie aber für eine Ligatur griechischer Buchstaben, wie dies Hanfmann bei Steinmetzzeichen an einem lydischen Tumulus in Sardis versuchte[97], so lassen sich zwei Gammas erkennen, die

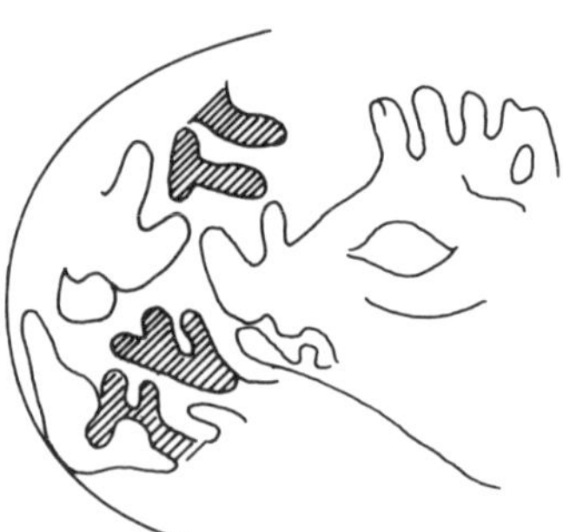

Z 42

als Gugu, Gyges, zu lesen sein könnten. Ist diese Lesung richtig, dann hätte man hier eine datierbare Münze (Z 42).

Als ionische Arbeiten sind zwei Elfenbeingesichter anzusehen, die als Fries montiert waren (Abb. 56, 57). Ihre stilistische Beziehung zu Elfenbeingesichtern aus Delphi[98] muß erst untersucht werden. Auch ein weiterer Elfenbeinkopf dürfte griechisch-ionisch sein[99] (Abb. 62).

Als griechisch ist auch die Plattenfibel aus Bronze mit einem ziselierten Panther zu bezeichnen[100], ebenso wie zwei Plättchen mit einem Stier[101] und Rosetten mit Bienen (Abb. 77).

Die im vorigen Kapitel besprochenen Bärenzähne, die wohl als Amulette dienten, dürften Geschenke von Pilgern aus der Peloponnes, genauer, aus Arkadien sein, wo die Bärenkulte der Artemis beheimatet waren[102].

Der Schatz der Amazonen?

Welche Schlüsse lassen diese Funde im Artemision in bezug auf das Kimmerer-Amazonen-Problem zu? Fest steht, daß es über das ganze Heiligtum verstreute Funde in einer Schicht gibt, die älter sein muß als der Kroisostempel, welche mit der Kunst der Steppenvölker zu tun haben. Diese Beziehung wird nicht nur durch den Tierstil einiger Objekte hergestellt, sondern auch durch die heterogene Zusammensetzung der Funde überhaupt und durch die konglomeratartige Gestaltung mancher künstlerischer Kompositionen. Wir müssen uns natürlich darüber im klaren sein, daß die Funde im Artemision Überreste von Weihgeschenken sind und nicht etwa Schatzfunde wie die Grabbeigaben in den Nomadengräbern im Kaukasus und im Iran. Man kann aber verstehen, daß viele Archäologen bereit waren, von den reichen Beigaben um die Basis A im Innern des Artemisions herum als von einem „Fountain Deposit" zu sprechen[103]. Auch die reichen Funde aus Gold und Elfenbein, die 1986 konzentriert im Nordwestbereich des Artemisions gemacht wurden, können dazu verführen, von einem hinterlegten Hort zu sprechen. Haben wir es hier wirklich mit dem Schatz der Amazonen zu tun?

Ein anderer Gesichtspunkt ist die Betonung des weiblichen Elements in Kulttradition und Funden des Artemisions. Ein großer Teil der gestifteten Statuetten zeigt weibliche Figuren, die meisten geopferten

Ziegen waren weiblich, und schließlich ist das ganze Heiligtum einer weiblichen Gottheit geweiht. Hinzu kommt die große Bedeutung alter weiblicher Fruchtbarkeitskulte und matrilinearer Reminiszenzen in der Gesellschaftsordnung Kleinasiens[104]. In diese autochthonen feminin orientierten Kulturrelikte bricht ein fremdes Element ein, nämlich der Amazonenmythos. Durch den intensiven Kontakt mit den eurasiatischen Steppennomaden wird von ihren bewaffneten Frauen etwas Neues, Feministisches in die vorhandene Mythologie getragen. Die Ephesos selbst betreffenden Amazonenmythen sind nicht sehr alt (Pindar, Kallimachos), und es besteht kein Grund, die Gründungslegenden des Heiligtums in einer grauen Vorzeit anzusiedeln. Dem entspricht die archäologische Fundlage. Es gibt keine Bauten und stratifizierbaren Fundkomplexe, die über das 7. Jh. v. Chr. hinausgehen, also über jenes Jahrhundert, in welchem Kimmerer und andere Steppennomaden in Westkleinasien wirksam waren. Zeitlich fällt also die Gründung des bislang archäologisch feststellbaren Artemisions mit der Anwesenheit der Kimmerer in diesem Gebiet zusammen. Ob sie tatsächlich etwas mit der Gründung des Heiligtums zu tun hatten, ist eine andere Frage; aus den Weihgeschenken geht aber hervor, daß sie zumindest irgendwann am Kult beteiligt waren.

Die Archäologie kann nicht alle Fragen beantworten. Sie kann aber neue Denkperspektiven eröffnen. Als eine solche will die hier unternommene Behandlung des Komplexes Amazonen – Steppennomaden – Artemiskult verstanden werden.

1 W. Kierdorf, Erlebnis und Darstellung der Perserkriege (1966) 90 ff.
2 W. B. Tyrell, Amazons. A Study in Athenian Mythmaking (1984); – Bammer, RA 1976, 91 ff.
3 D. v. Bothmer, Amazons in Greek Art (1957); – H. A. Shapiro, GrRomByzSt 24, 1983, 135 ff.
4 P. Devambez, RA 1976, 265 ff.; – M. Zografou, Amazons in Homer and Hesiod, Athen (1986); – Ilias 2, 811; – 3, 184; – 6, 186.
5 Proklos, Aithiopis.
6 M. F. Vos, Skythian Archers in Archaic Attic Vase-Painting (1963); – W. Raeck, Zum Barbarenbild in der Kunst Athens im 6. und 5. Jh. v. Chr. (1981); – Shapiro a.O.
7 Skythians and Greeks (1913).
8 The Animal Style in South Russia and China (1929); – ders., Iranians and Greeks in South Russia (1922); – ders., Die Skythen und der Bosporus (1931).
9 IstMitt 5, 1942, 51 ff.
10 K. Jettmar, BAVA 1, 1979, 145 ff.; – G. Kossack, BAVA 2, 1980, 91 ff.; – B. Anatal'evic Litvinskij, Materialien, AVA 22, 1982; – M. P. Grjaznow, Materialien, AVA 23, 1984, 52 ff.; – Kossack, BAVA 5, 1983, 89 ff.; – B. Brentjes, Der Tierstil in Eurasien (1982).

[11] P. Amandry, AA 1965, 891 ff.; – ders., JNES 24, 1965, 149 ff.; – B. Hrouda, IrAnt 18, 1983, 97 ff.
[12] O. Klügmann, Philologus 30, 1870, 549 ff.; – E. Meyer, Geschichte des Altertums 2 (1893) 457; – K. Lehmann-Haupt, RE XI. 1 (1921) 414.
[13] T. de Sonneville-David, Le Manuscript de R. Ghirshman (1984); – P. Briant, DHA 10, 1984, 459 f.
[14] C. Talamo, PP 116, 1984, 197 ff.; – J. Carlier, Acta ant. 27, 1979, 381 ff.
[15] Talamo a.O.; – D. Kagan, AJA 86, 1982, 343 ff.
[16] Bammer, Das Heiligtum der Artemis von Ephesos (1984).
[17] D. E. Hogarth, Excavations at Ephesus (1908) 19 ff.
[18] B. Wesenberg, Beiträge zur Rekonstruktion griechischer Architektur nach literarischen Quellen (1983); – H. Büsing, AA 1986, 205 ff.
[19] Bammer, ÖJh 57, 1986, 13 ff.
[20] Ebenda 25, Abb. 18.
[21] U. Muss, ÖJh 57, 1986, 29 ff.
[22] Bammer, ÖJh 56, 1985, 39 ff.
[23] Bammer, ÖJh 57, 1986, 16, Abb. 6; – 18, Abb. 7.
[24] E. Akurgal, Die Kunst Anatoliens (1961) 199, Abb. 158 f.
[25] s.o. Anm. 23.
[26] U. Winter, Frau und Göttin (1983).
[27] Hogarth a.O. Taf. 23, 26.
[28] E. H. Minns, Skythians and Greeks (1913) 260.
[29] Bammer, Heiligtum, a.O. Abb. 104; – ders., IstMitt 23/24, 1973/74, Taf. 5/1; – Br. 7 cm, H. 5 cm.
[30] Inv. Art 73/K63, L. 4,5 cm, H. 2,8 cm.
[31] Privatbesitz Ruth und Sepp Meyer, Stuttgart. Zu danken habe ich M. Honroth für die Überlassung der Fotos.
[32] s.o. Anm. 27.
[33] M. I. Artamonov, Treasures from Scythian Tombs (1969); – Ausstellungskatalog L'or des Scythes, Paris (1975), Taf. 17; – B. Piotrovsky, Scythian Art (1986) Abb. 16.
[34] V. Schiltz, in G. Siebert (Hrsg.), Méthodologie iconographique (1981) 49 ff.
[35] R. A. Stucky, AMI 18, 1985, 119 ff.
[36] J. Waldbaum, AntK 26, 1983, 67 ff.; – dies., Metalwork from Sardis: The Finds Through 1974 (1983) 41 f., Nr. 87, Taf. 6; – D. P. Hansen, BASOR 168, 1962, 27 ff.
[37] H. Donder, Zaumzeug in Griechenland und auf Cypern, PBF 16 (1980); – J. A. H. Potratz, Die Pferdetrensen des alten Orients (1960).
[38] Bammer, Heiligtum a.O.
[39] R. A. Stucky, AA 1976, 13 ff.; – ders., AntK 28, 1985, 18.
[40] F. Thureau-Dangin, Arslan-Tash (1931); – I. J. Winter, Iraq 43, 1981, 103 ff.
[41] W. Nagel, Nimus und Semiramis in Sage und Geschichte, Iranische Staaten und Reiternomaden vor Darius, Berl. Beitr. z. Vor- und Frühgeschichte 2, 1982, 29 ff.; – J. Harmatta, ArchErt 7–9, 1946–48, 79 ff.; – R. Rolle, Saeculum 28, 1977, 291 ff.
[42] M. Van Loon, JNES 29, 1970, 66 ff.
[43] I. M. Diakonoff, Monumentum Georg Morgenstierne (1981), Acta Ir. 21, 105 ff.; – ders., Cambridge History of Iran 2 (1985) 89 ff.
[44] H. Hauptmann, Festschrift K. Bittel (1983) 251 ff.
[45] V. Ünal, BAVA 4, 1982, 65 ff.
[46] G. M. A. Hanfmann, BASOR 182, 1966, 13 f.; – H. C. Greenewalt, BASOR 211, 1973, 33.
[47] K. Jettmar, BAVA 1, 1979, 145 ff.; – G. Kossack, BAVA 2, 1980, 91 ff.; ders., – BAVA 5, 1983, 89 ff.; – B. Hrouda, IrAnt 18, 1983, 97 ff. und oben Anm. 10 f.

[48] S. Esayan, BAVA 6, 1984, 97 ff.; – Amandry, AA 1965, 891 ff.; – M. Van Loon, JNES 29, 1970, 66 ff.

[49] Amandry, JNES 24, 1965, 149 ff.

[50] Kossack, BAVA 5, 1983, 89 ff.

[51] R. Ghirshman, Tombe princière de Ziwiyé et le début de l'art animalier scythe (1979); – dazu O. W. Muscarella, JFA 4, 1977, 197 ff.; – P. R. S. Moorey, JNES 41, 1982, 308 ff.; – B. Hrouda, IrAnt 18, 1983, 97 ff.; – W. Nagel, Gnom. 53, 1981, 91 ff.

[52] W. Wolska, ActaPrHistA 11/12, 1980/81, 99 ff.

[53] Ghirshman, in Dark Ages and Nomads (1964) 4.

[54] Diakonoff, Cambridge History of Iran 2 (1985).

[55] Zu den Skythen: F. Hancar, in Festschrift Reinecke (1950) 171 ff.; – A. M. Khazanov, DHA 8, 1982, 7 ff.; – R. Rolle, Totenkult der Skythen (1979); – T. Sulimirski, in Cambridge History of Iran 2 (1985) 149 ff.; – G. F. Pinney, in W. G. Moon (Hrsg.), Ancient Greek Art and Iconography (1983) 127 ff.

[56] R. Rolle, Saeculum 28, 1977, 291 ff.

[57] G. H. Kurotschkin, IrAnt 17, 1982, 43 ff.

[58] Diakonoff, Monumentum George Morgenstierne, Acta Ir. 21, 1981, 105 ff.; – ders., Cambridge History of Iran, a.O.; – M. Van Loon, Urartian Art (1966) 16; – ders., JNES 29, 1970, 60.

[59] Vgl. dazu die Aufsätze in Dark Ages and Nomads v. 1000 B. C. (Istanbul 1964).

[60] Vgl. oben Anm. 46, und Hanfmann, Letters from Sardis (1972) 168, Fig. 124; – Kossack, BAVA 5, 1983, 152 ff.; – H.-G. Buchholz, Acta PrHistA 11/12, 1980/81, 55 ff.

[61] J. M. Cook, BSA 53/54, 1958/59, 23 ff.

[62] Pessimistisch noch K. Bittel, IstMitt 5, 1942, 94 ff.

[63] Zu den wenigen Darstellungen von Kimmerern ist jene eines als Kimerios bezeichneten Kriegers auf der Françoisvase zu zählen; vgl. W. Nagel, Nimus und Semiramis, a.O. 31.

[64] T. de Sonneville-David, Le Manuscript de R. Ghirshman (1983); – Ghirshman möchte in der Wanderung der Io in „der gefesselte Prometheus" von Aischylos Vers 714–733 den Zug der Kimmerer erkennen.

[65] Nach K. Jettmar, Die frühen Steppenvölker (1964) 54 sind entgegen der alten Annahme von M. Rostovzev, Iranians and Greeks in South Russia (1922) 34 ff., die Sauromaten und Sarmaten dasselbe Volk; – K. F. Smirnov, DHA 6, 1980, 139 ff. ist aber der Ansicht, daß Sauromaten und Sarmaten nicht identisch sind; – Syrmaten nach Scylax von Caryanda und Eudoxos von Knidos.

[66] s.o. Anm. 3 und 6.

[67] Smirnov, DHA 8, 1982, 121 ff.; – B. N. Grakov, VesDrevIstor 3, 1947, 100 ff.; – A. M. Khazanov, VesDrevIstor 26, 1970, 138 ff.; – T. David, in L'Archéologie de la Bactriane ancienne (1985) 207 ff.

[68] Talamo, a.O.

[69] R. D. Barnett, A Catalogue of the Nimrud Ivories (^{2}1975) C62 Pl 1.

[70] U. Jantzen, Griechische Greifenkessel (1966).

[71] Amandry, Syria 35, 1958, 82 ff.

[72] Van Loon, in W. Orthmann, Prop. Kg 14, 1975, Nr. 387.

[73] M. I. Artamonov, Treasures from Scythian Tombs (1969) Pl. 25 f.; – Piotrovsky, a.O. Abb. 46.

[74] E. Porada, Alt-Iran (1962) 126, Abb. S. 128; A. Godard, Le Trésor de Ziwiye (1950) 40, Fig. 30.

[75] Hogarth, Excavations, Pl. 23; Akurgal, Die Kunst Anatoliens, a.O. 194 f., Abb. 153 f.

[76] IrAnt 18, 1983, 99.

[77] Akurgal, Späthethitische Bildkunst (1948); – F. Prayon, Phrygische Plastik (1987) 65.
[78] Samos VIII (1972) 76, Taf. 77, BB 740.
[79] R. S. Young, The Gordion Excavations Final Reports 1 (1981) Pl. 50; – Prayon a.O. Taf. 19.
[80] Ausstellungskatalog Istanbul, Anadolu Medeniyetleri 2 (1983) B 58.
[81] A. P. Kozloff, Animals in Ancient Art from the Leo Mildenberg Collection, Cleveland Museum (1981) Nr. 20.
[82] Norbert Schimmel Collection, Ausstellung Hamburg Nr. 183.
[83] Ausstellung Paris, Or des Scythes (1975) Nr. 19, S. 58; – Piotrovsky, a.O. Abb. 43 f.
[84] Artamonov a.O. Pl. 55; – Piotrovsky, a.O. Abb. 42.
[85] Zum urartäischen Einfluß in der Nomadenkunst vgl. Amandry AA 1965, 895; – G. Kossack, BAVA 5, 1983, 89 ff.
[86] Besonders delikat sind die Unterschiede zwischen künstlerischen Darstellungen von Löwen und Löwenköpfen ionischer, lydischer, phrygischer, späthethitischer, assyrischer und urartäischer Herkunft; vgl. Akurgal, Späthethitische Bildkunst, a.O.; – B. Freyer-Schauenburg, Elfenbeine aus dem samischen Heraion (1966) 85 ff.; – F. Prayon, Phrygische Plastik (1987) 56 ff.; – M. Mertens-Horn, RM 93, 1986, 1 ff.
[87] R. Higgins, Greek and Roman Jewellery ([2]1980) 19 ff., 118 ff.; – B. Deppert-Lippitz, Griechischer Goldschmuck (1985), zu Ephesos 92 ff.; – R. Laffineur, L'Orphèvrerie rhodienne orientalisante (1978); – D. Ohly, Griechische Goldbleche des 8. Jh.s v. Chr. (1953).
[88] Hogarth a.O. Pl. 4; – Akurgal, Kunst Anatoliens, a.O. 210, Abb. 174.
[89] Vgl. Anm. 73.
[90] H. Kyrieleis, AM 92, 1977, 71 ff., dazu aber H.-V. Herrmann, REAssVA 6 (1985) 574 ff.
[91] Bammer, AnatSt 35, 1985, 103 ff.
[92] M. Mallowan, Iraq 13, 1951, 17 Pl. VII 1–5; – Barnett, A Catalogue, a.O. 189, Pl. XIV, I. Winter, Iraq 43, 1981, 120 u. Pl. XVII b.
[93] F. v. Luschan, Die Kleinfunde von Sendschirli (hrsg. von W. Andrae) (1943) 129 ff. u. Taf. 65 ff.
[94] Hogarth a.O. Pl. 26; – Akurgal, Kunst Anatoliens, a.O. 191 und Abb. 150.
[95] Bammer, AnatSt 35, 1985, 106 ff.
[96] Laut mündlicher und schriftlicher Mitteilung, und Gusmani, Neue epichorische Schriftzeugnisse aus Sardis (1958–1971) (1975); – Archaeological Explorations of Sardis, Monographs 3, 67 ff.
[97] G. M. A. Hanfmann, Sardis from Prehistoric to Roman Times (1983) 57 f.
[98] Amandry, in J. Boardman (Hrsg.), Chios, A Conference at the Homereion in Chios 1984 (1986) 231.
[99] Bammer, ÖJh 57, 1986, 18, Abb. 8.
[100] Vgl. Bericht vom Int. Kongreß über Bronzen, Wien 1986 (1987).
[101] Bammer, ÖJh 57, 1986, 18, Abb. 9.
[102] M. Jost, Sanctuaires et Cultes d'Arcadie (1985).
[103] Bammer a.O. 19.
[104] Bammer, Das Heiligtum der Artemis von Ephesos (1984) 203 ff., 230 ff.

„Bugün yine açız evlatlarım" diyordu peder
Tevfik Fikret

Die Leute von Selçuk

Jeder Archäologe, der längere Zeit in einem Dorf oder einer Stadt verbringt, die in der Nähe seiner Grabung liegt, wird sich auch für das heutige Leben in dieser Siedlung interessieren. In einem inneranatolischen Dorf, in dessen Nähe eine neolithische Siedlung ausgegraben wird, hat es der Archäologe nicht schwer, das Leben des heutigen Dorfes mit dem seiner Forschung zu vergleichen und Verbindungen herzustellen. Das Leben in einer antiken Großstadt und das heutige einer kleinen Provinzstadt von 16.000 Einwohnern ist nicht so vordergründig zu vergleichen. Wenn man aber die Produktionsmittel berücksichtigt, ist der Unterschied gar nicht so groß. Die wichtigste Produktionsform der Antike war die Landwirtschaft. Auch Großstädte waren mittelbar oder unmittelbar Zentren und Umschlagplätze landwirtschaftlicher Güter und Herstellungsformen, mögen Handel, Schiffahrt und Gewerbe bei einigen auch eine noch so große Rolle gespielt haben. Das fruchtbare Hinterland von Ephesos hat nie aufgehört, einen dominierenden Einfluß auf das städtische Leben auszuüben.

Ähnlich verhält es sich mit dem heutigen Selçuk. Kuşadası hat sich schon vor 25 Jahren auf den Tourismus spezialisiert, Selçuk blieb trotz der Nähe zu den Ruinen bäuerlich-landwirtschaftlich orientiert[1]. Während in Kuşadası Teppichhändler, Diskotheken und Restaurants bald das Bild prägten, waren in Selçuk Kamele, Traktoren und Pfirsichplantagen der charakteristische Anblick. Vor 25 Jahren war Kuşadası (Abb. 13) ein verschlafenes Fischerdorf, mit Gras und wildwachsenden Bäumen auf den Dächern, bis der Hafen ausgebaut wurde und die alten türkischen Häuser verschwanden, um Betonkisten Platz zu machen.

Besser ist die Anpassung an den modernen Tourismus in Bodrum gelungen. Dieser Ort, heute das Saint-Tropez der Türkei, ist vom Fischer von Halikarnaß[2], einem einstigen politischen Verbannten, berühmt gemacht worden. Der Fischer von Halikarnaß war ein bekannter Dichter und Schriftsteller (Cevat Şakir Kabaağaçlı), trotz seines

63 Kultgerät aus Elfenbein mit weiblicher Figur als Griff und einer Doppelschale

64 Wochenmarkt in Selçuk, Gewürzverkäufer
65 Bäuerinnen auf dem Wochenmarkt

66 Kurdin auf dem Heimweg vom Markt, dahinter byzantinische Zisterne vor der Johanneskirche

67 Marktfrau

68 Verkäuferin von Sieben

69 Sadulah Göcer, Steinarbeiter und Tomatenzüchter

70 Betteldervische, Türkei 1872

71 Trommler, Mehmet tanzt

72 Blick von Osten auf die Architekturcollage des Memmiusbaues
73 Blick auf die Architekturcollagen des Domitiansplatzes

74 Anhänger aus Gold mit Löwenkopf über Stierkopf
75 Liegender Greif aus Elfenbein
76 Gold-(Elektron-)Münze mit Eberkopf und Buchstaben
77 Blüte aus Gold mit in sie eintauchenden Bienen

78 Wochenmarkt in Selçuk, mit Bäuerinnen, und Verkäufer von Mehlsieben
79 Bauernhaus in Selçuk, südlich der Johanneskirche

80 Sandstrand von Pamucak mit Sonnenuntergang im Meer hinter Samos

hohen Alters groß und schlank, eine imposante Erscheinung. Gelegentlich war er auch als Fremdenführer tätig, besonders beliebt war er als Führer von ausländischen Staatsbesuchern in Ephesos. Seine vorstehende Unterlippe gab seinem Englisch einen charakteristischen Akzent. Er und seine Anhänger und Besucher machten aus dem kleinen Hafenstädtchen neben dem Kreuzritterkastell einen Anziehungspunkt für die Hautevolee der Türkei. Bodrum hat seinen arabischen, ja afrikanischen Eindruck nie verloren und seine architektonische Homogenität bewahrt.

Selçuk besitzt noch einige charakteristische Ortsviertel, so jenes um die Isa-Bey-Moschee (Abb. 79) und das jenseits der Eisenbahntrasse. Viele schöne Bauten fielen allerdings der Spitzhacke zum Opfer. Zu ihnen gehört das Stationscafé, in dem besonders viele alte Kretenser saßen mit ihren Strohhüten und Drahtbrillen. Man glaubte sich fast unter einer Versammlung von Nobelpreisträgern.

Von Bädern und Moscheen

Der heutige Ort Selçuk okkupiert einen Teil des antiken Ephesos, der eine Sonderstellung einnimmt. In archaischer und giechischer Zeit lag dieser Bereich im Zentrum der Siedlung, wurde dann für 1000 Jahre an den Rand gedrängt und kam in byzantinischer und seldschukischer Zeit wieder zu zentraler Bedeutung.

Aus seldschukischer Zeit gibt es im heutigen Selçuk wichtige Überreste: Wenn man westlich des Museums, am Beginn der Maulbeerbaumallee nach Ephesos, nach rechts in die Straße zur Isa-Bey-Moschee einbiegt, liegt gleich südlich der Kreuzung eine Moschee, eine weitere befindet sich auf halbem Wege zur Isa-Bey-Moschee[3] rechts der Straße. Direkt südlich des Platzes vor dem Tor der Verfolgung liegt eine dritte, und wenn man sich von dort nach Süden ins Häusergewirr wendet, gelangt man zu einer weiteren, der einzigen bislang nicht renovierten Moschee Selçuks (Z 43).

Selçuk, damals Ayasoluk, gehörte von 1308 bis 1390 den Aydin Oğullari[4]. Unter Gazi Mehmet Bey war die Hauptstadt Birgi (bei Ödemiş), später wurde es Izmir. Der Herrschaftsbereich der Aydin Oğullari erstreckte sich nach Osten bis Nazili und Karacasu (Alinda), im Süden bis Çine. Südlich von ihnen herrschten die Menteşeli. Im Norden

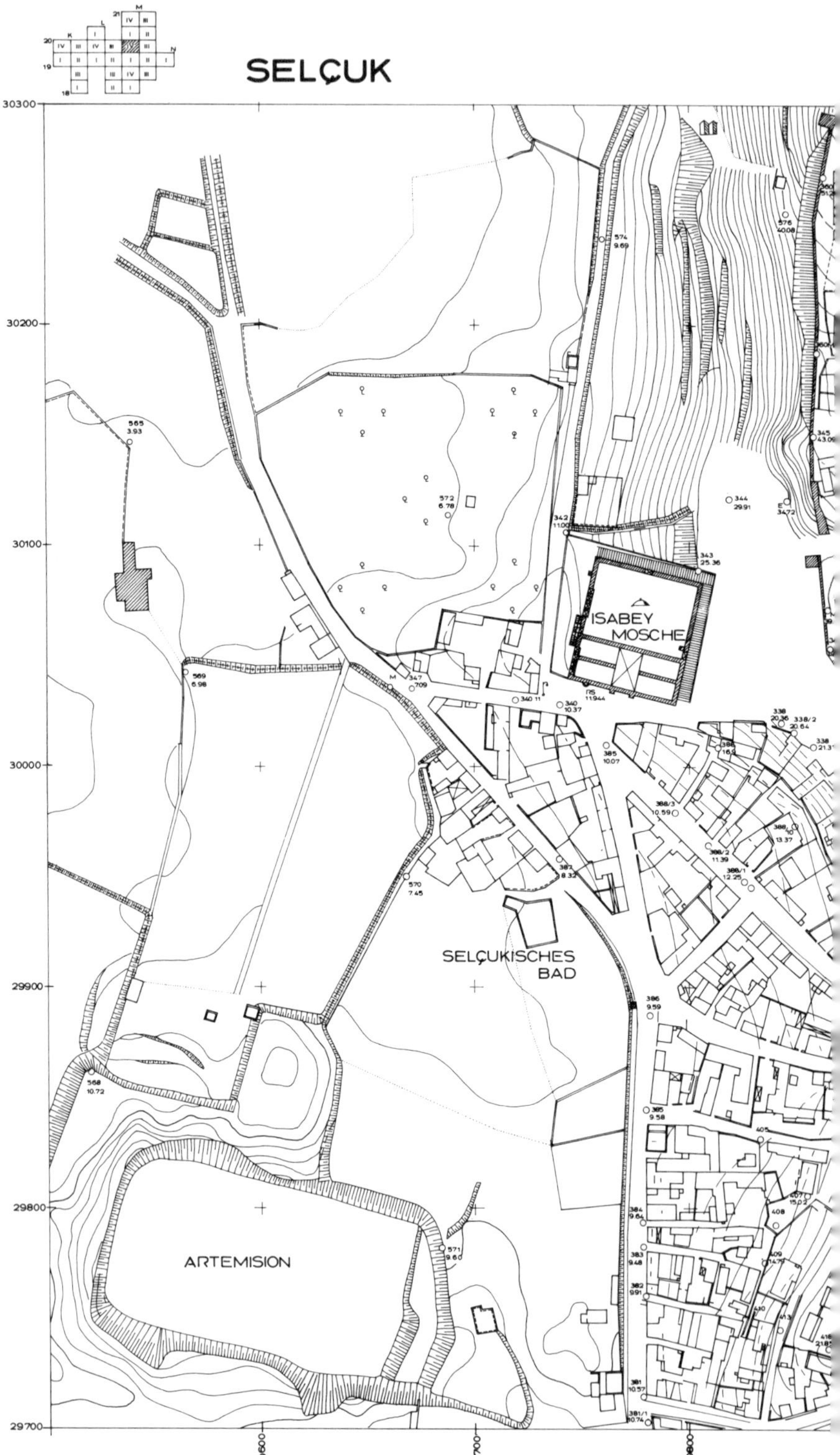

Z 43 Detail aus dem Plan von Selçuk, Umgebung der Johanneskirche und der Isa-Bey-Moschee, Bereich des alten Ayasoluk, nach der türkischen Originalaufnahme 1:1000

SKIRCHE
VOLKSSCHULE
ITAL. KASERNE
30000
30100
30200
30300
0 10 20 30 40 50 60 70 80 90 100 M.
GEZ.: E. KARHAN
ÖAI. INV. NR.: 2452

war die Grenze hinter Izmir, wo der Einflußbereich der Sarutaneli begann. Nach dem letzten Aydin Oğlu, Isa Bey, der auch die große Moschee erbaute (1375), kamen die Osmanen an die Macht. Seither ging die Bedeutung von Ayasoluk zurück[5].

Aus der Zeit von 1308 bis 1390 sind neben den erwähnten Moscheen noch drei weitere erhalten, eine beim Krankenhaus, eine am Platz mit der österreichischen Uhr, und eine ist in einen Gutshof verbaut. Für den Stand der Zivilisation viel wichtiger sind aber die Bäder, von denen es vier gibt (Abb. 21). Dasjenige an der Straße vor der Isa-Bey-Moschee besitzt noch durchlöcherte Kuppeln[6]. Alle Bäder waren innen mit Stalaktitendekor geschmückt und wiesen eine Reihe von Kuppeln auf, welche die einzelnen Baderäume überdeckten. Ein solches Bad konnte etwa hundert Menschen zugleich aufnehmen.

Bei einer Badedauer von etwa vier Stunden konnten täglich mindestens 200 Menschen in jedem Bad baden, das ergibt bei vier Bädern 800 Menschen. Nimmt man an, daß jeweils jeder Zehnte badet, ließe sich daraus auf eine Ortsbevölkerung von etwa 8000 Menschen schließen. Da aber auch heute in Selçuk viel mehr Männer ins Bad gehen als Frauen (das Verhältnis ist etwa 3:1) und dies wohl auch für das Mittelalter zutreffen dürfte, wären unter den Badenden etwa 600 Männer und 200 Frauen; damit hätte der Ort etwa 6000 Männer und gleich viele Frauen, also ohne Kleinkinder etwa 12.000 Einwohner, gehabt.

Auffallend ist, daß die seldschukischen Bauten bevorzugt in der Ebene liegen[7]. Lediglich zwei Moscheen wurden auf dem Hügel erbaut. Alles übrige, auch die Gräber (Türben), befindet sich in der Ebene. Ob allerdings die gesamte Bevölkerung damals islamisch geworden war, ist unbekannt. Wir wissen nur, daß in dieser Zeit zahlreiche Moscheen (Mescit) entstanden. Auch im 19. Jh. hatte der Ort Ayasoluk keine Kirchen; dagegen gab es davon zwei in Şirince.

Die Kleinstadt in der Großstadt

Ephesos bietet ein gutes Beispiel zum Studium von Systemzusammenbrüchen, zu deren theoretischer Erklärung in den letzten Jahren viel geschrieben worden ist[8]. So ist der plötzliche Zusammenbruch der spätantiken Großstadt Ephesos ein nie wirklich geklärtes Phänomen, genauso wie das schnelle Verschwinden der seldschukischen Kultur.

Erst die New Archaeology hat wieder eine Beziehung zwischen bestehender und vergangener Gesellschaft hergestellt, allerdings vor allem mit dem funktionalistischen Modell der elementaren Bedürfnisbefriedigung. Der Funktionalismus ist in der Ethnologie seit 50 Jahren abgelöst, in der Architektur der Moderne spielte er aber noch lange eine große Rolle und wird erst jetzt mit der Postmoderne überwunden[9].

In der New Archaeology wird Kultur als Reaktion auf die Umwelt verstanden, und zwar im Sinne einer naturwissenschaftlichen Logik. Wenig Gewicht wird auf die Bedeutung der den Menschen eigenen kreativen Möglichkeiten gelegt, wie Rituale, Sprache, bildliche Kommunikation. Aber gerade diese sind imstande, in unendlicher Mannigfaltigkeit eine Konsequenz von Ökonomie, Ökologie und menschlichen Handlungen zu durchbrechen und noch nie dagewesene und unwiederholbare Aktivitäten zu setzen.

In Ephesos liegen zwei Wohnkulturen räumlich neben- und übereinander: das Wohnen der vergangenen Epochen von der archaischen bis zur seldschukischen Zeit, und das gegenwärtige Wohnen in Selçuk und den dazugehörigen Dörfern wie Şirince (Abb. 6) oder Zeytinköy[10]. Das vergangene Wohnen ist ein Problem der Archäologie und nur archäologisch verständlich zu machen. Das andere läßt sich unmittelbar erleben. Wissenschaftlich sind beide Wohnformen durch die Ethnoarchäologie[11] begreifbar zu machen. Die Ethnoarchäologie ist eine Disziplin, die einerseits archäologisches Material zu ethnologisieren versucht, also das Lebendige, Menschliche in den Ruinen sucht, andererseits die lebende Gesellschaft ethnologisiert, das heißt einer archäologischen Denkweise zugänglich macht[12].

Was immer die verschiedenen Kulturen getrennt haben mag, in einem sind alle gleich: Sie hatten in demselben geographischen Raum mit einer mehr oder minder ähnlichen Umwelt und ihren Anforderungen ans Überleben fertig zu werden. Hier sind mögliche Ansatzpunkte für ein gegenseitiges Verständnis.

Für viele Siedlungen läßt sich zeigen, daß eine positive Korrelation[13] zwischen Siedlungsgröße und Komplexität[14] besteht. Je größer und ausgedehnter die Siedlungen waren, desto komplexer wird das Gefüge der Siedlung und ihrer Bewohner. Die Komplexität von Siedlungen ist aber nicht homogen, sondern nimmt in der Regel zum Zentrum hin zu.

Das heutige Zentrum von Selçuk ist auch kein monolithischer Block, denn es existierte vor etwa 100 Jahren noch kaum. Dennoch zeigen einige der ältesten Häuser im Zentrum noch den Historismus ihrer Entstehungszeit. Dann gibt es die eigentlichen Bauernhäuser (Abb. 79), weniger zeitabhängig, und weiters heute eine kochende, durch den Tourismus sich radikal ändernde Wohngestaltung, meist häßlich, vielstöckig, mit „postmoderner" Bogenmode etc. (Z 43).

Es gibt hier aber ein interessantes Phänomen: die kulturtrennende Funktion der Eisenbahnlinie. Die Bahnlinie von Izmir nach Aydin und Denizli wurde von den Engländern 1856–1866 gebaut, es gibt sie also schon über hundert Jahre. In dieser Zeit schuf sie eine Hierarchie, die bis heute gilt: Alle Kaffeehäuser, Geschäfte, Läden, öffentlichen Gebäude, Banken, Hotels, Pensionen finden sich westlich von ihr, d. h. in Richtung Ephesos. Östlich von ihr liegen nur Wohnquartiere der Armen. Selçuk verzeichnet also das gleiche West-Ost-Gefälle wie London oder Wien. Eine ähnliche Rolle übernahm auch die Autostraße Izmir–Aydin: Westlich davon sind etwa 90 Prozent der Hausbewohner auch die Besitzer ihrer Häuser, östlich dieser Straße sind etwa nur 50 Prozent der Hausbewohner auch Hausbesitzer. Dies kommt daher, daß der westliche Ortsteil ein älteres Wohngebiet darstellt, mit schon seit 1900 angesiedelten Rückwanderern und vor allem altansässigen Halbnomaden, die sich im Laufe der folgenden Jahrzehnte und verstärkt seit 1955 dort dauernd seßhaft machten[15]. Jenseits der Straße, besonders östlich der Bahn, wurden vor allem jüngere Rückwanderer (Muhacirs) angesiedelt, Kretenser, Makedonen, die Hausgrund kaufen mußten und, wenn sie kein Geld hatten, die Häuser nur mieten konnten[16].

Ramazan und andere Feste

Die Feste der Leute von Selçuk sind einerseits vom islamischen Glauben, andererseits von mediterranen Gepflogenheiten geprägt. Es gibt zwei große islamische Feiern und Feiertage. Der eine davon ist der Ramazan, der Fastenmonat, der jedes Jahr um elf Tage vorrückt. Während dieses Monats darf, solange es hell ist, weder gegessen noch getrunken werden. In Selçuk hält sich ein Teil der Bevölkerung daran, ein anderer Teil, vor allem Tagelöhner, die körperlich hart arbeiten müssen, nicht. Das Ende des Ramazan wird mit einem vier Tage dauernden Fest, dem Şeker-bayram, dem Zuckerfest, gefeiert. Zwei Monate später wird der Kurban-bayram gefeiert, das Opferfest. Anläßlich dieses Festes muß jede Familie, die es sich leisten kann, ein Tier schlachten, ein Rind, ein Schaf, eine Ziege. Die Hälfte des Fleisches muß verschenkt werden an die Armen, die Nachbarn. In den Städten besorgen berufsmäßige Schlächter das Töten auf der Straße, in Selçuk geschieht dies ziemlich diskret in den Gärten der Häuser.

Das charakteristische Geräusch während des Ramazan sind die Trommler (Abb. 71). Sie ziehen während der Nacht durch die Straßen und wecken die Leute auf, damit sie vor Sonnenaufgang frühstücken. Die Trommeln dröhnen ganz unheimlich. Sonst gibt es aber während des Ramazan keine Musik. Dagegen wird während des anschließenden Şeker- und des Kurban-bayram viel Musik gemacht.

Musik gibt es aber auch zu den individuellen Festen. Dazu gehören die Beschneidungsfeste und die Hochzeiten. Meist finden diese Feste abends vor den Häusern auf der Straße statt, manchmal auch in den Höfen und Gärten der Häuser (Abb. 71). Die traditionelle Musik in Selçuk wird mit der Trommel und einer Holzpfeife, einer Art Oboe, gespielt. Bei kleineren privaten Festen kann aber auch mit einer Tarbuka, einer Trommel mit Tongehäuse, und einer Saz, einem Saiteninstrument, Musik gemacht werden. Die Musikanten sind stets Zigeuner. Sie leben in Ephesos vorwiegend in einem bestimmten Viertel östlich der Johanneskirche. Bestimmte Berufe werden in Selçuk fast nur von Zigeunern ausgeführt. Dazu gehören neben dem Musizieren das Schuheputzen, das Lastentragen und das Räumen der Sickergruben.

Bei den Hochzeiten wird oft getrennt gefeiert, ein Fest findet beim Bräutigam, eines bei der Braut statt.

Die Beschneidung findet am Tag nach dem Fest statt. Tagsüber reiten in Kuşadası die Knaben noch mit einer roten Schärpe gekleidet durch die Straßen, voran die Zigeuner mit Trommeln und Pfeifen.

Zu den Unterhaltungen der Männer gehören im Winter auch die Hahnenkämpfe. Es gibt eigene Kampfhähne, langbeinig und langhälsig. Größere Veranstaltungen im Winter sind Ringkämpfe und Kamelkämpfe. Die Ringer kämpfen zu einem eigenen Trommelrhythmus, der ebenso charakteristisch ist wie jener der Trommler während des nächtlichen Ramazan.

Ein wichtiges gesellschaftliches und wirtschaftliches Ereignis ist der samstägliche Wochenmarkt in Selçuk. Der Wochenmarkt ist nicht nur ein Ereignis für Männer, sondern auch für Frauen (Abb. 64, 65). Sowohl die Männer (Abb. 64) als auch die Frauen (Abb. 67, 68, 78) kaufen und verkaufen, ob es eine Kurdin (Abb. 66) ist, die vom Markt heimwärts zieht, oder ob ein Zigeuner (Abb. 78) oder eine Frau (Abb. 68) Mehlsiebe verkauft, die wir auch zum Schlämmen der Erde im Artemision benützen. In der Tracht der Bevölkerung hat sich nicht allzuviel seit 100 Jahren geändert, wie die Aufnahme von drei Betteldervvischen aus dem Jahre 1872 (Abb. 70) im Vergleich mit einem meiner Arbeiter (Abb. 69) zeigt.

Invasoren damals und heute

Am Hauptplatz von Selçuk steht seit etwa 15 Jahren eine Wiener Straßenuhr. Sie ist das Geschenk der damaligen Ministerin Herta Firnberg anläßlich ihres Ephesosbesuches im Jahre 1970. Mit diesem Geschenk knüpfte sie an eine imperiale Tradition an. Denn auch der deutsche Kaiser Wilhelm hatte bei seiner Reise durch das Ottomanische Reich der Stadt Smyrna einen Uhrturm in byzantinischem Stil verehrt. Die Uhr, unlängst bei einem Erdbeben beschädigt, steht restauriert noch immer am Konak in Izmir. Dieser verspätete Gestus Frau Firnbergs importierte aber auch die Tücke der Wiener Uhren: In Wien geht nämlich eine mehrseitige Straßenuhr nicht immer synchron. Und auch jede der vier Seiten der Selçuker Uhr zeigt eine andere Zeit an.

Die ersten ausländischen Ausgräber, die sich in Selçuk für längere Zeit wohnlich niederließen, waren die Österreicher. Der Architekt Carl Humann erwarb für den ersten österreichischen Grabungsleiter Otto Benndorf ein Grundstück und errichtete ihm darauf ein Haus, dessen Grundmauern auch heute noch stehen. Ein weiteres Haus baute der Architekt Wilhelm Wilberg; es existiert heute nicht mehr. Heute gibt es in der österreichischen Grabungssiedlung neben den Wohnhäusern auch Garagen für Maschinen und Depots für die Fundbearbeitung. In einer bestimmten Weise ist die Archäologensiedlung in das Städtchen Selçuk integriert, in einer anderen bildet sie einen Fremdkörper. Für einige Monate im Jahr geht es hier zu wie in einem Ameisenhaufen, es wird gekocht, gewaschen, mit der Schreibmaschine geklappert, telephoniert, Autos fahren fast minütlich ein und aus. Wenn die Grabungszeit vorbei ist, versinkt das Gelände in einen grünen Schlaf, und nur der Wächter haust mit seiner Familie im Areal.

In Selçuk wird gehämmert, gekehrt und gekalkt. Neue Pensionen werden eröffnet, alte hübsche Bauernhäuser weichen häßlichen Betonflachdächern und pseudoantiken Bogenfenstern. Man wartet auf die Touristen, die das Geld bringen sollen. Man will Kuşadası Konkurrenz machen und sich auch ein Stück vom großen Kuchen abschneiden. Was immer auch die Gründe für die heutigen Reisenden sein mögen, hierher zu kommen, sei es, daß sie das Grab der Maria und des Johannes suchen, das Heiligtum der Artemis oder einfach Meer, Sonne und Abenteuer, sie sind jedenfalls nur die letzten in einer langen Kette von Besuchern und Eroberern, denen es darum ging, hier Reichtum oder Macht, Kunst, Muße, Gott oder gewöhnlich Irdisches zu finden. Hier stritten schon die Hethiter gegen die Mykener, Lyder gegen Griechen und Perser, Antike gegen Christentum, Araber und Seldschuken gegen Byzantiner, und zuletzt setzten sich Archäologen mit Geschäftemachern und einfachen Staatsbürgern auseinander.

Was die Archäologen und Denkmalpfleger betrifft, so sind ihre Probleme, geschichtlich gesehen, die unbedeutendsten im Vergleich gegen die Kreuzzüge oder die Feldzüge Alexanders durch diesen Ort Ephesos, aber uns, die wir heute leben, sind sie wichtig. Dennoch leben wir, die Nachgeborenen, nur durch eine bestimmte Form der Auseinandersetzung, Aneignung von Vergangenheit. Auch jeder kleine Bauer in Selçuk bekommt dies zu spüren, wenn er auf seinem Acker einen Brunnen gräbt und dabei auf einen römischen Sarkophag stößt. Früher hat er diesen vielleicht einfach zubetoniert, um Schwierigkeiten zu entgehen, heute ist das Bewußtsein auch der einfachen Leute geschärft; sie wissen zumindest, daß Fremde dieser Steine wegen kommen und daß dadurch Geld in ihr Land kommt. Viele Bauern und Arbeiter kommen wohl nur ganz selten in die abgeschlossene Ruinenanlage von Ephesos selbst, dennoch sind sie darüber informiert, was zwei Kilometer von ihnen entfernt passiert, oft genug durch das Fernsehen.

Ephesos spielt heute eine gewisse Rolle in der Welt des Tourismus, viele Badeplätze in der Umgebung haben nur deshalb an Bedeutung gewonnen, weil sie in der Nähe antiker Stätten liegen; in Österreich hat die langjährige Forschungstätigkeit der Österreicher in Ephesos den Ort in das Bewußtsein vieler Bürger gebracht, in England ist es ähnlich, und für die Griechen ist Ephesos eine Erinnerung an die glanzvolle Zeit des antiken Griechentums. So verbindet viele Völker und Religionsgemeinschaften etwas mit diesem Ort.

[1] Allerdings ist der landwirtschaftlich genutzte Boden in den Händen weniger konzentriert. 80 Prozent der Bevölkerung haben keinen Grundbesitz, können aber Felder pachten.

[2] Halikarnas Balikçisi, Düşün Yazilari (1981); – Azra Erhat, Mektuplaryla Halikarnas Balikçisi (1979).

[3] K. Otto-Dohrn, IstForsch 17, 1950, 115 ff.

[4] H. Akin, Aydin Oğullari Tarihi hakkinda bir araştirma (1968).

[5] M. Cook, Population Pressure in Rural Anatolia 1450–1600 (1972).

[6] G. Niemann, FiE 1 (1906) 125 ff.

[7] A. Melikon-Chirvani, Turcica 4, 1972, 103; 7, 1975, 105; 8, 1976, 83.

[8] C. Renfrew, in Renfrew, Crooke, Transformations (1977) 437 ff.; – ders., AmAnt 43, 1978, 203 ff.; – J. Friedman, in Renfrew, M. J. Rowlands, B. A. Segraves, Theory and Explanation in Archaeology (1982) 175 ff.

[9] In der Biologie des 18. und 19. Jh.s gab es eine grundlegende Streitfrage, nämlich, ob der Organismus eines Lebewesens sich ändert, weil sich die Funktion des Organismus in der Umwelt geändert hat, oder ob veränderte Organismen die Ursache anderer Lebenstätigkeiten sind. Lamarck behauptete, daß nicht die Organe die Ursache für Verhalten und die besonderen Eigenschaften sind, sondern daß die Lebensweise der Organismen die körperliche Form bestimmt habe. In der Mitte des 19. Jh.s behauptete der Biologe Cuvier, daß jede Veränderung einer Funktion eine Veränderung eines Organs nach sich zöge. G. Saint-Hilaire protestierte dagegen, weil der Schluß von der Funktion auf die Struktur ein Mißbrauch der finalen Ursachen sei. Untersuchungen von Körperfunktionen wie Atmung, Kreislauf, Bewegung hat bereits Cuvier durchgeführt. G. Semper war von dessen Ausstellung im Jardin des Plantes sehr beeindruckt und versuchte in seinem Buch: „Der Styl" eine Klassifikation der Architektur nach ihrer Funktion. Der Architekt Frank Lloyd Wright nimmt später Gedanken des Schriftstellers Samuel Taylor Coleridge auf, wenn er in seinem Buch „The Cause of Architecture" (1914) schreibt: „Mit der organischen Architektur meine ich eine Architektur, die sich von innen nach außen entwickelt, in Harmonie mit den Bedingungen ihres Seins, die sich unterscheidet von einer, die von außen appliziert ist."
Darwins Theorie unterstützt interessanterweise jene Denkschule, welche behauptet, daß die Funktion der Form folge. Denn seine Theorie der Selektion sagt nichts anderes, als daß unter bereits bestehenden Formen die Natur die angepaßtesten auswählt. Lamarck hat dagegen behauptet, daß eine Veränderung der Umwelt aktiv die Form der Tiere verändert und daß diese Veränderungen durch Vererbung fortgepflanzt würden. Darwin dagegen meinte, daß die Veränderungen willkürlich seien und zufällig, und daß die Formen der Lebewesen sich nur deshalb verändern, weil die unfunktionellen Formen nicht überlebensfähig seien, vgl. P. Collins, Changing Ideals in Modern Architecture (1971) 149 ff.; – M. Kunst, ActaPrHistA. 13/14, 1982, 1 ff.; – J. Habermas, Die neue Unübersichtlichkeit (1985) 20 ff.; – A. M. Vogt, in Gottfried Semper und die Mitte des 19. Jh.s, ETH Zürich (1976) 194 ff.

[10] W. Eggeling, Geogr. Rundschau 27, 1975, 345 ff.

[11] O. Aurenche, P. Desfarges, Syria 60, 1983, 147 ff.; – L. Jacobs, in C. Kramer (Hrsg.), Ethnoarchaeology (1983) 175 ff.

[12] T. W. Jacobsen, in Studies in Honour of W. A. McDonald (1985) 91 ff.; – P. Murray, P. N. Kardulias, JFieldA 13, 1986, 21 ff.

[13] „Korrelation" bedeutet eine Je-desto-Beziehung. Positive Korrelation besteht, wenn einer großen Größe x eine große Größe y entspricht. Negative Korrelation besteht, wenn einer großen Größe x eine kleine y entspricht. Als man entdeckte, daß große Eltern im Durchschnitt kleinere Kinder und kleinere Eltern im Durchschnitt größere Kinder hatten, war gezeigt, daß ein Rückschritt (Regression) auf den Bevölkerungsdurchschnitt erfolgt ist. Eine Regression von y auf x ist dann gegeben, wenn die Größe der Söhne y, jene der Eltern x ist. Vgl. P. Ihm, Statistik in der Archäologie (1978) 250 ff. In Regressionsanalysen sollen moderne und historische Bevölkerungsverteilungen verglichen werden, etwa Ortsgröße und Bewohnerzahl. Dabei soll die Bevölkerung moderner Dörfer gleich sein der Minimalbevölkerung eines modernen Dorfes plus der Zunahme der Dorfbevölkerung bei der Dorfvergrößerung um ein Hektar mal der Ortsgröße in Hektar. Vgl. J. Carothers, W. A. McDonald, JFieldA 6, 1979, 435 ff.

[14] Vgl. B. A. Segraves, in C. Renfrew, M. J. Rowlands, Segraves, a.O. 287 ff.

[15] Zur Sedentarisierung von Yürüken, Nomaden in der Türkei, vgl. Bammer, Wohnen im Vergänglichen (1982) 67 ff.; – W.-D. Hütteroth, Türkei (1982).

[16] s.o. Anm. 1; – Ackergrund kann jährlich um etwa 500 Schilling pro 1000 m^2 gepachtet werden. Zur ethnoarchäologischen Analyse von Grundbesitz, Größe der Häuser und Reichtum vgl. C. Kramer, in C. Kramer (Hrsg.), Ethnoarchaeology (1979) 139 ff.; – G. Bawden, JFieldA 9, 1982, 165 ff.

Abkürzungen

AA	Archäologischer Anzeiger
Acta Ant	Acta Antiqua
Acta Ir	Acta Iranica
ActaPrHistA	Acta praehistorica et archaeologica
AfO	Archiv für Orientforschung
AI	American Imago
AJA	American Journal of Archaeology
AM	Athenische Mitteilung
AmAnt	American Antiquity
AMI	Archäologische Mitteilung aus dem Iran
AnatSt	Anatolian Studies
AnnEcon SocCiv	Annales Economies Sociétés Civilisations
AntJ	Antiquaries Journal
AntK	Antike Kunst
AntPl	Antike Plastik
AnzWien	Anzeiger der Akademie der Wissenschaften Wien
Arch Ber. Yemen	Archäologische Berichte aus dem Yemen
AVA	Allgemeine und Vergleichende Archäologie
BASOR	Bulletin of the American Schools of Oriental Research
BAR	British Archaeological Reports
BAVA	Beiträge zur Allgemeinen und Vergleichenden Archäologie
BCH	Bulletin de Correspondance Hellénique
BdA	Bolletino d'Arte
Beib.	Beiblatt
Beih.	Beiheft
Berl. Beitr.	Berliner Beiträge
BSA	Annual of the British School of Athens
BulGA	Bulletin of the Geological Society of America
Bull Soc. Géol. France	Bulletin de la Société Géologique de la France
ByzJb	Byzantinisches Jahrbuch
CalifStClAnt	California Studies of Classical Antiquity
Corsi Rav	Corsi Ravennatici
CRAI	Comptes Rendue de l'Académie des Lettres et Inscriptions
DArch	Dialoghi di Archeologia
DHA	Dialogues d'Histoire Ancienne
EPRO	Etudes préliminaires des Religions orientaux
Erg. H.	Ergänzungshefte
FAZ	Frankfurter Allgemeine Zeitung
Festgabe Vetters	Lebendige Altertumswissenschaft, Festgabe zur Vollendung des 70. Lebensjahres von Hermann Vetters (1985)
FiE	Forschungen in Ephesos
Gnom	Gnomon
GrRomByzSt	Greek Roman and Byzantin Studies
HarvSt	Harvard Studies

IEJ	Israel Exploration Journal
IrAnt	Iranica Antiqua
IstForsch	Istanbuler Forschungen
IstMitt	Istanbuler Mitteilungen
IvE	Inschriften von Ephesos
JAS	Journal of Archaeological Science
JbKS Wien	Jahrbuch der Kunsthistorischen Sammlungen in Wien
JAestArtCrit	Journal of Aestetics and Art Criticism
JdI	Jahrbuch des Deutschen Archäologischen Institutes
JFieldA (JFA)	Journal of Field Archaeology
JHS	Journal of Hellenic Studies
JNES	Journal of Near Eastern Studies
JRS	Journal of Roman Studies
Med Rijks Geol. Dienst	Mededeelingen van het Rijks Geol. Dienst
Ned Aard. Gen.	Nederlands Aardrijkskundig Genootschap
ÖJh	Jahreshefte des Österreichischen Archäologischen Institutes
PBF	Prähistorische Bronzefunde
PP	La Parola del Passato
Prop Kg.	Propyläen-Kunstgeschichte
PZ	Prähistorische Zeitschrift
Quat Res.	Quaternary Research
RA	Revue Archéologique
RE	Realenzyklopädie
REAssVA	Realenzyklopädie der Assyrologie und Vorderasiatischen Archäologie
RömHistMitt	Römische Historische Mitteilungen
RGZM	Römisch-Germanisches Zentralmuseum in Mainz
RevPhil	Revue Philologique
RM	Römische Mitteilungen
ROB	Berichten van de Rijksdienst voor het Oudheidkundig Bodemonderzoek
SBWien	Sitzungsberichte der Akademie der Wissenschaften in Wien
TAVO	Tübinger Atlas des Vorderen Orients
Tijdschrift KonNedGen	Tijdschrift van het Koninklijk Nederlands Aardrijkskundig Genootschap
TürkArkDerg	Türk Arkeolog Dergisi
UgaritF	Ugarit-Forschungen
VesDrevIstor	Vestnik drevnej istorii
WorldA	World Archaeology
ZPE	Zeitschrift für Papyrologie und Epigraphik

Einschlägige Literatur

A. Bammer, Wohnen im Vergänglichen (1982)
A. Bammer, Das Heiligtum der Artemis von Ephesos (1984)
A. Bammer, R. Fleischer, D. Knibbe, Führer durch das Archäologische Museum in Selçuk Ephesos (1974)
U. Bilitza, Die ägäische Küste Anatoliens. Eine küstenmorphologische Studie unter Berücksichtigung des Problems der eustatischen Terrassen, Diss. Bochum (1973)
D. J. Blackman (Hrsg.), Marine Archaeology (1973)
W. C. Brice (Hrsg.), The Environmental History of the Near and Middle East (1978)
I. M. Diakonoff, The Cimmerians, Monumentum Georg Morgenstierne 1, Acta Iranica 21, 1981, 103 ff.
W. J. Eggeling, Beiträge zur Kulturgeographie des Küçük-Menderes-Gebietes, Diss. Bochum (1973)
W. Elliger, Ephesos (1985)
S. Erdemgil, Ephesus (1985)
B. Fehr, Archäologen, Techniker, Industrielle, Betrachtungen zur Wiederaufstellung der Bibliothek des Celsus in Ephesos, Hephaistos 3, 1981, 107 ff.
C. Foss, Ephesus after Antiquity. A Late Antique, Byzantine and Turkish City (1979)
J. Garstang, O. R. Gurney, The Geography of the Hittite Empire (1959)
A. Harding (Hrsg.), Climatic Change in Later Prehistory (1982)
S. Heinhold-Krahmer, Arzawa, Texte der Hethiter 8 (1977)
Heraklit von Ephesos: H. Diels, W. Kranz, Die Fragmente der Vorsokratiker 1 ([6]1951) 150 ff.; – J. Mansfeld, Die Vorsokratiker 1 (1983), Reclam 263 ff.
L. Hopfgartner, Die Entdeckung des spätbyzantinischen und genuesischen Ephesos, Studi Genuensi 4, 1962/63, 17 ff.
W.-D. Hütteroth, Türkei, Wissenschaftliche Länderkunden 21 (1982)
A. Huyssen, K. R. Scherpe (Hrsg.), Postmoderne (1986)
J. Keil, Zur Topographie der ionischen Küste südlich von Ephesos, ÖJh 11, 1908, 135 ff.
J. Keil, Ephesos, Ein Führer durch die Ruinenstätte und ihre Geschichte ([4]1964)
D. Knibbe, B. Iplikçioğlu, Ephesos, im Spiegel seiner Inschriften (1984)
R. Meriç, Metropolis in Ionien, Beiträge zur Klass. Philologie 142 (1982)
W. Oberleitner, K. Gschwandtler, A. Bernhard-Walcher, A. Bammer, Funde aus Ephesos und Samothrake, Ephesosausstellung Wien (1978)
R. Schlesier (Hrsg.), Faszination des Mythos (1985)
B. D. Shaw, Water and Society, Antiquités africaines 20, 1984, 122 ff.
K. F. Smirnov, Une „Amazone" du IV siècle avant N. E. sur le territoire du Don, DHA 8, 1982, 121 ff.
D. J. Stanley (Hrsg.), The Mediterranean Sea (1972)

Legenden zu den Karten

1 Moschee in der Zitadelle von Ayasoluk
2 Kapelle in der Zitadelle von Ayasoluk
3 Johanneskirche
4 Isa-Bey-Moschee
5–8 seldschukische Moscheen
9 Kirche im Artemision
10 Artemistempel
11 Seldschukische Moschee
12 Felsheiligtum der Kybele
13 Kirche unter dem Tusan-Motel
14 Felsspalttempel
15 Römischer Ringhallentempel
16 Marienkirche
17 Kirche im Hafengymnasion
18 Kirche im byzantinischen Bad
19 Kirche an der Arkadine
20 Synagoge (?) beim „Taufbecken des Johannes"
21 Kirche
22 Nemesisheiligtum im Theater
23 „Serapeion"
24 Kirche im „Serapeion"
25 Kirche an der Marmorstraße
26 Kapelle im Haus über dem Theater
27 Hadrianstempel
28 Kirche auf dem Panyırdağ
29 Kapelle beim Prytaneion
30 Kirche am Bülbüldağ
31 „Domitianstempel"
32 Hestiaheiligtum im Prytaneion
33 Tempel auf der Agora
34 Synagoge (?) hinter dem Straßenbrunnen
35 Kirche über dem „Lukasgrab"
36 Kirche über der Stadtmauer beim Ostgymnasion
37 Siebenschläferkirchen
38 Altar auf dem Bülbüldağ
39 Kirche von Meryemana
40 Gräber an der Nordseite von Ayasoluk
41 Grab beim Tor der Verfolgung
41a: Grab aus dem 4. Jh. v. Chr. in Selçuk
42–45 Türben
46 Gräber am Nordhang des Panyırdağ
47 Gräber neben der Marienkirche
48 Gräber südlich des Hafenbeckens
49 Gräber bei den Siebenschläfern
50 Gräber südlich des Hafenbeckens
51 Gräber auf der unteren Agora
52 Grab des Celsus
53 Rundgrab auf dem Bülbüldağ

54 Rundbau
55 Oktogon und Heroon
56 Gräber über Hanghaus 2
57 Gräber unter „Sockelbau"
58 Gräber unter der oberen Agora
59 „Lukasgrab" (Heroon)
60–62 Gräber östlich der Stadtmauer
63 Rundgrab an Straße nach Aydın
64 Gräber
65 Villa außerhalb der Stadtmauer beim Felsspalttempel
66 Peristylhaus auf Hügel westlich des Stadions
67 Haus des Bischofs in der Marienkirche
68 byzantinischer Palast
69 byzantinische Wohnhäuser in den Hafenthermen (Constantiusthermen)
70 byzantinische Wohnhäuser in den Verulanushallen
71 Villa nördlich des Theaters
72 byzantinische Wohnhäuser im Theater
73 Wohnhaus über dem Theater (Bankettհaus)
74 Wohnhaus östlich der Celsusbibliothek
75 Insula an Ecke Marmorstraße–Kuretenstraße (sog. Freudenhaus)
76 Hanghaus 2
77 Hanghaus 1
78 Wohnhaus über dem Odeion
79 byzantinische Wohnhäuser auf der oberen Agora
80 Peristylhaus im Ostende der Basilika
81 Villa (?) an der Straße nach Aydın
82–85 seldschukische Bäder
86 Vediusgymnasion
87 Bad in der Marienkirche
88 sog. byzantinisches Bad
89 Hafenthermen (Constantiusthermen)
90 Theatergymnasion
91 byzantinisches Bad im Haus über dem Theater
92 Scholastikiatherme (Bad des Varius)
93 sog. Variusbad
94 Ostgymnasion
95 byzantinischer Anbau an das Ostgymnasion
96 Zisterne auf der Zitadelle
97 Zisterne westlich des Atriums der Johanneskirche
98 byzantinischer Wasserbehälter
99 Latrine im Vediusgymnasion
100 Zisterne
101 Zisterne auf dem Panyırdağ
102 Latrine bei der Scholastikiatherme
103 Schachtbrunnen im „Freudenhaus"
104 Zisterne
105 Schachtbrunnen im Hanghaus 2
106 Latrine in der Domitiansterrasse
107 Zisterne
108 Schachtbrunnen auf der oberen Agora

109 byzantinischer Aquädukt in Selçuk
110 byzantinischer Brunnen gegenüber dem Stadion
111 hellenistischer Brunnen am Theater
112 spätantiker Brunnen vor der Celsusbibliothek
113 spätantiker Brunnen neben Oktogon
114 Nymphäum Traiani
115 Hydreion
116 Domitiansbrunnen
117 Hydrekdochion des Laecanius Bassus
118 Fontäne
119 Straßenbrunnen

Abbildungsverzeichnis

79 Bauernhaus in Selçuk, südlich der Johanneskirche
80 Sandstrand von Pamucak mit Sonnenuntergang im Meer hinter Samos

Verzeichnis der Zeichnungen

Glossar

Abflußregime	jahreszeitlich fixiertes Diagramm der Abflußmengen
Agora	Platz für öffentliche Aktivitäten in einer griechischen Stadt
alimentär	nahrungsbedingt
Anastylose	Zusammenfügung aus dem Verband geratener Bauteile
Antenhaus	Haus mit Vordach, das von zwei seitlichen Mauern begrenzt wird
anthropogen	von Menschen verursacht
Arkadiane	unter dem Kaiser Arkadius errichtete Straße
Attis	orientalischer Gott
Chalkolithikum	Kupferzeit
Chiton	langes griechisches Hemd
Coemeterium	Begräbnisplatz
Dendrogramm	verästelte Graphik zur quantitativen Darstellung von Ähnlichkeiten
Dromos	unterirdischer Gang
Elektron	Gold-Silberlegierung
eponym	auf einen Eigennamen bezogen
Galater	kleinasiatische Kelten
Gymnasion	antike Anlage für Sport, Baden und geistige Aktivitäten
Heroon	Ehrengrab eines den gewöhnlichen Menschen entrückten Helden oder Vorfahren
hippodamisch	im rechtwinkeligen Rastersystem errichtete Stadtanlage
Hydrekdochion	Wasserschloß, Brunnen
Insula	von Straßen umschlossenes Wohngeviert
isodom	Mauer aus gleich hohen Steinquadern bestehend
Klimaoptimum	wärmste Periode innerhalb des säkularen Klimas
Konche	Nischenraum mit Halbkuppel
Kubaba	nordsyrische Göttin
Laternendach	aus mit über Eck aufgeschichteten Balken gebildetes Dach
Matrize	eine bestimmte Konfiguration bildendes Zahlenmuster
Megabyzos	kleinasiatischer Oberpriester, meist Kastrat
Nymphäum	monumentaler Laufbrunnen

Oinochoe	Weinkanne
Oktogon	achteckiges Bauwerk
Pastiche	parodistische Imitation von sinnentleerten Objekten
Peristyl	Innenhof mit Säulen
Pithos	großes Vorratsgefäß
Plinthe	quadratische Aufstandsplatte von Säulen
Polos	fezähnliche Kopfbedeckung
Protome	auskragender Tier- oder Menschenkopf
Prytaneion	Amtsgebäude des obersten städtischen Beamten
Reliefpinax	mit Relief geschmücktes Täfelchen
Rhyton	unten durchbohrtes figurales Gefäß
Rustika	grob behauenes Quadermauerwerk
Sima	architektonisch gestaltete Regenrinne
Simulacrum	Kopie eines Objektes, das in Wirklichkeit nicht existiert hat
Sphyrelaton	über einem Holzkern getriebenes Metallobjekt
Spolie	wiederverwendeter Baustein
Stereobat	Fundamentlage
stratigraphisch	den Schichten entsprechend
Synoikismos	Umsiedlung in eine neue Stadt
Taberne	Geschäfts- bzw. Ausschanklokal
Therme	antikes Bad
Thesmophorien	Frauenfeste zu Ehren der Demeter
Trajektorie	Wirkungslinie, Kraftlinie
Triton	Fischmann
Tumulus	kegelförmiges Erdgrab

Nützliche Hinweise für Besucher

ÖFFNUNGSZEITEN VON MUSEEN

Ephesos/Selçuk
Archäologisches Museum Selçuk: täglich von 8.30 bis 18 Uhr
Bädermuseum Selçuk: derzeit geschlossen
Hanghausmuseum Ephesos: täglich von 8 bis 12, 13 bis 17 Uhr
Inschriftenmuseum Ephesos in der Domitiansterrasse: täglich außer Samstag von 9 bis 17 Uhr (Eintritt frei)
Eintrittspflichtige Ruineneingänge: oberer und unterer Eingang, Ephesos, Johanneskirche in Selçuk, Artemision, Meryemana (nur Parkplatzgebühr)
Freier Eintritt: Isa-Bey-Moschee Selçuk, Siebenschläfergrotte
Tire: täglich von 8.30 bis 17.30 Uhr
Ödemiş: täglich, außer Montag
Aydın: täglich außer Montag
Milas: Kulturzentrum mit archäologischem Lapidarium, nur vormittags geöffnet
Izmir: täglich außer Montag geöffnet
Aphrodisias: täglich geöffnet
Hierapolis/Pamukkale: täglich geöffnet
Bodrum: Archäologisches Museum im Kreuzritterkastell: täglich geöffnet
Antiquarium des Mausolleions: täglich geöffnet
Pergamon: täglich außer Montag
Milet/Bafa: täglich geöffnet

WOCHENMÄRKTE

Montag: Nazilli
Dienstag: Tire, Aydın
Mittwoch: Söke
Donnerstag: Torbalı, Germencik, Nazilli
Freitag: Kuşadasi, Incirliova
Samstag: Selçuk, Ödemiş, Izmir, Ortaklar
Sonntag: Söke, Izmir, Davutlar

FÄHRBOOTE

nach Lesbos: von Ayvalık am Montag, Mittwoch und Freitag, Abfahrt 9 Uhr, zurück von Lesbos um 17 Uhr

nach Chios: von Ceçme täglich außer Montag, Abfahrt 16 Uhr, am Donnerstag Abfahrt 9.30 Uhr

nach Samos: von Kuşadası täglich, Abfahrt 8.30 Uhr, von Samos zurück um 17 Uhr

nach Kos: von Bodrum täglich, Abfahrt 8.30 Uhr, zurück um 15.30 Uhr

nach Rhodos: von Marmaris täglich ab 8.30 Uhr

nach Knidos (Datça): von Bodrum täglich, 17 Uhr

FÄHRSCHIFFE

von Izmir: jeden Mittwoch nach Venedig

von Kuşadası: jeden Mittwoch nach Patmos, Venedig

von Istanbul: jeden Dienstag nach Kuşadası

AUTOBUSVERBINDUNGEN VON SELÇUK

nach Denizli: alle 15 Minuten

nach Bodrum: jede halbe Stunde

nach Marmaris: jede halbe Stunde

nach Fethiye: jede Stunde

nach Istanbul: immer am Abend

nach Ankara: immer am Abend

nach Izmir: ständig

nach Magnesia am Mäander: Richtung Söke über Ortaklar

LINIENTAXIS (DOLMUŞ)

Millipark (Mykale): nach Kuşadası, von da über Davutlar, Güzelcamlı in den Millipark

Şirince: von der Haltestelle am Bahnhof in Selçuk aus

Klaros: über Cumaovası (Richtung Izmir) nach Klaros

TAXI

Meryemana: von Selçuk

Restaurant: Hittit, Restaurant an der Straße von Selçuk nach Aydın und Ephesos/Meryemana

Motel: Tusan, Motel, Restaurant, Camping, Swimming-pool, an der Kreuzung der Straße von Selçuk nach Ephesos und Kuşadası